深度学习

从入门到实战

高志强 黄剑 李永 刘明明 编著

中国铁道出版社

CHINA RAILWAY PUBLISHING HOUSE

内 容 简 介

本书摒弃了枯燥的理论推导，以大量实战应用案例及知识模块等内容帮助机器学习领域的初、中级程序员踏实通过深度学习的技术门槛，切实提升开发技能，积累开发经验。

实战应用案例丰富，深入浅出地解析深度学习的方法论和深度学习实战应用是本书的最大特色，全书详细讲述了深度学习中涉及的神经网络基础知识、方法论解析与核心技术；同时从 12 个落地实践角度阐述了深度学习的实践应用。此外，本书中所有案例的代码程序均可以运行，读者按照相应说明，即可得到预期效果，希望本书的努力可以为读者在深度学习领域提供一定帮助，这就是我们最大的动力与追求。

图书在版编目（ＣＩＰ）数据

深度学习：从入门到实战 / 高志强等编著. -- 北京：中国铁道出版社，2018.6

ISBN 978-7-113-24428-6

Ⅰ．①深… Ⅱ．①高… Ⅲ．①机器学习 Ⅳ．①TP181

中国版本图书馆 CIP 数据核字 (2018) 第 070160 号

书　　名：**深度学习：从入门到实战**	
作　　者：高志强　黄　剑　李　永　刘明明　编著	

责任编辑：荆　波	读者热线电话：010-63560056
责任印制：赵星辰	封面设计：**MXK** DESIGN STUDIO

出版发行：中国铁道出版社（100054，北京市西城区右安门西街 8 号）

印　　刷：中国铁道出版社印刷厂

版　　次：2018 年 6 月第 1 版　　　　　2018 年 6 月第 1 次印刷

开　　本：787 mm×1 092 mm　1/16　印张：20.25　字数：441 千

书　　号：ISBN 978-7-113-24428-6

定　　价：59.80 元

随着云计算、大数据、人工智能技术的深度发展，大数据带来了海量多源异构数据的积累，云计算带来了超强计算能力，在这样呼唤创新的新时代背景下，深度学习起起伏伏几十载，今天终于走上了人工智能的"巅峰"。可以说，经过"数据、算力（计算能力）、算法"的深度融合和推动，深度学习已经成长为目前最主流并且最具有应用前景的机器学习技术。本书尽量避免过多繁杂的理论推导，力图用深入浅出的语言表达，让更多读者轻松迈入深度学习的大门。同时，希望通过大量的案例和实战应用，帮助读者快速上手、入门"深度学习"，了解"深度学习"可以应用于哪些领域，擅长解决哪些经典难题，以便在后续的学习研究过程中，从本书讲解的"方法论解析"中获得启迪，找到真正属于自己的解决"人工智能"领域问题的"金钥匙"。

读者对象

本书适合以下读者群体阅读：

（1）对人工智能、大数据、云计算等新兴技术感兴趣的爱好者

"人工智能"无疑是站在巨人肩膀——"大数据"和"云计算"上的产物，可以说，数据和计算能力的支撑，是人工智能发展的基石，而深度学习就是这个领域最顶层的技术，因此，本书可以帮助读者在入门深度学习的同时，对"大数据"和"云计算"技术有整体把握，理解深度学习在云计算、大数据时代的重要性。

（2）开源项目的爱好者

深度学习技术已经创造了大量的开源项目，拥有大量的开源项目维护团队和贡献者。例如，Google 开源的 TensorFlow 框架、贾扬清博士（现就职于 Facebook）开源的 Caffe 框架、亚马逊主推的 MXNet 框架等等。本书在实战案例部分的讲解涉及了不同开源框架的源代码，以期在"众口难调"的深度学习领域，实现"调众口"的作用，帮助读者了解和掌握主流深度学习框架源代码的设计思想和核心技术。

（3）深度学习、机器学习、人工智能技术的开发者

不论是在市场还是技术层面，人工智能领域的关注度持续火热。很多未入门深度学习的读者都想近距离感受深度学习的魅力，而很多深度学习的初级开发者也苦于该领域的技术飞速更新迭代，很难梳理出适合自己领域的知识图谱。因此，本书在讲解中兼顾了对入门级读者关于基本概念、基本知识点的介绍，并加强了在实战

部分对领域知识的总结，使得不同层次的开发者都可以从本书中得到急需的方法与技巧指导。

（4）高等院校计算机相关专业的大四和一年级硕士研究生

从学科分类的本质属性上讲，深度学习与"计算机科学与技术"学科有很深的渊源，而高等院校计算机相关专业的学生，不论是在未来就业还是在求学期间的科学研究，都是"深度学习"领域研究的新生力量和重要创新、推广、优化、提升的动力储备。本书在讲解相对"专业"的理论知识点时，会穿插分析其中蕴含的方法论思想，希望可以为正在"书海作舟"的读者们提供一些启迪，增强对深度学习所涉及方法论知识的理解，为今后的工作、学习、生活提供一定的指导和帮助。

本书愿景

对于大多数理工科出身的程序员来说，人文社科类的思想、理论、见解，就像是"海市蜃楼"，愿景是如此美好，但是现实的"骨感"、抽象让其望而却步。因此本书可以作为以深度学习基础理论为根基，以其蕴含的"方法论思想"为导向，帮助"理工男（女）"掌握深度学习核心技术，并怀着"智者"情怀，去"悬壶济世"，融入新时代的人工智能大潮，去践行"长风破浪会有时，直挂云帆济沧海"的宏图大志。

作为技术类的科技书籍，本书希望帮助读者解析深度学习蕴含的方法论思维模式，同时培养其掌握深度学习实战应用的技能，进而完成在深度学习领域"入门——精通——实战"的不断提升，完成从新手"小白"到领域"行家"的转变，从"技能"和"方法论"两个层面上，全面"武装"读者，完成"深度学习：从入门到实战"。

"深度学习"的意义

掌握深度学习的好处如下：

（1）从个人发展的角度讲，作为一名新时代的程序员或者 IT 技术相关领域工作者，人工智能领域人才的极度短缺，这是一个全球性的行业现状，因此，以深度学习为代表的核心技术也就是该领域从业者的核心竞争力。也就是说，掌握了深度学习技术，也就具备了进军人工智能的"通关令牌"，这对接下来的技术提升、就业等方面都具有很大的推动作用。

（2）从知识学习的角度讲，深度学习是一个交叉学科的产物，是横跨现代生物学中的脑科学、心理学以及计算机科学中的数据工程、软件工程、程序设计、并行计算等"软硬兼顾"的技术。掌握了深度学习，读者将会对计算机领域的相关技术构建起一个更加清晰的知识图谱，即便在计算机科学领域知识不断拓展，新概念、新知识层出不穷的今天，掌握深度学习的核心思想与技术，对优化个人知识结构的合理性，提高综合能力的全面性，都是大有裨益的。

（3）从思维模式的角度讲，深度学习不仅是抽象的理论技术，更是一种鲜活"有温度"的思维模式，熟练掌握深度学习的核心思维模式，构建优化的体系全局观，运用局部微调、逐层优化的"处事策略"，在各个领域都会产生普遍的适用价值。因此，也希望本书在"思维模式"上对读者有所启迪。

成为专业"深度学习"程序员的台阶

我们都知道，从"小白"到"专业"的程序员，是有几个台阶需要逐一跨越的，下面梳理一下"深度学习"程序员的成长过程：

第一个台阶，操作系统入门。操作系统是连接用户与机器之间的桥梁，掌握 Linux 操作系统的基础知识、基本操作是迈进深度学习大门的第一步。虽然，目前也有基于 Windows 系列操作系统的深度学习开发组件，但从开发者成长的长远角度讲，不建议长期依赖 Windows 系统，对于一个开发者来讲，自由、可控、高效永远是第一追求。

第二个台阶，掌握编程语言。目前深度学习最友好的编程语言是 Python。因此，在掌握一定面向对象编程技巧的基础上，不断加深对 Python 编程模式、丰富的库函数的理解与运用，是学习深度学习的重要阶段。如果对 Java 和 C（或 C++）有一定编程学习基础，这会对深度学习的进阶有很大帮助。

第三个台阶，初步理解深度学习的基本原理。即使对机器学习、神经网络等基础理论及算法无法全面吃透，但是从宏观上了解其核心思想，也是对下一阶段的实际运用大有好处。毕竟，理论可以指导实践，同时实践可以反哺理论的完善与理解。

第四个台阶，初步掌握深度学习的框架。有了对深度学习基本原理的理解，结合目前主流的深度学习框架，对其进行深入剖析，从实战的角度促进对原理的理解。至于深度学习框架，Keras 和 Caffe 目前比较适合初学者入门。

第五个台阶，在实战中增强对基本原理和框架的驾驭能力。理论和实践是相辅相成的，将二者相互促进、相互融合是一个成功的"深度学习"程序员的最高境界。

在跨越了这五个台阶之后，只需要再经历一些大型实战项目的深度历练，即可成为一个优秀的"深度学习"程序员。

"深度学习"的进阶地图

结合多年的人工智能领域学习和成长经验，我们勾勒出一个"深度学习"的进阶地图（roadmap）。

学习 阶段	学习内容和目标	上机 实践
入门	操作系统基础知识，尤其强化对 Linux 操作系统的运用技能训练；编程语言的熟练掌握，尤其加强的 Python 的基本语法规则、函数库的掌握与运用	18 小时
精通	理解深度学习的基本原理，掌握神经元模型、BP 神经网络、卷积神经网络、循环神经网络、生成式对抗网络的核心技术。	24 小时
	掌握深度学习的主流开发框架，至少精通一种成熟的框架。以 Caffe 为例，可以实现对深度学习的基本原理的实现，包括单神经元、单层网络、多层网络、BP 算法、卷积神经网络、循环神经网络、生成式对抗网络的实现及参数调优，并且可以对模型结构进行适度优化调整。	24 小时
实战	结合深度学习基本理论及开发框架，对语音、视频、自然语言理解、计算机视觉等方面进行实战化项目开发和验证，并构建不同领域解决问题方案的架构体系，针对效率、效果、性能等方面的问题，可以创造性地提出优化的高性能深度学习模型，并在实战中取得良好效果。	36 小时

根据"深度学习"的进阶地图和学习经验，我们设计了本书的内容。全书共 12 章，分为 3 篇，下面分别介绍这三篇的内容安排。

第 1 篇 深度学习入门篇

第 1 篇可被视作是深度学习相关基础知识的浓缩，帮助读者回顾并初步了解深度学习最核心的内容。深度学习的入门篇包括第 0~2 章，其中第 0 章旨在帮助读者理清深度学习、机器学习、人工智能之间的关系，从宏观上把握整个深度学习领域的"生态系统"，了解深度学习的发展方向及前沿趋势。第 1 章提纲挈领地讲解矩阵理论、概率理论、机器学习方法、神经网络以及部分最优化原理，旨在帮助读者夯实深度学习的理论基础，为进一步探索深度学习的核心技术充实知识储备。第 2 章旨在帮助读者揭开"神经网络"的神秘面纱，从单个 M-P 神经元到感知机模型，再到多层前馈神经网络，逐步进入深度神经网络的核心世界，让读者按照神经网络不断完善优化的成长轨迹，感受一段"深度学习"的成长历程。

总的来说，第 1 篇是"抛砖引玉"，毕竟深度学习是一个多学科交叉融合的技术，与其面面俱到不如突出重点，希望读者从本篇开始夯实深度学习的理论基础。

第 2 篇 深度学习方法论解析篇

方法论是技术的灵魂；反之，技术是方法论的客观体现。第 2 篇是深度学习的方法论解析篇，包括第 3~5 章，通篇贯穿着方法论的辩证思想，从图像、视频、语音等领域的关键技术出发，分别讲解卷积神经网络（CNN）、生成式对抗网络（GAN）、循环神经网络（RNN）的核心技术及其方法论思想。其中第 3 章以卷积神经网络中逐层抽象、平移不变、局部连接（稀疏）、权值共享等为核心，全方位诠释人生"智慧"中升华、适应、舍得、合作的精髓。第 4 章解读了生成式对抗网络中蕴含的博弈、学习、平衡的方法论思想。第 5 章通过案例剖析，讲解循环神经网络中涉及的

"记忆"与"遗忘"，"借鉴"与"提升"等思想。

本书的一大亮点就是在讲解深度学习核心技术的同时，用大量的知识扩容和认知提升模块剖析其中蕴含的方法论思想，以期对"深度学习"进行"内外兼修"讲解和重塑。

第3篇 深度学习实战篇

"战场是检验战斗力的试金石"。结合第1篇、第2篇的知识储备，第3篇从实战应用的角度展示深度学习在多个维度的应用场景，包括第6~11章。"工欲善其事必先利其器"，第6章介绍主流的深度学习工具及框架，对Python、MATLAB、TensorFlow、Caffe等工具进行了讲解。第7章从图像分类、特征提取、迁移学习、特征可视化角度全面解析首个深度卷积神经网络模型——AlexNet的原理与实战应用。第8章从"Hello Word"级别的手写数字开始，依次对手写汉字识别、手写数字角度矫正进行实战，将手写体识别进行到底。第9章以视频监控中人脸检测和物体检测为例，阐释深度学习在安防领域的研究意义和研究现状，剖析了深度学习在视频监控检测中的实战应用。第10章介绍了信息安全领域的信息隐藏技术，并结合团队最新研究成果，以生成式对抗网络为核心技术提出无载体的信息隐藏方案。第11章以软件设计大赛题目为背景，利用深度学习技术为服装检测问题提出可行的解决方案，是深度学习技术在服装识别技术的有益探索。

本篇是对全书讲解知识点的总结与提升，只有对知识点的"融汇"才能实现能力上的"贯通"，通过对所学知识的实战应用，相信读者可以真正的"融汇贯通"。

本书学习建议

本书共分为3篇，第1篇为深度学习的入门篇，第2篇为深度学习的方法论解析篇，第3篇为深度学习的实战篇。如果你是一名具有一定机器学习、人工智能基础和实际操作经验的读者，那么可以直接阅读后两篇。方法论解析篇侧重于对经典深度学习模型的原理讲解及其蕴含的方法论解析，实战篇侧重于多领域的案例实战和解决方案分析，读者可以按实际情况自行安排学习计划。但是，如果你是一名初学者，建议你从第1篇开始仔细研读所有的知识点，这对后续的学习是至关重要的。

后续学习与提高

有了本书的学习基础，读者可以从以下两个方向进行后续学习和提高。

（1）继续对深度学习的基础理论进行深入学习，尤其对最优化技术、矩阵论、并行计算等核心知识进行深入剖析，探索深度学习在理论上的突破。

（2）继续将所学的深度学习理论和模型应用到更广阔的领域，包括语音、图像、视频、自然语言理解、计算机视觉；其实，对其中任意一个领域的不断探索都可以让你成为该领域的"专家"。

当然，希望你不断保持对人工智能领域技术的探索热情，继续阅读更多的深度学习著作，不断提升自己的核心技术能力，真正成为"深度学习"的行家里手。

辅助学习材料

- Caffe 官方教程中译本
- 人工智能顶级会议论文
- 本书源代码
- 本书参考文献和全书参考资源

以上内容，我们整体打包放在了封底二维码中，读者可扫码下载学习。

致谢

深度学习的原理与人的一生极为相似，都是在以不断追求目标利益最大化的前提下，反复的磨练、妥协、修正、适应、取舍、优化，不断地权衡"利弊"，不断地折中"妥协"，不断地在舍得中博弈决策，最终实现目标效益的最优化。笔者希望在讲解理论技术的同时，将这些人生感悟与读者分享，给还在不断探索与追逐梦想的读者一些启迪，找到属于自己的"螺旋式上升，波浪式前进"的人生之路。

在本书的撰写过程中，崔俦龙教授、张之明教授提出了大量宝贵建议，同时感谢硕士研究生曾子贤、彭圳生、段妍羽、王赟、张俊等做了资料整理以及文字校正工作，在此表示由衷的感谢。

感谢"武信"和"位智"团队的小伙伴们，从你们那里，我看到了一个充满活力、充满创造力，"能打仗、打胜仗"的铁一般的队伍。

感谢本书的所有编辑，感谢大家的辛勤劳动，是你们的支持与鼓励才有这本书的顺利出版。

最后感谢我的家人以及未来的妻子——文文，你们是我不懈奋斗的动力。

编　者
2018 年 4 月

目　录

Contents

第 2 篇　深度学习方法论解析篇

第 3 篇　深度学习实战篇

第 1 篇

深度学习入门篇

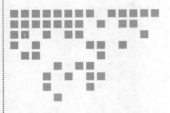

Chapter 0 | 第 0 章

引言：从人工智能到深度学习

周志华教授的"西瓜书"让机器学习成为"饕餮盛宴"，而深度学习的教父 Geoffrey Hinton 让"深度学习"成为了人工智能的先锋。深度学习让计算机可以像人一样不断地学习，不断拥有新的智慧，为人类开启了人工智能的大门。为平衡计算机领域知识的专业性与"入门级"图书的启发性，本书采用通俗易懂，深入浅出的语言风格，不枯燥、接地气，不涉及过多繁杂的数学公式、理论推导，尽量让更多的读者轻松迈入深度学习的大门，为读者提供一个全面整体的知识框架，明确基本概念与研究范畴，理清深度学习相关知识的来龙去脉，也希望本章也可以提供一些方法论方面的指导，毕竟"算法思想"是解决问题的灵魂。

本章主要涉及的知识点有：

- 人工智能与机器学习的关系：了解人工智能的发展历史并掌握人工智能、机器学习与深度学习之间的关系。
- 机器的学习模式：全面掌握机器学习的三种模式，明确三种模式的优缺点及主要技术。
- 深度学习的基本框架：理解深度学习的主要组成部分及其功能，学会用"深度学习"的系统工程思维为实际问题建模。

0.1　人工智能与机器学习

深度学习的"层状智慧"可以抽象成图 0-1 所示的深度网络结构，外界输入数据不断驱动整个网络学习过程的推进，最终转化为有价值知识的输出，而每个节点的属性和连接边的权值等参数就是深度学习这个神秘工具的"智慧"所在。本节将带你进入目前计算机科学领域最热门、最前沿的技术——人工智能（AI）和机器学习（ML），为你一层一层剖析机器是如何构造"深度智慧"的。

0.1.1　人工智能

人工智能（artificial intelligence，AI）可以理解为人类智能在计算机上的实现。也有人形象地表述，AI 就是在用"硅基大脑"模拟或重现"碳基大脑的过程"。人工智能可以分为两类，弱人工智能（top-down AI）和强人工智能（bottom-up AI）。前者达不到真正推理和解决问题，只是看起来像人而已；后者能够真正推理和解决问题，是具有自我意识的智能体。随着云计算、大数据、深度神经网络等技术的兴起，以超强的计算能力、海量的数据资源、强大的人工智能算法为核心的人工智能技术突飞猛进。尤其在 2012 年，Hinton 教授团队在 ImageNet 大赛中一举夺魁，让神经网络以"深度学习"的名字重生，并唤醒了人工智能这头计算机领域中沉睡的雄狮。有专家曾说："深度学习就是机器学习中的一个工具，就像锤子，而 ImageNet 大赛中的图像分类问题就是一个棘手的钉子，锤子成功解决了钉钉子的问题，从而引燃了人们对深度学习，乃至机器学习的热情。"其实，人工智能离我们并不远，具体来讲，"奔跑"在计算机上的各种规则、协议或者实现算法的程序，就可以理解为人工智能的缩影，只是当时科学家们还没这样称呼它们。这些程序按照人类的编程思想不断实现着人类的想法，被不断赋予可以部分替代或者辅助人类的一些机器本来不具有的智能。可以说，云计算等技术带来的超强计算能力，大数据时代出现的海量数据样本，以及性能优越的深度神经网络，共同造就了人工智能今天的辉煌。

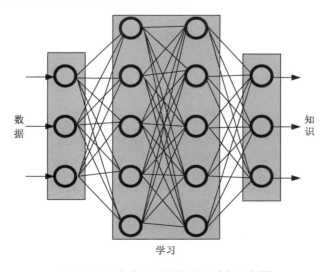

图 0-1　深度神经网络的学习过程示意图

【知识扩容】大数据带来的挑战

大数据（big data），就是数据量和数据产生速度已经超出普通人的理解和认知能力的数据。它在推动计算机科学不断前进的同时，也带来了巨大的挑战。传统的存储系统已经难以满足海量数据处理的读写需要，数据传输 I/O 带宽的瓶颈愈发突出，即使在以 Hadoop 生态为代表的分布式存储计算集群中，I/O 瓶颈依然明显。此外，简单地将数据进行分块处理并不能满足数据密集型计算的需求，现在的最大问题，不是数据匮乏，而是面对海量的数据，却无从下手，以及工具和方法的匮乏。目前一些技术，如超级计算（以太湖神威、天河系列超级计算机为代表等）、分布式数据库、云计算等大数据时代的新兴科技，似乎并没有彻底解决这个矛盾。统一的方案、通用的模型、优化的存储计算体系，依然需要不断构建、重塑、迭代、优化。我们不应只停留在"大数据"的概念层面，而应更多地关注大数据技术，毕竟应用大数据技术才是解决挑战的根本方法，如图 0-2 所示。

图 0-2　大数据带来的巨大挑战

0.1.2　机器学习

机器学习（machine learning）的"感性"定义可以理解为用数据驱动（data-driven）机器实现算法的智能。只有不断用样本数据驱动算法的实现，才能不断使机器真正具备"学习"能力。其实，机器学习技术，早已不是新鲜名词，但由于当时我们的计算能力的局限和数据的匮乏，机器学习并没有达到今天的水平和受关注程度。而现在，超强的计算能力可以使机器学习中的神经网络不断加深，同时利用互联网中积累的大量数据，可以训练这个很深的神经网络模型。可以说，人工智能的发展靠的就是两个重点领域的爆炸式发展：机器学习和大数据技术。

2007 年，图灵奖得主，关系型数据库的鼻祖 Jim Gray，在"科学方法的革命"中，将科学研究分为四类范式，分别为实验归纳、模型推演、仿真模拟和数据密集型科学发现。其中"数据密集型"就是现在的"大数据"。正如 Viktor Mayer-Schönberge 教授所强调，大数据时代关注相关关系可能比追求因果关系更直接，考虑"是什么"可能比"为什么"更重要。第四范式创始人兼 CEO 戴文渊认为，人工智能=大数据+机器学习，其中理想化的人工智能作用是预测未知、数据集成和终生学习。关于智能的最早定义来自图灵的图灵机，当时定义的人工智能最高境界是让人区分不出来哪个是计算机，哪个是人，而现在人类已将图灵测试泛化，智能的标准不是区分不出来 AlphaGo Zero 和人类围棋大师，而是超越人类围棋大师。

【认知提升】细说图灵测试

图灵测试（Turing test）是什么？图灵认为的机器智能的最高境界就是如图 0-3 所示，设置一道墙，让一个人和计算机在墙后面，另一个人在墙的前面提问，墙后面的人和计算机分别作答，如果墙前面的人无法分辨出回答问题的是人还是计算机，那么墙后面的计算机就通过了图灵测试。

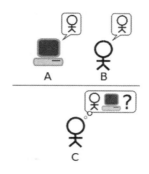

图 0-3　图灵测试模型

深度学习的真正鼻祖应该是 Marvin Lee Minsky，他提出的"神经网络模拟器"就是今天深度学习中最基本元件的原型，并认为人类可以创造出具有人类平均智商的机器，而且，"人工智能"这个概念就是他创造出来的，然而他的梦想并未在短期内实现，甚至人类对神经网络的研究曾几度陷入低潮。那么，他的梦想如何才能实现呢？

人类的大脑是由大量神经元组成的复杂网络，如果让计算机通过模拟的方式实现机器的神经元数量超过人类大脑时，机器的智能是否能超过人类？当然不是，没有经过训练的神经网络是不可能具备明确智能的，也就是一个没有知识的"小白"。就像小朋友学习一样，婴儿的脑细胞数量就和成人差不多，但他们没有经过训练，所以智力水平远达不到成人水平。而在 Minsky 的那个年代，无法训练拥有大量参数的神经网络是当时最严峻的挑战，这也是神经网络一度陷入低谷的原因之一，而现在的海量数据和超强计算能力带来了神经网络的春天，并赋予它一个新的名字——深度学习。

现在的深度学习和过去的神经网络都有一个关键弱点，比如，尽管 AlphaGo Zero 会下围棋，但它不能解释每一步棋的含义，这就是深度学习的可统计不可解释性。同样，人类和机器模拟的神经网络都有这个问题，我们虽然拥有很多技能，但很多时候却没有办法表达出来，也许这就是中国古代哲学的"只可意会不可言传"的精髓吧，也许当机器可以逐步完成"表述""对话""意境"的多层次学习时，机器学习就可以真正地成为"人工智能"。

图 0-4 表明，人工智能是图中最大的研究范畴，机器学习是人工智能发展到一定程度的产物，是其中一个具体的研究领域，而深度学习是机器学习中的一个具体的端到端（end-to-end）研究范式（paradigm），它具有多层网络模型和海量训练数据。

图 0-4　人工智能、机器学习和深度学习的关系

【新观点】机器学习适合做什么？

2017 年 12 月权威期刊 *Science* 上发文指出机器学习适合做的 8 类工作，如图 0-5 所示，包括：

（1）具有明确的输入和输出，能通过学习分类或预测功能来完成的任务，但机器学习的很可能不是因果关系，而只是一种统计关联关系。

（2）具有大型数据集或可以创建包含输入-输出对的大型数据集的任务。

（3）具有明确的目标和度量标准，并可以提供清晰反馈的任务。

（4）不需要大量背景知识或长逻辑链推理的任务，比如围棋等。

（5）不需要对于决策过程进行解释的任务，这是因为目前深度学习属于可统计而不可解释的范畴。

（6）不需要完全精确，即能够容忍错误的任务。

（7）不需要随时间迅速变化的任务，即训练样本与测试样本（现实应用的实际样本）之间差异不大的任务。

（8）不需要灵巧、运动或机动性的任务。

总之，整个工作都适合或不适合机器学习的情况非常少见，同样的，整个工作都适合或不适合人类的情况也是非常少见，所以二者的完美结合依然是美好的未来。

图 0-5　*Science* 上关于机器学习的论文

0.2　机器学习的模式

前面讲过，机器学习就是用数据驱动机器进行学习，也就是让数据教机器如何去学习，而这种"学习"，本质上是让机器去找到一个好用的函数（function）来实现某个特定的功能。而完成这种从函数到功能的映射，靠的是机器的三种学习模式——监督学习、无监督学习和半监督学习来实现的。

1. 监督学习

监督学习（supervised learning）是利用有标签（label）的数据进行学习。用标签来指导、强化机器的学习过程，不断地纠正机器的错误，反复迭代，直至机器不再犯同类错误。比如天气预测采用的就是监督学习模式，将历史数据（比如大气、环流、气压、湿度、风速等数据指标）以及相应的天气情况标签作为输入，通过数据密集型计算训练算法模型，最终得到一个健壮的、精确的预测输出。回想一下小时候父母教育我们要努力学习，监督我们认真完成作业，尤其在考完试之后，再用隔壁家"小王"的好成绩教育我们，这不就是离我们最近的监督学习模型吗？

2. 无监督学习

无监督学习（unsupervised learning）是一种利用无指定标签数据训练模型的机器

学习方式。"物以类聚"，"无师自通"，数据按照本身特性或规定的准则进行无监督学习，比如典型的 k-means 聚类算法中，可以采用距离或者相似度作为聚类准则，在训练数据无标签的情况下实现无监督聚类学习。另外，典型的自组织特征映射神经网络（self-organized feature map，SOM）就是通过模拟生物神经系统中的竞争学习现象实现无监督学习的人工神经网络。现在，看看已经长大的我们，虽然"父母在，不远游"，但我们中的大多数都开启了"无监督学习"模式，在外求学习、工作、生活，然而，心中也要常念"常回家看看"，毕竟父母的"监督学习"方式具有很好的健壮性（robustness）。

3. 半监督学习

半监督学习（semi-supervised learning）是同时采用有标签数据和无标签数据进行学习的模式。相当于用有标签数据学习无标签数据，不断扩大有标签数据的容量，可以称得上是监督学习和无监督学习的融合，也有人称它为机器学习中的"中庸之道"。对于孩子的成长来说，比较理想的培养方式就是"半监督学习"模式，从牙牙学语到长大成人，既要像"监督学习"那样不断通过标签纠正指导孩子，又要给孩子留有通过自己"无监督学习"扩大知识领域的自由空间，可想而知，通过这种"半监督学习"教育的孩子，应该特别适合学习"机器学习"！2017 年，基于半监督学习的图像分类有了飞跃性的提高，在 4000-label 的 CIFAR-10 中将当前最佳错误率降到了 2.9%。

在机器学习的三种模式中，标签（label）可以定义为对某个事物分类的先验知识。也正是依据标签，机器学习根据对历史数据学习、归纳和训练，实现了对未知数据的演绎、预测和判断。

【知识扩容】人工智能学派之争

人工智能的三大学派：

（1）符号主义。其核心是用符号进行逻辑与机器推理，实现一些知识的机器证明，处理知识表示、知识推理和知识运用等问题，符号主义学派的奠基人有 Herbert Simon 和 Allen Newell[见图 0-6（a）、（b）]。

（2）连接主义。其核心是用大量神经元的组合实现人脑功能，期望创造一个通用网络模型，然后通过数据训练，不断改善模型中的参数，直到达到预期的输出结果，连接学派的奠基人是 Marvin Lee Minsky。

（3）行为主义。核心是强调智能在工程的可实现性和控制论思想，其实当年的图灵测试也可以称作是行为主义的体现，行为主义的奠基人是控制论的先驱 Norbert Wiener [见图 0-6（c）]。

（a）Herbert Simon　　　　　（b）Allen Newell　　　　　　　（c）Norbert Wiener

图 0-6　人工智能先驱

0.3　深度学习

人工智能中的连接主义的代表就是人工神经网络（artificial neural network），而现在的深度学习（deep learning）就是人工神经网络的升级版。在深度学习中，给定输入样本数据后，通过监督学习或者无监督学习等模式对深度网络模型参数进行训练，可以得到稳定的输出结果。那么为什么要使用深度学习？"浅度"学习为什么不好？希望通过本书的学习，可以帮你找到答案。为了便于理解，我们用监督学习中的深度神经网络作为模型，以建立一个天气预报系统为例介绍深度学习的运行过程，并用监督学习来训练这个深度网络。

【案例 0-1】天气预报深度神经网络

第一步　构建深度神经网络

如图 0-7 所示，具有天气预报功能的深度神经网络结构主要包括三部分：

（1）数据输入。我们的天气预报系统采用如下数据作为输入：气压、湿度、风速。

（2）深度神经网络模型。由具有大量网络权重连接的神经元构成的多层次网络结构。

（3）数据输出。就是预测结果。

与人类大脑中的神经元一样，在图 0-7 中，用圆圈表示的机器实现的神经元，之间的相互连接表示信息流的通路，这样就构造好了一个即将具备"智能"的"硅基大脑"。这个"大脑"可以分为三个层次：输入层、隐藏层、输出层。

- 输入层（input layer）用来接收数据。本例中，输入层用 3 个神经元分别代表湿度、气压、风速。然后将输入层数据传递给隐藏层。
- 隐藏层（hidden layer）是深度神经网络的核心，针对输入数据作相应数学运算，其中隐藏层中神经元的个数、层数以及连接权重等参数的设置和优化策略是深度神经网络的难点。而深度学习中"深度"一词源于具有多于一个隐藏层的深度网络。
- 输出层（output layer）返回隐藏层的输出数据，也就是模型的最后输出，本案例中输出层返回的是天气预测值。

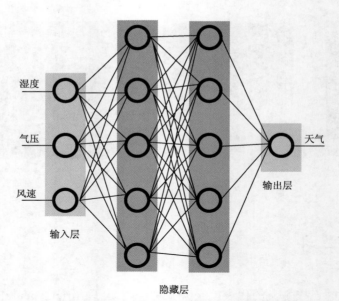

图 0-7 具有天气预报功能的深度神经网络结构

那么深度学习是如何预测天气的呢？从图 0-8 中的简化神经网络（为便于理解，网络权重没有归一化）中可以看到，每两个神经元之间都一个权重，这决定了上一层输出对于下一层输入的重要程度。一般情况下，网络的初始权重随机设定，根据不同需求，某个输入的元素的重要性越高，该神经元对应的连接权重就越高。

一般来讲，每个神经元都可以对应一个激活函数，简言之，激活函数就是模拟信息在神经元之间传递的激活或者抑制状态。当信息达到了激活函数的阈值，该信息将神经元激活，否则神经元处于抑制状态。这里，激活函数的另一作用是将神经元的输出"标准化"，防止输出信息过度膨胀。当输入数据完成了从输入层、隐藏层到输出层的信息传递，神经网络将会通过输出层返回输出结果，这样深度神经网络运行起来了。

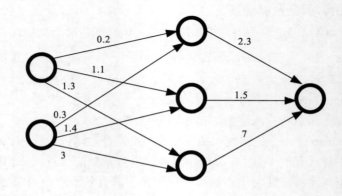

图 0-8 简化神经网络

那么同是源自于连接主义的神经网络，深层神经网络和浅层神经网络的差异在哪里？理论证明具有足够多神经元的单隐藏层神经网络就能拟合任意函数，而深层神经网络可以构建一个深而窄的模型来实现函数拟合，通常这种模型比浅而宽的网络更节约资源，能更好表征问题的本质。然而，"天下没有免费的午餐"，网络层数加深了，深度学习中的"网络训练"问题就成为了目前的一个技术活。

第二步　深度神经网络训练

训练深度神经网络是深度学习中最困难的问题，因为网络层数越多，网络参数规模就越大，这就对计算能力和样本数据量提出了巨大挑战。其中，在监督学习中，训练样本数据集，往往要求是有标签的训练样本，然而数据标签的获得需要耗费大量人工；传统的基于 CPU 的算法往往不能满足对强大计算能力的需求，而具有GPU加速的并行编程和分布式计算的兴起大大提高了深度网络实现所需的硬件计算能力。

为解决上述问题，我们的天气预报系统需要大量历史天气数据来提高预测结果的准确程度，因此，海量数据的储备是预测算法"落地"的前提。我们将历史天气数据作为输入，将神经网络的输出与历史数据的标签作对比训练。因为新建立的网络没有受过训练，必然会出错。为解决这个问题，可以构建一个损失函数（loss function），用来显示输出数据和真实数据差异。理想情况下，通过不断训练，就可以实现我们的目标，让损失函数无限接近 0，也就是通过训练使我们构建的深度神经网络的预测输出和训练数据集中的标签相等，这样就达到了最佳的训练目的。

通过以上两步，我们就具备了一个有天气预报功能的深度神经网络，希望通过本书的学习，读者可以将这个预测网络运行起来，其中涉及的相关技术细节，将会在本书的后续章节详细讲解。

【认知提升】说文解字"深度学习"

从图 0-9 可以看出，篆书中的"深"字结构，可以体现出深度神经网络的几大特点：

（1）"水"的源远流长，反映了深度网络训练耗时长，是时间上的"深"。

（2）"穴"深邃莫测，反映了深度网络层数多，是空间上的"深"。

（3）其余结构，复杂交织，体现内部结构关系的复杂，是程度上的"深"。简言之，"深"是深度学习在时间、空间、关系等多个维度上复杂程度的体现。

（1）深　　　　（2）度　　　　（3）学　　　　（4）习

图 0-9　书法中的深度学习

"度"有用手臂作丈量单位的本意，在深度学习中与"深"具有一致的内在含义；在"学"字中，"爻"是用来计数和计算的算筹，而两边的双手，意为手把手教授，中间的场所是师生学习的地方；从"习"字很容易看出其"数（shù）飞也"的本意，就是通过不断地练习飞翔，最终实现了从"小白"到"深度学习""大牛"的飞跃。总之，深度学习已经在围棋、游戏、图像识别和翻译等领域取得极大成功，但是，这一切都基于良好的网络模型架构的设计与选择、参数的训练与超参数的设置，因此，深度学习的研究者也被称为"调参工程师"，这也从侧面体现了要想真正掌握和运用深度学习，必须不断努力、不断上手编程、不断练习、不断调整、不断进步的一种学习"进行时"，而不是一劳永逸。可以一句话概括，在深度学习领域，没有最好，只有更好。

【应知应会】深度与学习

深度学习的"深度"是与传统机器学习的"浅层"相对应，在神经网络处于"低谷"时，以支持向量机（SVM）为代表的浅层学习是机器学习的主流。然而由于浅层学习隐层数量有限，对复杂函数的拟合能力不强，同时大量的特征工程领域知识进一步限制了其推广与应用。相比而言，深度学习模拟原始信号的低级抽象到高级抽象的迭代过程，与人类的逻辑思维方式高度一致。例如，图 0-10 所示的视觉认知过程，瞳孔接收到像素级颜色信号的刺激，大脑皮层的视觉细胞提取边缘和方向，得到物体的形状，最终抽象出物体的本质属性。就是这种深度层次结构完成了由"点"到"线"，再到"面""局部"到"整体"的特征提取过程。

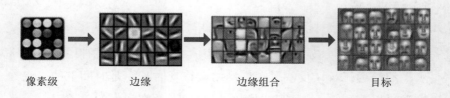

像素级　　　　　　边缘　　　　　　边缘组合　　　　　　目标

图 0-10　视觉认知过程

【最佳实践】减小损失函数的方法

在案例 0-1 中，我们提到了度量输出数据和真实数据差异的问题，其根本途径就是通过不断改变神经元之间的权重等参数来减小损失函数。最易于理解的方式就是随机改变权重等参数直至损失函数足够小，但该方法效率最低，随机性大，目前广泛使用的是梯度下降法（gradient decent）。梯度下降算法是经典最优化问题领域中的一种求解目标函数极值的方法，具体来说，我们的任务就是寻找损失函数的最小值，在每次数据集迭代之后，该方法以使目标函数值下降最快的方式改变网络权重，而这种使目标函数下降最快的方式就是用梯度来确定函数最快的下降方向，这样我们就知道最小值在哪个方向。

　　如图 0-11 所示，按照梯度下降方向（虚线方向），从位置 A' 依次按照负梯度方向可以不断寻优到全局最优位置 A，也就是目标函数值最小的地方（梯度是指向函数值上升最快的方向，而负梯度方向就是函数值下降最快的方向）。为了使损失函数不断趋向 0，需要计算梯度和步长，即学习速率，来多次迭代数据集，这也就是最"吃"计算和存储能力的部分。有时也可以采用随机梯度下降来增加算法的随机性，提高算法跳出"非凸优化"中局部最优的能力。海量的数据可以为参数迭代训练提供充足数据，推动网络参数的不断优化，克服了传统机器学习方法手工提取特征的问题，其具体实现方式后续章节我们会详细介绍。对于案例 0-1 中，我们的天气预报深度神经网络的训练方法也可以采用梯度下降算法进行参数训练。

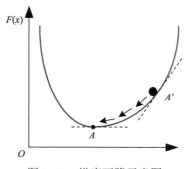

图 0-11　梯度下降示意图

0.4　温故知新

　　本章我们初步理解了人工智能与机器学习的关系，以及机器学习的模式，介绍了深度学习的基本套路，通过大量的小知识增强读者对深度学习等领域知识的全面掌握。此外，有这样一个观点，人工智能就是深度学习、强化学习、无监督学习的融合，也就是说，人工智能就是按照这个轨迹发展起来的。总而言之，深度学习是人工智能领域最活跃的技术之一，其应用领域广泛，尤其卷积神经网络在计算机视觉（CV）中，循环神经网络在自然语言处理中都发挥着重要作用，以及最近特别火爆的生成式对抗网络将深度学习推向了前所未有的高度。希望通过本章讲解，让读者对深度学习有一个整体上的认识，为后续的各个章节起到提纲挈领的作用。

　　为便于理解，学完本章，读者需要掌握如下知识点：

　　（1）深度学习以用某种方式互联的神经元为基础，构建多层次的深度网络来模拟人类智能。

　　（2）深度神经网络主要包括三个层次的神经元：输入层、隐藏层和输出层。神经元之间的连接对应一个权重，该权重的大小决定了各个输入数据的重要程度，这也是网络训练的难点。

（3）神经元中用激活函数进行神经元输出的标准化工作，用海量的数据集来训练深度神经网络，通过数据集上的标签与网络迭代输出结果相比较，得到可以用来衡量网络输出结果与真实结果差异程度的损失函数。

（4）每次迭代数据集之后，利用梯度下降法训练调整神经元之间的权重，来减少损失函数，最终获得一个训练好的深度神经网络。

在下一章中，读者会了解到：

（1）深度学习的概率论、矩阵基础。

（2）机器学习的基础。

（3）神经网络的基础。

（4）最优化理论的基础知识。

0.5　停下来，思考一下

习题 0-1　李国杰院士指出，人工智能的三大悖论：

（1）莫拉维克悖论。人类独有的高阶智慧只需很少的计算能力，但现在的人工智能却需要极大的计算能力，也许源于图灵机的局限性。

（2）新知识悖论。计算机的本质是没有知识的，不产生新知识，不会增进人类对客观的认识，是机械的、可重复的。然而，AlphaGo Zero 自我博弈 40 天就称霸世界，让人类陷入"知其然而不知其所以然"的境地。

（3）启发式悖论。启发式（heuristic）搜索是人工智能的基础，与互联网的"尽力而为"（try best）类似，并不能保证找到全局最优和解的精度，因此，人工智能急需一个可证明的理论作为基础。

我们不只局限于靠捡掉落于人工智能这棵大树下的果子，而更应该多种些新苗，来解决这些根本问题。

请结合自身的发展需要以及对上述观点的理解，谈一谈对人工智能的认识。

习题 0-2　2017 年，有人呼吁要时刻警惕超级智能体，防止其取代人类，也有说现在害怕人工智能还太早，恐惧被舆论放大了。而"深度学习之父"Hinton 教授眼中的"AI 2017"是这样的：总的来说突破不大，但用神经网络来有效地自动设计神经网络、基于 Attention 的机器翻译（取代循环神经网络和卷积神经网络）、AlphaGo Zero 学会以人类的风格下棋都是很好的贡献。而且，在 2017 年 Hinton 教授提出了 Capsule 结构来取代"神经网络"结构（见图 0-12）。请结合你的认识，谈一谈你的"AI 2017"。

Dynamic Routing Between Capsules

Sara Sabour　　　　　　　　Nicholas Frosst

Geoffrey E. Hinton
Google Brain
Toronto
{sasabour, frosst, geoffhinton}@google.com

Abstract

A capsule is a group of neurons whose activity vector represents the instantiation parameters of a specific type of entity such as an object or an object part. We use the length of the activity vector to represent the probability that the entity exists and its orientation to represent the instantiation parameters. Active capsules at one level make predictions, via transformation matrices, for the instantiation parameters of higher-level capsules. When multiple predictions agree, a higher level capsule becomes active. We show that a discrimininatively trained, multi-layer capsule system achieves state-of-the-art performance on MNIST and is considerably better than a convolutional net at recognizing highly overlapping digits. To achieve these results we use an iterative routing-by-agreement mechanism: A lower-level capsule prefers to send its output to higher level capsules whose activity vectors have a big scalar product with the prediction coming from the lower-level capsule.

图 0-12　Hinton 教授的 Capsule 论文

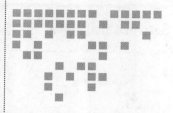

Chapter 1 第 1 章

深度学习入门基础

深度学习横跨矩阵论、概率论与数理统计、信息论、博弈论、最优化等理论，并融合机器学习、数据挖掘、大数据、人工智能等领域技术，是具有"深度"和"广度"的综合范例。本章将深入浅出地讲解深度学习涉及的关键技术，帮你夯实"深度学习"的基础。

本章主要涉及的知识点有：

- 数学基础：了解矩阵的基本操作和常用概率分布及公式，重点掌握矩阵的变换、元素索引、概率论的重要结论。
- 机器学习基础：理解机器学习与数据挖掘的关系，掌握监督学习与无监督学习的特征及机器学习的性能度量指标。
- 神经网络基础：了解生物神经网络与人工神经网络的联系，以及神经网络的发展进程，掌握神经网络的基本结构。
- 最优化理论基础：理解最优化问题的基本模型，掌握单目标优化与多目标优化问题的区别，学会用群智能优化的思想解决最优化问题。

注意：本章代码实现基于 MATLAB 脚本语言实现。

1.1　数学基础

数学是人类认识世界的一种思维方式，而不仅仅是一门研究空间形式和数量关系的技术。作为机器学习的重要分支，深度学习对矩阵论、概率论等数学基础知识具有很高要求，本节对其中涉及的重要概念与工具做具体讲解。

1.1.1　矩阵论基础

矩阵（matrix）理论是机器学习等领域的有力工具，本节将给出正交矩阵、行列式、正定矩阵、矩阵的迹等基本概念，另外还着重介绍矩阵和向量的求导。

（1）正交矩阵（orthogonal matrix）

设矩阵 $A=\left(a_{ij}\right)=\begin{pmatrix} a_{11} & a_{12} & \cdots & a_{1n} \\ a_{21} & a_{22} & \cdots & a_{2n} \\ \vdots & \vdots & & \vdots \\ a_{n1} & a_{n2} & \cdots & a_{nn} \end{pmatrix}$ 是 n 阶方阵，若 A 满足 $A'A=I_n$，其中 A' 表

示矩阵 A 的转置（transpose）矩阵、I_n 表示 n 阶单位矩阵，则称矩阵 A 为正交矩阵。正交矩阵在矩阵变换、对角化等方面发挥着重要作用。

（2）矩阵的行列式（determinant）

矩阵 A 的行列式定义为

$$|A| = \sum (-1)^n a_{1k_1} a_{2k_2} \cdots a_{nk_n} \tag{1-1}$$

式中，k_1，k_2，$\cdots$，k_n 是自然数 1，2，$\cdots$，n 的任一排列（permutation），k 为该排列的逆序数，上式表示 $n!$ 项排列的求和。若 $|A| \neq 0$，则矩阵 A 为可逆矩阵（亦称为非退化矩阵），此时存在唯一的 n 阶方阵 $B=\left(b_{ij}\right)$，使得 $AB=I_n$，记作 $B=A^{-1}$。矩阵的行列式是矩阵运算的基础，在判定矩阵是否可逆问题上具有很高效率。

（3）矩阵的迹（trace）

矩阵 A 的迹定义为

$$\mathrm{tr}(A) = \sum_{i=1}^{n} a_{ii} \tag{1-2}$$

在矩阵的特征向量、特征根求解问题上，矩阵的迹是很重要的性质。

（4）向量与矩阵求导（derivative）

在引言中，我们初步涉及了深度网络的随机梯度下降算法，其中重要的概念就是求导。为了便于理解矩阵求导，我们先来定义函数梯度的概念。设 $f(X)$ 是定义在 $\mathbf{R}^n$ 上的可微函数，则函数 $f(X)$ 在 X 处的梯度 $\nabla f(X)$

$$\nabla f(X) = \left(\frac{\partial f(X)}{\partial x_1}, \frac{\partial f(X)}{\partial x_2}, \cdots, \frac{\partial f(X)}{\partial x_n} \right)^{\mathrm{T}} \tag{1-3}$$

梯度方向是函数 $f(X)$ 在点 X 处增长最快的方向，即函数变化率最大的方向；负梯度方向是函数 $f(X)$ 在 X 处下降最快的方向。矩阵求导是神经网络训练算法的核心工具，因此要重点掌握。

① 行向量对元素求导

设 $\boldsymbol{y}^T = (y_1, \cdots, y_n)$ 是 n 维行向量，x 是元素，则 $\dfrac{\partial \boldsymbol{y}^T}{\partial x} = \left(\dfrac{\partial y_1}{\partial x}, \cdots, \dfrac{\partial y_n}{\partial x} \right)$。

② 列向量对元素求导

设 $\boldsymbol{y} = \begin{pmatrix} y_1 \\ \vdots \\ y_m \end{pmatrix}$ 是 m 维列向量，x 是元素，则 $\dfrac{\partial \boldsymbol{y}}{\partial x} = \begin{pmatrix} \dfrac{\partial y_1}{\partial x} \\ \vdots \\ \dfrac{\partial y_m}{\partial x} \end{pmatrix}$。

③ 矩阵对元素求导

设 $\boldsymbol{y} = \begin{pmatrix} y_{11} & \cdots & y_{1n} \\ \vdots & & \vdots \\ y_{m1} & \cdots & y_{mn} \end{pmatrix}$ 是 $m \times n$ 矩阵，x 是元素，则 $\dfrac{\partial \boldsymbol{y}}{\partial x} = \begin{pmatrix} \dfrac{\partial y_{11}}{\partial x} & \cdots & \dfrac{\partial y_{1n}}{\partial x} \\ \vdots & & \vdots \\ \dfrac{\partial y_{m1}}{\partial x} & \cdots & \dfrac{\partial y_{mn}}{\partial x} \end{pmatrix}$。

【案例 1-1】像指挥官一样对矩阵进行"排兵布阵"

时值新学员军训，特来此灵感。矩阵可以具体化为军训时的队列形式，自然地可以将矩阵的操作等价于各种队形变换，所有操作语法基于 MATLAB 实现。

（1）矩阵的旋转——向左转、向右转、向后转

矩阵是有方向的，矩阵的方向变换与队列的停止间方向变换类似。旋转矩阵（rotation matrix）就是满足在乘一个向量时只改变方向但不改变大小的矩阵，其方向用右手坐标系判定。矩阵旋转的具体操作如下：

① rot(A, k)，将矩阵 $\boldsymbol{A}$ 逆时针旋转 $k \times 90°$，k 取 1,2,3,4。

② fliplr(A)，将矩阵 $\boldsymbol{A}$ 左右翻转，其中，flipud(A)将矩阵 $\boldsymbol{A}$ 上下翻转；flipdim(A,1)将矩阵 $\boldsymbol{A}$ 按行翻转；flipdim(A,2)将矩阵 $\boldsymbol{A}$ 按列翻转。

（2）矩阵的分块——班队列、排队列、连队列

矩阵的分块操作相当于将队列中的"连"建制拆分为"排"建制，"排"再拆分为"班"建制的操作。其中，将大矩阵分割为较小矩阵，这些较小的矩阵就是子块。例如：

$\boldsymbol{A} = \begin{pmatrix} A_{11} & A_{12} \\ A_{21} & A_{22} \end{pmatrix}$，该矩阵 $\boldsymbol{A}$ 由四个 2×2 的矩阵构成

$A_{11} = \begin{pmatrix} 1 & 2 \\ 3 & 4 \end{pmatrix}$，$A_{12} = \begin{pmatrix} 11 & 12 \\ 13 & 14 \end{pmatrix}$，$A_{21} = \begin{pmatrix} 12 & 22 \\ 32 & 42 \end{pmatrix}$，$A_{22} = \begin{pmatrix} 13 & 23 \\ 33 & 43 \end{pmatrix}$。

此外，reshape（A, m, n）和 repmat(A,m,n)，可以实现将矩阵 $\boldsymbol{A}$ 复制平铺 $m \times n$ 块，相当于矩阵的分块操作的逆操作。这种分块思想在卷积神经网络中的池化等操作是一

致的。

（3）矩阵元素的操作——单兵队列动作

① 提取矩阵 A 的第 r 行元素：$A(r,:)$。

② 提取矩阵 A 的第 r 列元素：$A(:,r)$。

③ 依次提取矩阵 A 的每一列，并将拉伸为一个列向量：$A(:)$。

④ 逆序提取矩阵 A 的第 $i_1 \sim i_2$ 行，构成新矩阵：$A(i_2:-1:i_1,:)$。

⑤ 逆序提取矩阵 A 的第 $j_1 \sim j_2$ 列，构成新矩阵：$A(:,j_2:-1:j_1)$。

⑥ 提取矩阵 A 的第 $i_1 \sim i_2$ 行，第 $j_1 \sim j_2$ 列，构成新矩阵：$A(i_1 \sim i_2, j_1 \sim j_2)$。

⑦ 矩阵 A 和矩阵 B 拼接新矩阵 (AB) 和 $(A;B)$。

1.1.2　概率论基础与重要结论

概率论是研究随机现象统计规律的基础理论，主要研究在随机变量分布已知的情况下，随机变量分布（如分布函数、分布律、分布密度等）的性质和随机变量的数字特征（如数学期望、方差、相关系数等）的性质及其应用，如表 1-1 所示。

表 1-1　常用分布及数学期望与方差

分　布	分布律/分布密度	数学期望	方　差
0-1 分布	$P\{X=k\}=\begin{cases}1-p & \text{当 } k=0 \\ p & \text{当 } k=1\end{cases}$	p	$p(1-p)$
二项分布 $B(n,p)$	$P\{X=k\}=C_n^k p^k (1-p)^{n-k}$ $k=0,1,\cdots,n$	np	$np(1-p)$
泊松分布 $P(\lambda)$	$P\{X=k\}=\dfrac{\lambda^k}{k!}\mathrm{e}^{-\lambda}$ $k=0,1,\cdots$	λ	λ
几何分布 $G(p)$	$P\{X=k\}=p(1-p)^{k-1}$ $k=1,2,\cdots$	$1/p$	$(1-p)/p^2$
超几何分布	$P\{X=k\}=\dfrac{C_M^k C_{N-M}^{n-k}}{C_N^n}$ $n\leq N, M\leq N, k,n,M,N$ 为正整数 $\max(0,n-N+M)\leq k\leq\min(n,M)$	nM/N	$\dfrac{(1-M/n)nM(N-n)}{N(N-1)}$
均匀分布 $U(a,b)$	$f(x)=\begin{cases}\dfrac{1}{b-a} & \text{当 } a<x<b \\ 0 & \text{其　他}\end{cases}$	$(a+b)/2$	$(a-b)^2/12$
指数分布 $e(\lambda)$	$f(x)=\begin{cases}\lambda\mathrm{e}^{-\lambda x} & \text{当 } x>0 \\ 0 & \text{其　他}\end{cases}$	λ	$1/\lambda^2$

续表

分 布	分布律/分布密度	数学期望	方 差
正态分布 $N(\mu,\sigma^2)$	$f(x)=\dfrac{1}{\sqrt{2\pi}\sigma}e^{-\frac{(x-\mu)^2}{2\sigma^2}}$ $-\infty < x < +\infty$	μ	σ^2
χ^2 分布 $\chi^2(n)$	$f(x)=\begin{cases}\dfrac{1}{2^{\frac{n}{2}}\Gamma(n/2)}e^{-\frac{x}{2}}x^{\frac{n}{2}-1} & \text{当} x>0 \\ 0 & \text{其 他}\end{cases}$	n	$2n$
t 分布 $t(n)$	$f(x)=\dfrac{\Gamma\left(\dfrac{n+1}{2}\right)}{\sqrt{n\pi}\,\Gamma(n/2)}\left(1+\dfrac{x^2}{n}\right)^{-\frac{n+1}{2}}$ $-\infty < x < +\infty$	0 $(n>1)$	$n/(n-2)$ $(n>2)$
F 分布 $F(n_1,n_2)$	$f(x)=\begin{cases}\dfrac{\Gamma\left(\dfrac{n_1+n_2}{2}\right)\left(\dfrac{n_1}{n_2}\right)^{\frac{n_1}{2}}x^{\frac{n_1}{2}-1}}{\Gamma(n_1,2)\,\Gamma(n_2,2)\left(1+\dfrac{n_1}{n_2}x\right)^{\frac{n_1+n_2}{2}}} & \text{当}x>0 \\ 0 & \text{当}x\leqslant 0\end{cases}$	$n_2/(n_2-2)$ $n_2>2$	$\dfrac{2n_2^2(n_1+n_2-2)}{n_1(n_2-2)^2(n_2-4)}$ $n_2>4$

其中，集合论是描述随机事件及样本空间、随机事件、和事件、积事件等概念重要工具。而概率则是集合的函数，用来量化事件发生的可能性，概率计算涉及古典概型、加法公式、条件概率公式、乘法公式、全概率公式和贝叶斯公式等。解决概率问题的关键以及前提是将概率问题用事件表示，建立集合与概率的对应关系，再利用事件运算和概率公式计算建立概率模型。

概率论的重要结论可总结如下：

（1）必然事件概率为 1，但概率为 1 的事件不一定是必然事件。

（2）不可能事件概率为 0，但概率为 0 的事件不一定是不可能事件。

（3）连续型随机变量的分布函数一定连续，但分布函数连续的随机变量不一定是连续型的。

（4）随机变量及随机变量函数、边缘分布和条件分布律均属一维分布，因此其分布律具有一维随机变量分布律所有性质。

（5）二维连续型随机变量在任意曲线上取值的概率一定为零。

（6）二维正态分布不能由其两个边缘分布所唯一确定，即使两个边缘分布都是正态分布，原二维分布也不一定是正态分布。

（7）连续型随机变量的函数不一定是连续型的，因此，具有概率密度函数的连续型随机变量的函数不一定具有概率密度。

（8）不是所有一维随机变量都有数学期望。

【应知应会】MATLAB 中概率论基本命令

MATLAB 具有强大的数值计算功能，而且对概率论的命令支持灵活而全面，概率论常用命令总结如下：

（1）古典概型中全排列命令：$n!$ 为 prod(1:n) 或 factorial(n)；计算组合命令 nchoosek(n,k)；

（2）常用统计量命令：均值 mean(x)，方差 var(x)，标准差 std(x)，协方差 cov(x)，相关系数 corrcoef()，最大最小值及其索引下标[vmaxpos1]=max(x), [vminpos2]=min(x)，中位数 median(x)，向量极差 max(x)-min(x) 或 range(x)；

（3）排序函数[valpos1]=sort(x,'descend')，参数 pos1 为返回元素在原向量中的位置索引。

（4）(0,1)区间上均匀分布随机数 rand()，任意区间(a, b)上均匀分布随机数 rand*(b-a)+a，标准正态随机数 rand()，生成 m 个整数随机排列 randperm(m)。其中，常用随机分布函数如表 1-2 所示。

表 1-2　常用随机分布

分　　布	说　　明
binornd(N,p,m,n)	$N=1$ 为 0-1 分布
geornd(p,m,n)	参数为 p 几何分布
poissrnd(lambda,m,n)	参数为 lambda 的泊松分布
unidrnd(N,m,n)	离散型均匀分布
unifrnd(a,b,m,n)	服从(a,b)均匀分布
exprnd(lambda,m,n)	生成均值为 lambda 的指数分布
normrnd(mu,sigma)	生成均值为 mu，标准差为 sigma 的正态分布
chi2rnd(N,m,n)	自由度为 N 的 χ^2 分布
trnd(N,m,n)	自由度为 N 的 t 分布
frnd(N_1,N_2,m,n)	第一自由度为 N_1、第二自由度为 N_2 的 F 分布

1.2　机器学习基础

引言部分我们已经给出了机器学习的"感性"定义，机器学习就是用数据驱动机器通过算法模型获得学习的能力，本质就是找到一个很好的函数可以不断对数据进行学习，让机器从"小白"变"聪明"。因此，机器学习的本质特征就是变"聪明"——性能提高。下面给出机器学习的形式化定义：

给定数据集 $X=\{x_1,x_2,\cdots x_n\}$，其中包含 n 个数据样本（sample），每个样本 $x_i=\{x_{i1},x_{i2},\cdots x_{im}\}$ 具有 m 个属性，需要找到从输入空间 X 到输出空间 Y 的函数映射 $f:X\to Y$，并满足输出空间 Y 可以最好地反映输入空间 X 特征。这个函数映射就是机器要学习的功能，也就是前面所说的那个很好的函数（function），而这个很好函数就具备很好的功能，机器学习的任务就是要找到那个可以最好的实现某个功能的性能最好的那个函数。

根据训练机器学习的样本数据是否具有标签，可以将机器学习大致分为两类：监督学习和无监督学习。

1.2.1 监督学习

监督学习（supervised learning），是"知错就改"的学习方法，主要利用有标签（label）的数据进行模型学习，最后训练出具有预测能力的"机器智能"。按预测结果的性质可以分为分类（classification）和回归（regression）两大类型。其中，分类型任务需要构造分类器（classifer）实现离散的预测结果，包括著名的朴素贝叶斯、决策树、支持向量机等；回归型任务需要预测器（predictor）实现连续数值函数逼近（function approximation），其中，线性回归和逻辑回归就是监督学习的一个子集。监督学习精度受训练样本量影响较大，同时易出现过拟合（overfitting）、泛化能力差等问题。

监督学习的形式化定义为：

给定有标签数据集 $X = \{(x_1, y_1), (x_2, y_2), \cdots, (x_n, y_n)\}$，需要找到从输入空间 X 到输出空间 Y 的函数映射 $f : X \rightarrow Y$，满足输出空间 Y 可以最好地反映输入空间 X 特征。对于分类任务来讲，输出空间 Y 就是离散的整数集合；对于回归任务来说，输出空间 Y 就是连续空间。

为提高机器学习泛化能力，最好将样本数据划分为互斥的训练集（train set）和测试集（test set）。可以采用自举集成（bootstrap aggregation），即 bagging 算法，具体操作如下：对容量为 m 个样本的数据集 D 生成数据集 D'，通过 bootstrap 自举取样方法，放回式地随机从具有 m 个样本的数据集 D 中选择一个元素放入 D'，执行 m 次后得到包含 m 个元素的数据集 D'。可以得到，样本在 m 次采样中始终不被取到的概率为 $\left(1 - \dfrac{1}{m}\right)^m$，其极限为 $\lim\limits_{m \to \infty}\left(1 - \dfrac{1}{m}\right)^m = \dfrac{1}{e} \approx 0.368$，这样保证了 D 中有 36.8%的样本未在 D' 中，这些样本可以作为测试集，而且效果优于传统的留出法（hold-out）和交叉验证法（cross validation）。

另外一类学习方法叫作无监督学习，这种方法的训练样本中只有而没有。模型可以总结出特征的一些规律，但是无法知道其对应的答案。

【应知应会】数据挖掘与机器学习

数据挖掘（data mining）是知识发现（knowledge discovery）中的重要组成部分，涉及数据清理（cleaning）、数据集成（integration），数据选择（selection），数据变换（transformation），数据挖掘（mining），模式评估（evaluation），知识表示（representation）

等过程，目的是通过构建统计模型来发现数据模式并挖掘有趣的知识。而机器学习目前主要是让计算机基于数据去学习，让数据去讲述新的关于数据的故事。严格意义讲，数据挖掘是特定任务，而机器学习是特定方法，相当于工具与任务之间的关系。其实，没必要划清它们的界限，在大数据的全生命周期中，无论是"挖掘"还是"学习"，都是在数据中"浪里淘沙"，找到可以服务人类的知识信息。数据挖掘与机器学习的图像描述如图 1-1 所示。

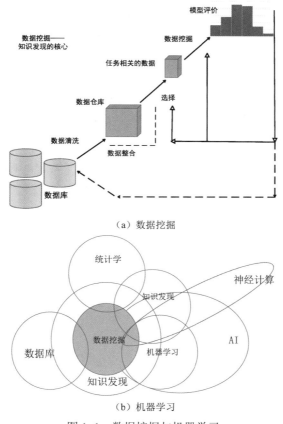

（a）数据挖掘

（b）机器学习

图 1-1　数据挖掘与机器学习

1.2.2　无监督学习

无监督学习（unsupervised learning）是指用无标签数据来训练学习任务，"物以类聚"是无监督学习的真实写照，可以解决监督学习中训练样本不足的问题。

1．数据聚类

用无监督学习方法先做数据聚类，聚类的目的是把数据集划分成多个类簇，要求簇内数据对象尽量相似，不同簇内数据对象尽量不相似，从而发现数据集中潜在的数据特征分布，与分类不同的是进行聚类的数据没有类标记实例。聚类问题可以形式化描述为：给定数据集 $X = \{x_1, x_2, \cdots, x_n\}$，利用某种聚类算法对数据集 X 进行划分，得到聚

类结果 $C=\{C_1,C_2,\cdots,C_k\}$，C_i 是 X 的子集，每个集合 C_i 至少包含一个数据对象 x_i，并且每个对象只能属于一个集合 C_i，称 C 中的成员叫做类。

$$C_1 \bigcup C_2 \bigcup \cdots \bigcup C_k = X \qquad (1-4)$$

$$C_i \bigcap C_j = \varnothing \qquad (i \neq j) \qquad (1-5)$$

【案例 1-2】"无监督学习"中的 k-means 聚类

在 MATLAB 中，只需直接调用 k-means 函数即可实现对数据的无监督聚类。我们利用轮廓图（silhouette）来展示 k-means 的聚类效果。对于样本点 x_i，其 silhouette 值 $s(x_i)$ 定义为

$$s(x_i)=\frac{b(x_i)-a(x_i)}{\max\{b(x_i),a(x_i)\}} \qquad (1-6)$$

$a(x_i)$ 为样本点 x_i 与当前所属类别的差异度（dissimilarity），用与所有样本点的平均距离度量。$b(x_i)$ 为样本点 x_i 与其他类别差异度最小值。由式（1-6）可知，$s(x_i)$ 接近 1 表示样本点 x_i 更倾向于当前类，$s(x_i)$ 接近 0 表示样本点 x_i 更在两类之间，$s(x_i)$ 接近-1 表示样本点 x_i 更倾向于其他类。

无监督学习的 k-means 聚类机器轮廓图计算代码实现如下：

```
01  X = [randn(10,2)+ones(10,2); randn(10,2)-ones(10,2)];
02  cidx = kmeans(X,2,'distance','sqeuclid');
03  [s,h] = silhouette(X,cidx,'sqeuclid'); grid on;
04  xlabel 'Silhouette值'
05  ylabel '类别'
```

其中，第一行为生成 20×2 的输入样本数据 x，第二行调用 k-means 函数，参数表示把样本数据 x 按欧氏距离（欧几里得度量）划分成两个聚类，返回值 cidx 为样本数据 x 的类别标签。第三行调用轮廓图函数 silhouette 来刻画聚类效果，输出如图 1-2 所示。

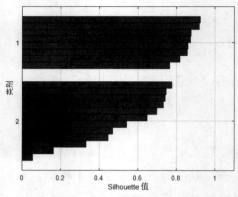

图 1-2　k-means 聚类效果图

2．性能度量

对机器学习性能的评价是一个重要问题，常用的度量（metric）必须满足以下性质（不满足则不能称为是度量）：

（1）非负性：$d(i,j) \geqslant 0$。

（2）同一性：$d(i,i) = 0$。

（3）对称性：$d(i,j) = d(j,i)$。

（4）三角不等式：$d(i,j) \leqslant d(i,k) + d(k,j)$。

依据上述性质，我们可以看到，silhouette 值可以作为度量。此外，机器学习中常用的性能度量（performance measure）主要有以下几种：

（1）均方误差（mean squared error）

$$E(f;D) = \frac{1}{m} \sum_{i=1}^{m} \left[f(x_i) - y_i \right]^2 \tag{1-7}$$

式中，$f(x)$ 为预测值，y_i 为真实标签，m 为数据量。

（2）错误率（error rate）

$$E(f;D) = \frac{1}{m} \sum_{i=1}^{m} \text{number} \quad (f(x_i) \neq y_i) \tag{1-8}$$

（3）准确率（accuracy）

$$\begin{aligned} \text{Accuracy}(f;D) &= \frac{1}{m} \sum_{i=1}^{m} \text{number} \quad (f(x_i) = y_i) \\ &= 1 - E(f;D) \end{aligned} \tag{1-9}$$

（4）查准率 P 与查全率 R

$$P = \frac{\text{TP}}{\text{TP} + \text{FP}} \tag{1-10}$$

$$R = \frac{\text{TP}}{\text{TP} + \text{FN}} \tag{1-11}$$

通常来说，查准率与查全率互相矛盾，分类结果的混淆矩阵（confusion matrix）如表 1-3 所示。

表 1-3　分类结果的混淆矩阵

真实情况	预测结果	
	正例	反例
正例	TP（true positive）	FN（false negative）
反例	FP（false positive）	TN（true negative）

（5）KL 散度

KL 散度（Kullback-Leibler divergence），也叫相对熵（relative entropy）、信息散度（information divergence），常用于度量两个概率分布之间的差异。概率分布 P 和 Q 间的 KL 散度定义如下

$$KL(P|Q) = \int_{-\infty}^{+\infty} p(x)\log\frac{p(x)}{q(x)}dx \qquad (1\text{-}12)$$

其中，$p(x)$，$q(x)$为 P 和 Q 的概率密度函数。但 KL 散度不满足对称性，因此不能作为一个度量。

1.3　神经网络基础

神经网络是深度学习的基础，人工神经网络是利用计算机技术对生物神经网络的仿真模拟，可以说，现代的神经网络是依靠计算机的基本计算单元去重构现实世界中生物神经网络的一种技术。

1.3.1　生物神经网络

生物神经网络（biological neural networks）是指生物的大脑神经元及其连接等组成的复杂网络，人类的大脑约由 140 亿个神经元（neuron）构成，这样看来，我们想简单地通过用计算机模拟多于人脑神经元个数来实现比人更"聪明"的机器的方式，似乎不太可行。神经元（也叫神经细胞）是神经系统的结构和功能的基本单位，由细胞体、树突和轴突等构成。生物电信号的传递与处理主要发生在树突和轴突附近。神经元的细胞体通过轴突将生物电信号传递到突触前膜，当信号超过阈值时，突触前膜向突触间隙释放神经递质——乙酰胆碱，对相邻的神经细胞产生兴奋或抑制作用。生物神经网络如图 1-3 所示。

需要铭记的是，David Hunter Hubel 和 Torsten N. Wiesel 在 1958 年首次观察到生物视觉初级皮层的神经元对移动的边缘刺激敏感，发现了视功能柱结构，完成了历史性著作"视觉皮层的早期研究"，二人凭借在"视觉系统信息加工"方面的突出贡献，获得了 1981 年的诺贝尔生理学或医学奖，这一发现也就是现在卷积神经网络的生物基础。

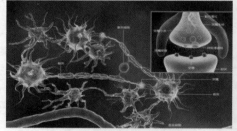

（a）人类大脑网络示意图　　　　　　　　　　　　　　（b）神经网络简图

图 1-3　生物神经网络

【认知提升】 探索初级视觉皮层的启示

Hubel 和 Wiesel 在 1958 年的对视觉初级皮层的开创性工作为视觉神经研究奠定了重要基础，两人在 1981 年共享了诺贝尔生理学或医学奖，以表彰他们在"视觉系统信息加工"的重要贡献。1998 年，他们与其博士后合作导师 Steven Kuffler 探索初级视觉皮层可以给我们很多启示。

他们为探索初级视觉皮层的奥秘，一共合作 25 年。就单单用普通光刺激视网膜的实验，坚持 9 小时才终于得到了想要的神经元响应结果和更多后续有益的发现。这告诉我们，机会注定留给坚持的人。极差的实验条件，落后的计算设备，没有磨灭他们对真理的追求，反而越挫越勇，全身心投入实验中，锻炼了难能可贵的坚韧品质。他们的第一篇文章是经过他们博士后合作导师及研究小组中所有成员审阅通过的，正是这样，科学规范、清晰准确的高质量文章才发表出来，然而，这也许是现代很多学者所缺失的。

1.3.2　人工神经网络与神经元模型

人工神经网络（artificial neural network，ANN）是对生物神经网络的模拟，1943 年，神经生理学家 Warren McCulloch 和逻辑学家 Walter Pitts（见图 1-4）提出了 M-P 神经元模型。当输入神经元的生物电位超过阈值（threshold）时，神经元就被激活，并向其他神经元传递乙酰胆碱。从这个模型发展过来的感知机模型可以解决简单的逻辑操作"与（AND）""或（OR）""非（NOT）"，但不能实现"异或（XOR）"逻辑。而对于后来提出的多层神经网络而言，训练困难，不适用于高精度计算，硬件达不到真正的并行，高速处理问题等原因也让 ANN 的研究几度蛰伏。

大家应该还记着，机器学习在本质就是寻找一个好用的函数来实现某个功能。而人工神经网络最厉害的地方就是，理论已证明具有足够多隐藏层神经元的神经网络能以任意精度逼近任意连续函数。怪不得目前的"深度学习"如此的好用，原来有这个定理撑腰。

图 1-4　M-P 模型创立者——Walter Pitts

【知识扩容】Walter Pitts 其人

Walter Pitts 的童年常被欺负，图书馆是他的避难所，在那里他自学了希腊文、拉丁文、逻辑学和数学。12 岁时竟指出了 Bertrand Russell 和 Alfred Whitehead 的《数学原理》中的错误。当认识 Warren McCulloch 时，他渐渐从童年阴影中走出来，同时得到了认同、友谊以及他从未有过的父爱。1943 年他被 MIT 破格录取为博士，师从于维纳。1954 年被《财富》杂志列为 40 岁以下的最有才华的 20 位科学家之一。但因导师的种种原因，与挚友 Warren McCulloch 分离导致其人生悲剧，尤其当他被授予博士学位时，绝望地拒绝签字，甚至把博士论文、所有笔记与论文都烧毁。

图 1-5 中的 M-P 神经元模型，是 1943 年 McCulloch 和 Pitts 提出的具有开创意义的神经元模型。其中，x_i 为来自第 i 个神经元的输入，w_i 为第 i 个神经元的连接权重，θ 为神经元激活阈值，输出值 y 为

$$y = f\left(\sum_{i=1}^{n} w_i x_i - \theta\right) \tag{1-13}$$

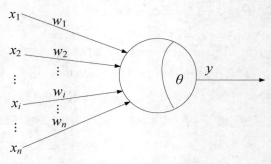

图 1-5　M-P 神经元模型

后来的感知机是基于 M-P 神经元模型建立起来的，神经元将 n 个其他神经元的输入与连接权重作为总输入值并与阈值作比较，通过激活函数产生输出响应。经过多年发展，激活函数可以采用阶跃函数和挤压函数（squashing function）sigmoid，如图 1-6 所示。

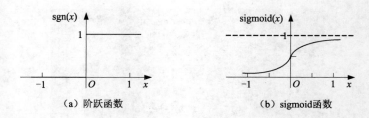

（a）阶跃函数　　　　　　（b）sigmoid函数

图 1-6　激活函数

我们通常用 Sigmoid 函数作为激活函数，它具有光滑、连续、易求导等友好的特性。多个神经元按照层次结构连接就可以构成功能强大的神经网络。下一章会详细讲解。

1.4　最优化理论基础

最优化技术是现代理论与实际应用结合最紧密的一门学科，几乎所有问题都可以归结

为最优化问题的求解，尤其在现代人工智能领域发挥了重要作用。本小节从单目标优化问题、多目标优化问题、群智能优化算法等技术入手，揭开最优化技术的神秘面纱。

1.4 1　最优化问题

机器学习的核心任务就是找到一个很好的函数来表征输入和输出的关系，而"很好"就是最优化领域的范畴，而且，以梯度下降为代表的深度神经网络参数训练方法就是最优化领域中的经典方法。因此在学习深度学习之前，有必要系统地了解最优领域的知识。其实，从某个角度讲，机器学习的本质就是最优化思想的体现，"不求最好，只求更好"。

优化算法对于深度学习十分重要。首先，实际中训练一个复杂的深度学习模型可能需要数小时、数日，甚至数周时间。而优化算法的效率直接影响模型训练效率。其次，深刻理解各种优化算法的原理以及其中各参数的意义将有助于我们更有针对性地调参，从而使深度学习模型表现的更好。

一般的最优化问题由三要素构成，目标函数、方案模型、约束条件，其数学模型可定义如下：

定义 1-1（最优化问题的数学模型）：最优化（最小化）问题基本数学模型可表述如下（最小化问题与最大化问题互为对偶问题）：

$$V-\min y=F(x)=[f_1(x),f_2(x),\cdots\cdots,f_m(x)]^{\mathrm{T}}$$

$$\text{s.t.}\begin{cases} g_i(x)\geqslant 0, i=1,2,\cdots,p \\ h_j(x)=0, j=1,2,\cdots,q \end{cases} \tag{1-14}$$

其中，$x=(x_1, x_2,\cdots, x_n)\in X$ 是来自决策空间中可行域的决策变量，X 是实数域中的 n 维决策变量空间；$y=(y_1, y_2,\cdots, y_m)\in Y$ 是待优化的目标函数，Y 是实数域中的 m 维目标变量空间。目标函数向量 $F(x)$ 定义了必须同时优化的 m 维目标函数向量；$g_i(x)\geqslant 0(i=1,2,\cdots,p)$ 为定义的 p 个不等式约束；$h_j(x)=0(j=1,2,\cdots,q)$ 为定义的 q 个等式约束。

当目标函数的维数 $m=1$ 时，得到单目标优化问题。

$$\min_{X\in \mathbf{R}^n} f(x) \tag{1-15}$$

求解单目标最优化问题关键是如何构造搜索方向和确定搜索步长，基本思路是采用启发式策略，从已知迭代点 x_k 出发，按照基本迭代公式 $x_{k+1}=x_k+t_k P_k$，求解目标函数的最小值。优化搜索方向 $P_k\in \mathbf{R}^n$ 和搜索步长 $t_k\in \mathbf{R}^n$ 来使下一迭代点 x_{k+1} 处目标函数值下降，即 $f(x_{k+1})<f(x_k)$。针对搜索方向 $P_k\in \mathbf{R}^n$ 问题，利用一阶或二阶导数的解析法，如沿目标函数负梯度方向和采用最优步长的最速下降法等，针对搜索步长 $t_k\in \mathbf{R}^n$ 问题，一般采用一维搜索来确定最优步长等方法。

在机器学习中，需要预先定义一个损失函数，然后用最优化算法来最小化这个损失函数。在优化中，这个损失函数通常被称作优化问题的目标函数。依据惯例，优化算法通常只考虑最小化目标函数。任何最大化问题都可以很容易地转化为最小化问题：我们只需把目标函数前面的符号翻转一下。在机器学习中，优化算法的目标函数通常是一个基于训练数据集的损失函数。因此，优化往往对应降低训练误差。

1.4.2　多目标优化问题

多目标优化问题不同于采用小生境算法的多解问题，它既要兼顾多个彼此冲突的目标函数，又要为决策者（decision maker）提供尽可能多的备选方案，以达到辅助决策者进行最优决策的目的。以购买某通信设备为例，其价格从 1 000 元到 5 000 元不等，假设有两个极端的选购方案，如图 1-7 所示，方案 1 的价格为 1 000 元，而方案 2 的价格为 5 000 元。一般情况下，价格低的设备用户体验较差，而价格高的设备用户体验好，但价格高，远远超出了一般用户的购买预算，这两个方案都是以牺牲某个目标为代价才满足了不同用户的需求。因此，决策者必须在先验知识和现实条件的约束下，在价格和用户体验这两个目标之间权衡，选定最终的最优化方案。

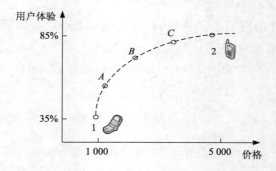

图 1-7　多目标优化问题实例示意图

多目标优化问题只能通过序关系来比较解的优劣，由定义 1-1 可以得到，图 1-8 所示为决策变量空间中 n 维解向量与目标变量空间中 m 维目标向量的空间映射关系（$n=3$，$m=2$）。

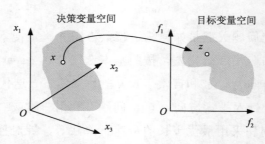

图 1-8　决策变量空间中 n 维解向量与目标变量中 m 维目标向量的空间映射关系示意图

定义 1-2（可行解集合）：由 $x \in X$ 的所有满足约束条件的可行解组成的集合称为

可行解集合，记为 X_f。

定义 1-3（Pareto 占优）：决策变量 x_1 支配决策变量 x_2 记为：

$$x_1 \succ x_2$$

当且仅当 x_1 在所有目标的衡量下均不劣于 x_2，并且至少在一个目标上严格优于 x_2。

定义 1-4（Pareto 最优解集）：所有 Pareto 最优解的集合构成 Pareto 最优解集，定义如下：

$$P=\left\{x^* \mid \neg \exists x \in X_f : x \succ x^*\right\} \tag{1-16}$$

定义 1-5（Pareto 最优前端）：Pareto 最优解集 P 中的解对应的目标函数值构成的集合 P_f 称为 Pareto 最优前端，即

$$P_f=\{F(x)=(f_1(x), f_2(x), \cdots, f_n(x)) \mid x \in P\} \tag{1-17}$$

一般来讲，通过多目标优化算法得到的非劣解集合为近似 Pareto 最优解集，相应的目标函数值的集合为近似 Pareto 最优前端。

结合以上重要定义及相关研究，多目标优化与单目标优化的主要区别归纳总结如表 1-4 所示。可以将单目标优化问题理解为待优化目标维数为 1 的多目标优化问题，因此，对多目标优化问题的研究，求解更加复杂，方法更具挑战性，而且在实际应用领域中更具强大的生命力和研究价值。

表 1-4　多目标优化与单目标优化的主要区别

优化类型	单目标优化	多目标优化
目标规模	目标函数唯一	目标函数是多维向量
解的形式	解的大小唯一确定	解是多维向量，必须通过特定的"序"关系才能评价解的优劣
解的规模	在可行域中只有唯一确定的最优解	一个满足非支配关系的解集，即由多个无法衡量优劣的非支配解组成
搜索空间	只需在可行域空间内搜索	必须兼顾决策变量空间与目标变量空间
优化任务	只需找到唯一的全局最优或满足条件的近似最优解	多目标优化必须在近似 Pareto 最优解集的基础上，兼顾解集解的多样性和分布的均匀性
优化方法	主要采用传统数学方法或新的进化机制和搜索模式	在传统方法中要兼顾多个目标的权重，在现代方法中不仅要加强寻优机制的全局搜索性能，还要采用一定的策略来优化近似 Pareto 最优解集的相关内在属性
应用领域	主要集中在实际问题的简化模型或理论研究中	以实际问题为出发点，几乎可以面向现实生活方方面面的最优化问题

1.4.3　群智能优化方法

群体智能（swarm intelligence）是计算智能（computational intelligence）的重要组成部分，其分类如图 1-9 所示。作为群体智能的优秀范例，粒子群优化算法（particle swarm optimization，PSO）自 1995 年由美国社会心理学家 Kennedy 和电器工程师 Eberhart 共

同提出后，就受到众多学者的广泛关注。PSO 算法的灵感来自于对鸟群觅食和鱼类集群行为的模拟和建模。没有质量和体积的粒子以一定速度，根据粒子自身飞行经历获得的自我认知和种群中最优粒子经验获得的社会认知在搜索空间中进行全局寻优。

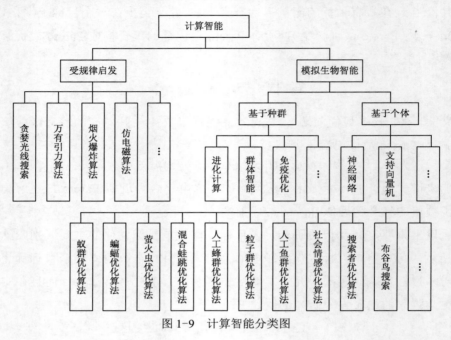

图 1-9 计算智能分类图

由于绝大多数深度学习中的目标函数都很复杂。因此，很多优化问题并不存在显式解（解析解），而需要使用基于数值方法的优化算法找到近似解。这类优化算法一般通过不断迭代更新解的数值来找到近似解，同时，我们现在讲解的群智能优化方法也是目前的一种很前沿的优化方法。

【案例 1-3】指挥"群智能团队"逐渐逼近问题最优解

在 MATLAB 中，可以直接调用 particleswarm() 函数实现粒子群优化算法对目标函数的最优化求解。该算法主要包括种群随机初始化，算法参数设置，迭代更新速度和位置，评估适应度函数，停止条件判定等步骤，如图 1-10 所示。

$$V(t+1)=\omega V(t)+c_1 r_1(P_i-X(t))+c_2 r_2(P_g-X(t)) \tag{1-18}$$

$$X(t+1)=V(t)+X(t) \tag{1-19}$$

式中，X 为粒子的位置 V，为粒子的速度，ω 为惯性权重，c_1, r_1, c_2, r_2 是随机参数和认知参数。P_i, P_g 分别是个体最优和群群体最优位置。显然，由上述公式可以得出，标准 PSO 算法的数学模型是一个线性时变系统。公式（1-18）由三个分量构成。

第一分量为"主动分量（positive）"，由具有惯性系数的原始速度构成。其中，$v_{id}(t)$ 为表现粒子对亲身经历的信任倾向，ω 为平衡开发（explore）和开采（exploit）的权重关系，是粒子自身主动进行搜索的"掌舵者"。

第二分量为"认知分量（cognitive）"，它是粒子亲身经历的"飞行"经验，将种群行为引导向通过自己努力找到的最好位置。

第三分量为"社会认知（social）"，表现粒子借助种群进行信息资源的共享与个体间的相互合作。正是这三个分量相互制衡形成的合力增强了粒子在"自我学习"和"社会学习"基础上的全局寻优性能。

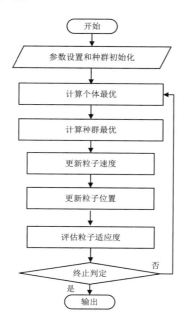

图 1-10　粒子群优化算法流程图

标准 PSO 算法流程可以分为四部分：粒子属性及相关参数初始化、适应度评价及个体最优和全局最优选取、速度和位置向量更新、迭代终止条件判定。其具体步骤如表 1-5 所示。

表 1-5　粒子群优化算法

输入：算法参数、种群参数
输出：目标函数最优值
Step 1：初始化种群中各粒子速度和位置属性及相关参数：种群规模 n、粒子维数 D、学习因子 c_1 和 c_2、随机常数 $rand_1$ 和 $rand_2$、惯性系数 ω、速度壁垒 v_{max} 等；
Step 2：利用目标函数对各粒子进行评价，得到粒子适应度值，并存储个体最优和群体最优；
Step 3：根据更新方程（1-18）和（1-19），调整当前粒子速度和位置；
Step 4：若新位置优于当前位置，更新个体最优，否则个体最优位置保持当前位置不变；
Step 5：将种群最优与每个粒子的个体最优作比较，若个体最优优于种群最优，则更新种群最优位置，否则，保持不变；
Step 6：终止条件判定，若达到终止条件，结束算法并输出最优值；否则，返回 Step 3，继续迭代寻优

关于标准 PSO 算法终止条件的设置主要有以下方案：达到最大迭代次数 T_{max} 或者目标函数评价次数达到最大值；获得可容忍范围内近似解；规定迭代次数内近似最优解没有改变；种群归一化半径趋于 0；目标函数变化率趋于 0 等。但这些方案并不能保证 PSO 算法收敛到全局最优解，通常情况下，只是表示 PSO 算法进入一种平衡状态。

本例中，待优化的目标函数为具有 25 个局部最小值的 De Jong's-5，待优化目标变量数为 2，如图 1-11 所示。

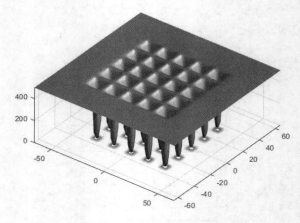

图 1-11　De Jong's-5

代码实现如下，其中，第 03 行的 rng default 作用是启动默认全局随机数据流，第 04 行输出变量 exitflag 是终止条件判定符号，取值为 1 表示算法结束。

```
01  fun = @dejong5fcn;
02  nvars = 2;
03  rng default
04  [x,fval,exitflag] = particleswarm(fun,nvars)
```

其输出结果为：

```
01  x =
    -31.9521  -16.0176
02  fval =
    5.9288
03  exitflag =
    1
```

当我们限制变量的范围为[-50,50]时，搜索空间更加集中，代码及效果如下：

```
01  lb = [-50;-50];
02  ub = -lb;
03  [x,fval,exitflag] = particleswarm(fun,nvars,lb,ub)
```

输出为：

```
01  x =
    -16.0079  -31.9697
02  fval =
    1.9920
03  exitflag =
    1
```

果然，目标函数值大幅下降。此外，可以采用更大的种群进行函数优化，代码及效果如下所示。此外，当种群大小扩大为 100 时，即 100 个粒子同时协作进行全局搜索，优化性能进一步提高。

```
01  options = optimoptions('particleswarm','SwarmSize',100);
02  [x,fval,exitflag] = particleswarm(fun,nvars,lb,ub,options)
```

输出为：

```
01  x =
    -31.9781  -31.9784
02  fval =
    0.9980
03  exitflag =
    1
```

1.5　温故知新

本章总结了深度学习的入门基础知识，涉及矩阵、概率论、机器学习、神经网络、最优化理论，知识点理论性较强，很多结论在本书的后续章节还会涉及。

为便于读者掌握，学完本章，读者需要掌握如下知识点：

（1）矩阵的行列式是一个数值。

（2）梯度方向是函数变化率最大的方向；负梯度方向是函数下降最快的方向。

（3）概率是事件发生频率的稳定极限。

（4）机器学习的本质是找到一个合适的函数来反映输入与输出的映射关系，使机器具有智能。

（5）监督学习和无监督学习的区别在于训练样本数据是否具有标签。

（6）KL 散度不满足对称性，因此不能作为一个度量。

（7）已证明足够多隐藏层的神经网络能以任意精度逼近任意连续函数。

（8）一般的最优化问题由三要素构成，目标函数、方案模型、约束条件。

（9）多目标优化算法得到的非劣解集合为近似 Pareto 最优解集，相应的目标函数值的集合为近似 Pareto 最优前端，只能通过序关系来比较解的优劣。

（10）群智能优化算法可以通过不断的参数调整来逐渐逼近全局最优解。

在下一章中，读者会了解到：

（1）M-P 神经元模型与感知机模型的原理。

（2）BP 神经网络的训练方法。

（3）径向基函数网络、自组织映射网络的原理。

（4）深度神经网络的基本架构。

1.6 停下来，思考一下

习题 1-1 请从图 1-12 的角度，分析机器学习、人工智能、数据挖掘等概念的关系，并与本文观点做比较，给出你的思考与认识。

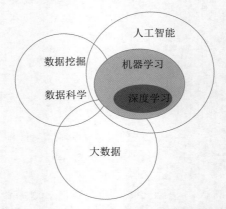

图 1-12 机器学习、人工智能、数据挖掘关系图

习题 1-2 Jeff Hawkins 的著作 *On Intelligence* 中（如图 1-13 所示）涉及三个关于"智能"的结论：

（1）智能只不过是一种"预测未来的能力"。

（2）智能所做的预测实质是"生物的应激性"在"生物自平衡机制"和"环境压力"下产生的副产品。

（3）而智能的核心是得益于大脑皮层同质的层级结构的某种"稳定不变的东西"——恒定表征（invariant representations）。

请选取一个角度，谈谈对上述观点的认识与理解。

（a）Jeff Hawkins　　　　　　　　　　　（b）*On Intelligence*

图 1-13 Jeff Hawkins 与 *On Intelligence*

习题 1-3 从诞生，到几度沉浮，再到现在的如火如荼，人工智能已成为"技术革命"的代名词，然而对人工智能的研究与利用同时需要更加前瞻性探索和构建人工

智能治理体系（如图 1-14 所示），涉及监管机构、法律、伦理、公平、隐私等方面的相关保障和规定都需要进一步完善。请你通过搜索资料等方式，分析互联网公司苹果、谷歌等对人工智能治理中的"个人隐私保护"问题的政策与技术，并探讨目前该领域存在的主要问题及解决方案。

图 1-14　人工智能的治理

神经网络原理与实现

就像"唯一不变的就是变化本身"的道理一样，神经网络的研究，抑或是人工智能的研究，几经沉浮，从 M-P 神经元、感知机到多层前馈神经网络，再到深度学习，形式在变，外界在变，而神经网络的"连接主义"的本质并没有变，正如"一个问题解决不了（比如训练参数过多等），将它冷处理，也许时间就是最好的解决方案（时代在进步，海量数据与超强计算力终会到来）"。尽管深度学习可解释性差，正所谓"白猫黑猫抓到耗子就是好猫"，深度学习就是一种"不忘"神经网络的"初心"，"方得"今天引领人工智能的"始终"的强大工具。

有了前面关于机器学习、人工智能的基础，我们就可以开启神经网络的大门。本章将系统地讲解神经网络的来龙去脉，从理论和实践的角度让读者完全掌握神经网络。

本章主要涉及的知识点有：

- M-P 神经元与感知机：了解 M-P 神经元和感知机的基本结构，理解感知机的学习规则。
- 多层前馈神经网络：理解多层前馈神经网络的基本特点与构建规律，理解分布式表征学习的意义。
- BP 算法：理解 BP 算法的核心思想和推导过程，掌握梯度下降算法的三种实现方式。
- 现代神经网络模型：理解径向基函数网络和自组织映射网络的核心思想，了解现代深度神经的改进方向。

2.1 线性问题与感知机

神经网络的最大优势是模拟生物神经网络的并行分布式架构，这种"道法自然"

的启迪在网络的并行式训练、知识的分布式存储方面，对神经网络的学习和泛化能力的提高起到了很好的推动作用。

　　然而，目前有一个关键的问题人类依然还没有解决，就是人类的脑细胞工作频率极低，数以亿计的神经元不断通过多巴胺传递着兴奋和抑制两种状态信息，这个工作频率最高值却仅为 100 Hz 左右，正是这种高效率低能耗的神秘结构引领着神经网络的不断发展。可以说，人工神经网络不断改进与优化的进程也是人类对脑科学的不断认知的过程，因此，目前我们对神经网络的研究与模拟依然还有很长的路要走。

　　第 1 章我们已经介绍了具有划时代意义的 M-P 神经元模型，如果说 M-P 神经元是一切神经网络学习的起点，那么，感知机模型就如同入门神经网络的"Hello World"一样。我们先来回忆下神经元模型。神经元（neuron）就是由细胞体和突触构成的神经细胞（nerve cell）。它是我们现在所有对神经网络模拟、研究的最基本单元。神经元的真实模型与数学抽象模型如图 2-1 所示。

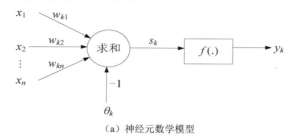

（a）神经元数学模型

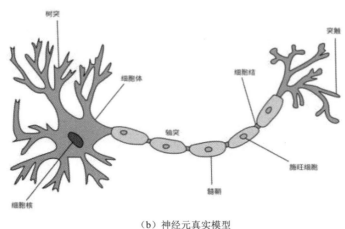

（b）神经元真实模型

图 2-1　神经元

具体来讲，神经元模型由三部分构成：

（1）网络连接权重模拟真实神经元之间的连接强度。

（2）神经元细胞体对所有输入信号作加权求和，并汇总外界激励。

（3）激励函数相当于真实神经元的响应阈值，控制输出信号的幅度，具有归一化功能。

神经元数学表达式与逻辑回归、支持向量机的超平面"形似而神也似"。

$$s_k = w_{k1}x_1 + w_{k2}x_2 + \cdots + w_{kn}x_n - \theta_k$$

$$= \sum_{i=1}^{n} w_{ki}x_i - \theta_k \tag{2-1}$$

$$y_k = f(s_k) \tag{2-2}$$

随着神经网络的研究深入，1957 年，康内尔大学教授 Frank Rosenblatt 发明了感知机（perceptron）模型，如图 2-2 所示。当时的感知机是由神经元构成的两层网络结构，输入层接收输入信号，激活函数将信号汇聚集合并处理，最终把处理后的信号输出至由 M-P 神经元构成的输出层，也叫作阈值逻辑单元（threshold logic unit）。需要指出了是，这个感知机模型只有一个激活功能神经元，这也是其性能瓶颈所在。本质上讲，感知机模型是一种具有分类功能的监督机器学习方法。

下面我们采用阶跃函数作为激活函数，按照表 2-1、表 2-2 的真值表，实现具有逻辑与、或、非运算功能的感知机。（为表达方便，权重 w 我们没有进行归一化。）

表 2-1　与（AND）的真值表

x_1	x_2	y
0	0	0
0	1	0
1	0	0
1	1	1

表 2-2　或（OR）的真值表

x_1	x_2	y
0	0	0
0	1	1
1	0	1
1	1	0

● 与（AND）

$x_1 \wedge x_2$，令 $w_1 = w_2 = 1$，$\theta = 1.5$，则 $y = f(1 \times x_1 + 1 \times x_2 - 1.5)$，当 $x_1 = x_2 = 1$ 时，$y = 1$；

● 或（OR）

$x_1 \vee x_2$，令 $w_1 = w_2 = 1$，$\theta = 0.5$，则 $y = f(1 \times x_1 + 1 \times x_2 - 0.5)$，当 $x_1 = 1$ 或 $x_2 = 1$ 时，$y = 1$；

● 非（NOT）

$\neg x_1$，令 $w_1 = -4$，$w_2 = 0$，$\theta = -2$，则 $y = f(-4 \times x_1 + 0 \times x_2 + 2)$，当 $x_1 = 1$ 时，$y = 0$；$x_1 = 0$ 时，$y = 1$。

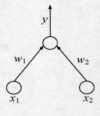

图 2-2　感知机

为了统一训练学习网络权重，阈值 θ 可以看作是权重 w_{n+1} 固定为-1 的哑节点（dummy node），这样在给定训练数据集上，参数都可以作为权重（w_i 和阈值 θ）进行统一训练，其学习规则设置为：

$$w_i \leftarrow w_i + \Delta w_i \qquad (2\text{-}3)$$
$$\Delta w_i = \eta(y - \hat{y})x_i \qquad (2\text{-}4)$$

其中学习率（learning rate）$\eta \in (0,1)$ 是可调参数，谨记"积跬步至千里，欲速则不达"。其调整策略可以参考最优化问题中的一维搜索等技术。由图 2-2 可以看出，在经典的感知机模型中，只有输出神经元具有激活函数，也就是说，只有一层功能神经元（functional neuron），因此只能解决线性可分（linearly separable）的与、或、非等问题，不能解决非线性的异或（XOR）问题，这也是直接导致 Minsky 等人将当时的神经网络研究打入"雪藏"的原因之一。

需要注意的是，所谓的功能神经元就是具有信号处理功能的激活函数单元，有了激活函数，神经元就具备了控制模型忍耐阈值的能力，进而可以将处理过的输入映射到下一个输出空间中。其实，神经元和感知机模型在本质上是一样的，只不过它们往往选择不同的激活函数。

2.2 多层前馈神经网络与 BP 算法

为解决非线性分类问题，需要具有多层功能神经元的网络，这样多层感知机（multi-layer perceptron，MLP）应运而生，多隐层前馈神经网络与多层感知机是近义词（区别在激活函数的使用），通常来讲，多隐层中的"隐"在产生歧义的情况下，一般省略。很简单，采用具有两层功能神经元的感知机模型就可以解决异或问题，即在输出层和输入层之间加一个隐藏层（hidden layer），其中，输出层和隐藏层都是拥有激活函数的功能神经元。

2.2.1 多层前馈神经网络

如图 2-3 所示，具有两层功能神经元的感知机就是最基本的多隐层神经网络（相比于 1958 年代的感知机，还真是多层网络）。这样，从只能学会与或非的"小白"，现在的网络终于可以解决非线性的"异或"问题了。而相比于深度神经网络的复杂结构，路还长着呢。你的直觉可能在告诉你，越复杂的网络，也就是具有越多隐层的网络，具有更强的学习能力，具备表征更多特征的能力，可以说你的直觉是对的。但是，随之而来的大量网络参数，或者即将被网络学习到的"智慧"是怎样"修炼"得来的呢？

靠运气？那估计某年某月的某一天你还真可以"蒙"上一组万能的参数，可以匹配很多网络，不过不知道你能否等到那一天。

穷举？呈几何级数爆炸式的网络参数，穷举的话，估计动员上"全家老小"，废寝忘食，估计有生之年也未必找得到最优解，不过这种当代"愚公移山"精神，为科技的发展做贡献的勇气，还是值得称赞的，毕竟"子子孙孙无穷匮也"未尝不是一种解决方案。

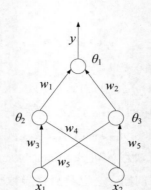

图 2-3　两层感知机

还是不兜圈子了，我们来看看多层神经网络到底是如何通过反复的监督钻研学会了这些分布式存储的表征知识的。

在图 2-4 所示的多层前馈神经网络（multi-layer feedforward neural networks）中，以层为功能单位模块，同层神经元之间无连接，上层与下层实现全连接，但无跨层连接。输入层只负责接收信号输入，无数据处理功能，隐藏层和输出层是由具有信号处理功能的神经元构成。总之，神经网络的学习过程就是根据训练数据来学习合适的连接权重（connection weight）和功能神经元的阈值，从宏观看，这些权值和阈值等参数也就是学到的"知识"，它们分布式地存储在神经元网络中，简言之，同一个输入特征可以由多个神经元共同表示，同时，单个神经元可以按照不同权重的身份出现在不同的输入特征表示中。这种多对多的映射就是分布式表征（distributed representation）的核心，是神经网络发展历程中的一个重要思想。

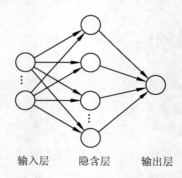

输入层　　　隐含层　　　输出层

图 2-4　多层前馈神经网络

【案例 2-1】具有异或逻辑的感知机

利用 MATLAB 中的神经网络工具箱，可以构建并实现具有异或功能的感知机，代码实现如下：

```
01  x = [ 0 0 1 1; 0 1 0 1];
02  t = [0 1 11];
```

```
03  net = perceptron;
04  net = train(net,x,t);
05  view
06  y=net(x);
```

这样得到的就是训练好的网络输出

```
    y= [0 1 11];
```

模型输出 y 与训练数据 t 相等，说明我们的感知机已具备了异或逻辑。

2.2.2　多层前馈神经网络的训练

现在，我们需要知道一个神经网络的每个连接上的权值是如何得到的。我们可以说神经网络是一个模型，那么这些权值就是模型的参数，也就是模型要学习的东西。然而，一个神经网络的连接方式、网络的层数、每层的节点数这些参数，则不是学习出来的，而是人为事先设置的。对于这些人为设置的参数，我们称之为超参数（hyper-parameters）。

接下来，我们将要介绍神经网络的训练算法——反向传播算法（back propagation），它是计算深度学习模型参数梯度的方法。总的来说，反向传播中会依据微积分中的链式法则，按照输出层、靠近输出层的隐含层、靠近输入层的隐含层和输入层的次序，计算并存储模型损失函数有关模型各层的中间变量和参数的梯度。这个算法的推导比较复杂，读者可以跳过。

那么，通过监督学习的思想，如何训练网络参数呢？那就需要请出 1986 年由 David Rumelhart 和 Geoffrey Hinton 发表在 *Nature* 上的 BP 算法。容易理解，在多层网络的参数学习可能依靠前面讲的感知机中简单学习训练规则，下面讲解下一个强大的学习算法——应用链式求导法则的误差反向传播算法（back propagation，BP），通过不断训练调整网络参数，求得输出层节点的误差平方和的最小值。通常，将采用 BP 算法训练参数的多层前馈神经网络称为 BP 网络。

具体来讲，在误差反向传播 BP 神经网络的学习过程中，包括信息的正向传播和误差的反向传播过程，主要解决正向传播算法难以直接计算隐含层误差的问题。正向传播过程与普通的感知机类似，逐层迭代计算各单元的输出值。反向过程指根据网络输出的误差，按误差梯度下降的方式，将误差进行逐层回代，修正每一层的权值。

如图 2-5 所示，输入层一般只对输入网络的数据做接收，不对数据进行处理。输入层的神经元个数根据数据的维数及求解问题而具体确定。隐含层负责信息的处理、变换，根据输入数据的特点及整个网络的输出要求，隐含层可设计为单隐层或多隐层的结构。增加隐含层数可以降低网络的误差、提高精度，但同时也增加了网络的复杂度，增加了训练的时间。隐含层中神经元数目的增加同样可以实现网络精度的提高，并且训练效果更易观察和调整。传统的神经网络（深度神经网络出现前）优化，首先考虑增加隐含层的神经元数量，然后再根据情况增加隐含层的数量。输出层输出整个网络的训练结果。

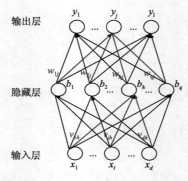

图 2-5　BP 网络

BP 神经网络中每个神经元的实际输出取决于激活函数，使用者根据网络的使用目的，选择适合的激活函数。常见的激活函数有以下 4 种：

（1）线性函数：
$$f(x) = x$$

（2）阶跃函数：
$$f(x) = \begin{cases} 1 & \text{当} \geqslant 0 \\ 0 & \text{当} < 0 \end{cases}$$

（3）Sigmoid 函数：
$$f(x) = \frac{1}{1 + e^{-x}}$$

（4）双曲正切函数：
$$f(x) = \text{th}(x) = \frac{e^x - e^{-x}}{e^x + e^{-x}}$$

在图 2-5 中的 BP 网络，有 d 个输入神经元，l 个输出神经元，q 个隐藏层神经元，输出层第 j 个神经元的阈值 θ_j，隐藏层第 h 个神经元的阈值 γ_h。输入层第 i 个神经元与隐藏层第 h 个神经元之间权重为 v_{ih}，隐藏层第 h 个神经元与输出层第 j 个神经元之间权重 w_{hj}。隐藏层第 h 个神经元的输入为 $\alpha_h = \sum_{i=1}^{d} v_{ih}x_i$，输出层第 j 个神经元的输入为 $\beta_j = \sum_{h=1}^{q} w_{hj}b_h$，$b_h$ 为隐层第 h 个神经元的输出，隐藏层和输出层中所有功能神经元的激活函数为 sigmoid 函数。

下面根据图 2-5 和表 2-3 的标记，推导 BP 算法关键步骤（也可以直接记结论）。

设训练输入数据为 (x_k, y_k)，神经网络的输出为 $\hat{y}_k = (\hat{y}_1^k, \hat{y}_2^k, \cdots, \hat{y}_l^k)$，即

$$\hat{y}_k = f(\beta_j - \theta_j) \tag{2-5}$$

用均方误差来度量神经网络在数据 (x_k, y_k) 上损失函数，也就是待优化的目标函数

$$E_k = \frac{1}{2} \sum_{j=1}^{l} (\hat{y}_j^k - y_j^k)^2 \tag{2-6}$$

表 2-3　变 量 符 号

符　　号	含　　义
d	输入神经元个数
l	输出神经元个数
q	隐藏层神经元个数
θ_j	输出层第 j 个神经元的阈值
γ_h	隐藏层第 h 个神经元的阈值
v_{ih}	输入层第 i 个神经元与隐藏层第 h 个神经元之间权重
w_{hj}	隐藏层第 h 个神经元与输出层第 j 个神经元之间权重
$\alpha_h = \sum_{i=1}^{d} v_{ih} x_i$	隐藏层第 h 个神经元的输入
$\beta_j = \sum_{h=1}^{q} w_{hj} b_h$	输出层第 j 个神经元的输入
b_h	为隐藏第 h 个神经元的输出
sigmoid	隐藏层和输出层中所有功能神经元的激活函数

可以看到，损失函数就是有关"权值参数"的函数。同时，在图 2-5 所示的 BP 网络中，需要学习 $(d+1+1)*q+1$ 个参数：输入层到隐藏层的权重值 $d*q$，隐藏层到输出层权重值 $q*1$，q 个隐藏层阈值，l 个输出层阈值。BP 算法的迭代公式与感知机的学习规则一致，可以采用广义的感知机训练规则进行参数学习，任意参数 v 的更新公式可表示为

$$v \leftarrow v + \Delta v \tag{2-7}$$

基于梯度下降（gradient descent）的迭代更新策略，对于 E_k 给定的学习率 η 可以得到

$$\Delta w_{hj} = -\eta \frac{\partial E_k}{\partial w_{hj}} \tag{2-8}$$

$$\frac{\partial E_k}{\partial w_{hj}} = \frac{\partial E_k}{\partial \hat{y}_j^k} \cdot \frac{\partial \hat{y}_j^k}{\partial \beta_j} \cdot \frac{\partial \beta_j}{\partial w_{hj}} \tag{2-9}$$

$$\frac{\partial \beta_j}{\partial w_{hj}} = b_h \tag{2-10}$$

由 sigmoid 的性质

$$f'(x) = f(x)\ (1 - f(x)) \tag{2-11}$$

由式（2-5）和式（2-6）有，

$$\begin{aligned} g_j &= -\frac{\partial E_k}{\partial \hat{y}_j^k} \cdot \frac{\partial \hat{y}_j^k}{\partial \beta_j} \\ &= -\left(\hat{y}_j^k - y_j^k\right) f'\left(\beta_j - \theta_j\right) \\ &= \hat{y}_j^k \left(1 - \hat{y}_j^k\right)\ \left(y_j^k - \hat{y}_j^k\right) \end{aligned} \tag{2-12}$$

最终得到权重更新公式

$$\Delta w_{hj} = \eta g_j b_h \tag{2-13}$$

同理

$$\Delta \theta_j = -\eta g_j \tag{2-14}$$

$$\Delta v_{ih} = \eta e_h x_i \tag{2-15}$$

$$\Delta \gamma_h = -\eta e_h \tag{2-16}$$

其中

$$
\begin{aligned}
e_h &= -\frac{\partial E_k}{\partial b_h} \cdot \frac{\partial b_h}{\partial \alpha_h} \\
&= -\sum_{j=1}^{l} \frac{\partial E_k}{\partial \beta_j} \cdot \frac{\partial \beta_j}{\partial b_h} f'(\alpha_h - \gamma_h) \\
&= \sum_{j=1}^{l} w_{hj} g_j f'(\alpha_h - \gamma_h) \\
&= b_h (1 - b_h) \sum_{j=1}^{l} w_{hj} g_j
\end{aligned}
\tag{2-17}
$$

与感知机模型一样，超参数学习率 η 控制着每一轮更新迭代的步长。综上所述，BP 算法的具体步骤如表 2-4 所示。

表 2-4　BP 算法步骤

BP 算法：
输入：训练数据集、学习率
输出：网络参数
Step 1：确定网络结构，初始化学习参数，如训练函数、训练次数等。 Step 2：输入训练样本，训练网络。 Step 3：正向传播过程，通过训练数据计算当前网络的实际输出，与网络的期望输出做比较，计算均方误差。 Step 4：反向传播过程，通过公式，逐层修正全权值。 Step 5：更新全部权值后，重新计算网络输出并计算与期望输出的误差。 Step 6：终止条件判定。满足则停止迭代，否则，返回 Step 3

神经网络学习的终止条件为实际输出与期望输出的误差小于设定的阈值或达到设定的最大训练次数。已有研究表明，包含足够多的神经元隐藏层的多层前馈神经网络，能以任意精度逼近任意复杂的连续函数。但隐藏层神经元个数设置是个 NP 问题，目前通常采用试错法（trial-by-error）。此外，为解决 BP 神经网络的过拟合问题，可采取的策略包括：

（1）早停（early stopping）策略，在训练网络参数时，同时采用训练集和验证集分别训练网络。

（2）正则化（regulation）则是在目标函数部分加一个描述网络复杂度的部分，一般是网络权重的加权函数。

同时，针对神经网络参数的优化问题，可以采用的策略有：

（1）利用多组不同参数同时训练多个神经网络，效果最好的作为最终网络参数，相当于并行多个无交流网络。

（2）模拟退火策略（simulated annealing），每次迭代依概率接受比当前差的解，同时接受次优解的概率随迭代次数增加逐渐降低来保证算法稳定；

（3）使用随机梯度下降策略，加入随机因素，增加算法的全局寻优能力。

此外，粒子群优化算法等群智能优化算法也被用来训练网络参数，但基于启发式（heuristic）的思想，从理论上不能保证一定可以得到全局最优解。

综上所述，神经网络其实就是按照一定规则连接起来的多个神经元，而不同的连接规则就产生了鼎鼎大名的卷积神经网络（CNN）、循环神经网络（RNN）等，但"万变不离其宗"，它们都由输入层、输出层以及输入层和输出层之间的隐藏层构成。

【案例 2-2】训练前馈神经网络

```
01  x = [0 1 2 3 4 5 6 7 8];
02  t = [0 0.84 0.91 0.14 -0.77 -0.96 -0.28 0.66 0.99];
03  net = feedforwardnet(10);
04  net = configure(net,x,t);
05  y1 = net(x)
06  net = train(net,x,t);
07  y2 = net(x)
08  plot(x,t,'o',x,y1,'x',x,y2,'*')
```

第 04 行构建一个隐藏层具有 10 个神经元的前馈神经网络，此时网络具有 31 个待训练参数，其中输入层到隐藏层的连接权重 10 个，隐藏层到输出层的连接权重 10 个，隐藏层各神经元的偏置共 10 个，输出层的偏置 1 个。y1 为初始网络的拟合值，y2 为经过训练后网络的拟合值，训练结果如图 2-6 所示。

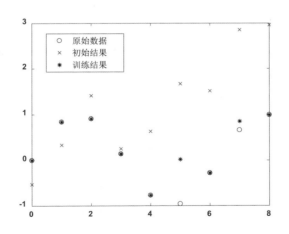

图 2-6　前馈神经网络训练结果

很明显可以看出，经过训练的网络比初始时网络的拟合精度提高了许多。

【应知应会】梯度下降算法

神经网络的参数优化方法主要就是梯度下降，其具体应用主要有如下方式：

（1）批梯度下降（batch gradient descent）

遍历全部数据集后统一计算损失函数，然后再计算损失函数对各个参数的梯度并更新参数。这种方法每更新一次参数都要遍历数据集里的所有数据，计算量开销大，计算速度慢，不支持在线学习。

（2）随机梯度下降（stochastic gradient descent）

每输入一个数据就计算相应的损失函数，然后再求梯度并更新参数。该方法速度快，但收敛性能不好，易造成损失函数震荡。

（3）小批梯度下降（mini-batch gradient decent）

为了克服批梯度下降和随机梯度下降的缺点，可以采取"中庸"的策略，把全部数据分为若干更小的批次，以此来更新参数，这样就缓解了整体与局部的矛盾，在保证随机性的同时，降低了计算量。实验表明，大批次收敛速度快，但易陷入局部极小，小批次随机性大，但收敛速度慢。在不同的实际应用需求中需要使用者自行调整。

2.3　其他神经网络

按照神经网络的发展脉络，本小节以径向基函数网络、自组织映射网络和几种典型的深度神经网络为讲解重点，结合感知机、多层前馈神经网络等知识，对神经网络的"生态系统"进行全方位解读。

2.3.1　径向基函数网络

采用径向基函数（radial basis function，RBF）作为单隐藏层神经元激活函数的前馈神经网络叫作 RBF 网络，其输出层是对隐藏层神经元输出的线性组合，径向基神经网络模型可表示为：

$$f(x) = \sum_{i=1}^{m} w_i \rho(x, c_i) \tag{2-18}$$

式中，m 为隐藏层神经元个数，c_i 和 w_i 为第 i 个隐藏层神经元对应数据的聚类中心和权重，$\rho(x, c_i)$ 为具有对称性的径向基函数，常用的高斯径向基函数（如图 2-7 所示）为：

$$\rho(x, c_i) = e^{-\beta_i \|x - c_i\|^2} \tag{2-19}$$

已证明，足够多隐藏层神经元的 RBF 可以任意精度逼近任意连续函数。此外有了 BP 神经网络的学习基础，很容易理解径向基网络的训练步骤：（1）采用随机采样或者聚类的方法确定神经元中心 c_i；（2）采用上节的 BP 算法学习参数 w_i 和 β_i。

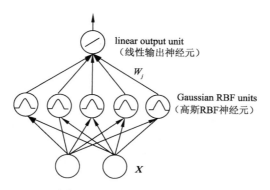

图 2-7　高斯径向基函数网络

2.3.2　自组织映射网络

自组织映射（self-organizing map，SOM）网络是一种基于竞争学习的无监督神经网络，因此适合于数据聚类和特征降维。如图 2-8 所示，自组织映射网络的输入层与普通神经网络类似，输出层由以矩阵形式排列的具有权重的神经元构成，通过竞争决定输入层数据在这个二维平面（或者一维）中对应的位置，其中，与输入数据距离最近的神经元被确定为获胜者，该神经元与其周围神经元的权重将会调整，直至网络收敛。

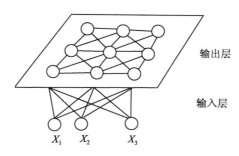

图 2-8　SOM 网络结构

【案例 2-3】用 SOM 网络聚类 Iris 数据

无监督学习的 SOM 网络聚类 Iris 数据代码实现如下：

```
01  x = iris_dataset;
02  size(x)
    ans =
    4   150
```

可以看到 Iris 数据具有 4 个属性，150 个样本。

```
03  net = selforgmap([8 8]);
04  view(net)
```

查看网络结构，可以看到网络结构有 64 个神经元，但是参数都未设置，神经元的拓扑结构如图 2-9（a）所示。调用 selforgmap 函数，构建具有 64 个神经元的二维输出层。

```
05 [net,tr] = train(net,x);
06 nntraintool
```

用输入数据训练 SOM 网络，结果如图 2-9 所示。

在图 2-9（b）中，六边形的大小及其中数值代表与该神经元对应的样本分类数目，图 2-9（c）为 SOM 网络中神经元之间的邻域连接情况，在图 2-9（d）中，颜色越深的连接表明该区域的分类数越少。

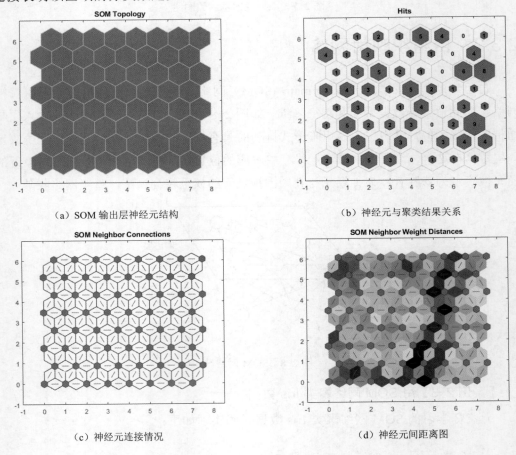

（a）SOM 输出层神经元结构　　　　　　　（b）神经元与聚类结果关系

（c）神经元连接情况　　　　　　　（d）神经元间距离图

图 2-9　SOM 网络聚类结果

2.3.3　深度神经网络

随着深度神经网络中隐藏层数量的增加，算法的性能虽然不断提升，但是过多的训练参数、高复杂度的模型、极低的训练效率、易陷入过拟合等问题，曾让神经网络在很长一个时期处于不温不火的状态。

目前，主流的深度神经网络中，深度信念网络（deep belief network，DBN）是具有可见单元和隐藏单元的两层结构，可以看作一个马尔科夫随机场网络，采用的无监督逐层训练（unsupervised layer-wise training）的方法，先将大量超参数分组，在每组中找到局部较优参数，然后在局部最优的基础上进行全局优化。而卷积神经网络（convolutional neural network，CNN）采用权值共享（weight sharing）策略，即让多个神经元共用相同连接权值，来降低训练参数个数。

此外还有循环神经网络、生成式对抗网络以及迁移学习（multi-task and transfer learning）、强化学习等都在各个领域发挥着重要作用。

我们以卷积神经网络为例，1989 年 LeCun 教授利用具有手写字识别功能的卷积神经网络将手写邮政编码、银行支票数字等的识别错误率降到 5%，但其性能严重受限于没有大规模的训练数据，也没有强大计算能力，以至于当时训练网络用了将近 3 天的时间。1998 年提出的 LeNet-5 由输入层、卷积层和采样层的组合、全连接层、输出层构成，各层具体情况如表 2-5 所示。

表 2-5　LeNet-5 参数

序 号	名 称	情 况
1	输入层	输入数据：32×32
2	卷积层	卷积核：6(5×5) 参数：6×(5×5+1)=156 连接数：(5×5+1)×28×28×6=122 304 神经元个数：6×28×28=4 704 输出特征映射：6(28×28=784)
3	采样层	输入：6 个 28×28 特征映射 采样核：6(2×2) 采样步长：2 参数：(1+1)×6=12 连接数：(2×2+1)×14×14×6=5 880 神经元个数：14×14×6=1 176 输出特征映射：6(14×14=196)
4	卷积层	输入：上层特征映射的不同组合（3,4,4,6） 卷积核：16(5×5) 参数：6×(3×25+1)+6×(4×25+1)+3×(4×25+1)+(25×6+1)=1 516 连接数：10×10×1 516=151 600 神经元个数：10×10×16=1 600 输出特征映射：16(10×10=100)
5	采样层	输入：16 个 10×10 特征映射 采样核：16(2×2) 采样步长：2 参数：(1+1)×16=32 连接数：16×(2×2+1)×5×5=2 000 神经元个数：5×5×16=400 输出特征映射：16(5×5=25)

续表

序 号	名 称	情 况
6	卷积层	输入：16 个 5×5 特征映射 卷积核：120(5×5) 参数：120×(16×5×5+1)=48 120 连接数：120×(16×5×5+1)=48 120 神经元个数：120×(16×5×5+1)=48 120 输出特征映射：120(1×1=1)
7	全连接层	输入：120 维向量 参数：84×(120+1)=10 164

可以看出，LeNet-5 每层都包含多个特征映射，每个特征映射对应多个神经元。由于输入数据为灰度图像，所以采用二维卷积核，后来的网络如 AlexNet，VGG 等都是直接处理 RGB 图像，采用三维卷积核。值得说明的是，在第二个卷积层中，具有 16 个特征映射，其来源为上一层输入的 6 各特征映射的 4 种组合，3 个相邻特征映射为输入的组合为 4 种，4 个相邻特征映射为输入的组合为 3 种，3 个以不相邻映射为输入的组合为 2 种，4 个不相邻特征映射为输入的组合为 6 种，全部 6 个特征映射为输入的组合为 1 种，这样得到了 16 个特征映射。特征映射的具体对应关系如图 2-10 所示。

	0	1	2	3	4	5	6	7	8	9	10	11	12	13	14	15
0	×				×	×	×			×	×	×	×		×	×
1	×	×				×	×	×			×	×	×	×		×
2	×	×	×				×	×	×			×		×	×	×
3		×	×	×			×	×	×	×			×		×	×
4			×	×	×			×	×	×	×		×	×		×
5				×	×	×			×	×	×	×		×	×	×

图 2-10 LeNet-5 的第二卷积层的特征映射对应关系

具体的卷积与池化操作，我们将在后续章节着重介绍。希望读者理解最重要的一点，CNN 中的权值共享就是一个特征映射（即一组神经元）共享一个卷积核和一个偏置，通俗来讲，卷积核就是一组网络权值，而且几个卷积核就可以得到几个特征映射平面。

总之，在 LeNet-5 结构中（如图 2-11 所示），卷积层利用不同卷积核提取输入数据的不同特征，通过多个由神经元构成特征映射（feature map）平面共享相同的连接权重，从而降低训练参数数目。同时采样层利用图像局部相关性的原理，对图像进行子抽样，在保留有用信息同时进行数据降维的特征提取，最后用全连接层完成输出映射，实现输出分类的功能。

但是，LeNet-5（5 代表层数）的网络参数训练采用就是我们讲解过的 BP 算法，但 BP 算法在隐层数量过多时（一般指大于 3 层），误差在多隐藏层反逆传播时，会过度发散（diverge）不易收敛，梯度扩散（gradient-diffusion）现象严重影响训练精度。2006 年，Hinton 教授采用无监督的“逐层初始化”(layer-wise pre-training)、微调（fine-tuning）和 BP 算法等训练机制，提出了基于受限玻尔兹曼机（restricted boltzmann machines, RBM）的深度信念网（DBN）再次提供了深度学习的可行方案。此外，循环神经网络、生成式对抗网络的研究与发展也是深度神经网络的前沿方向。

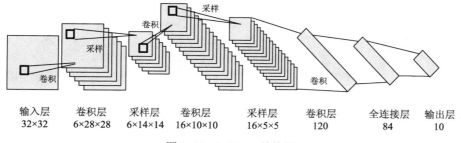

输入层	卷积层	采样层	卷积层	采样层	卷积层	全连接层	输出层
32×32	6×28×28	6×14×14	16×10×10	16×5×5	120	84	10

图 2-11　LeNet-5 结构图

2.4　温故知新

本章系统地讲解了神经网络的原理与实现方法，涉及 M-P 神经元模型、单层感知机、多层感知机、多层前馈神经网络、BP 算法，以及现代神经网络的典型代表。

为便于读者掌握，学完本章，读者需要掌握如下知识点：

（1）M-P 神经元相当于神经网络发展的第一个细胞。

（2）感知机是第一个具有基本功能的神经网络工具，只具有一层功能神经元。

（3）多层前馈神经网是现代神经网络原始模型，具有多层功能神经元，一般采用 BP 算法进行训练。

（4）小批梯度下降训练算法是梯度下降算法中的"中庸之道"。

（5）分布式表征是神经网络发展历程中的一个重要思想。

（6）CNN 中的权值共享就是一个特征映射（即一组神经元）共享一个卷积核和一个偏置，通俗来讲，卷积核就是一组网络权值，而且几个卷积核就可以得到几个特征映射平面。

在下一章中，读者会了解到：

（1）卷积神经网络的生物机理。

（2）卷积神经网络的卷积、池化等关键技术。

（3）卷积神经网络的应用。

2.5　停下来，思考一下

习题 2-1　图 2-12 为 LeCun 教授 1998 年发表的 LeNet-5 论文中的原图（Y. LeCun, L. Bottou, Y. Bengio and P. Haffner: Gradient-Based Learning Applied to Document Recognition, Proceedings of the IEEE, 86(11):2278-2324, November 1998），请结合本章所讲知识，结合你的理解，分析图中所有参数的意义及计算过程。

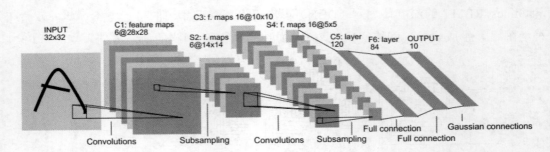

Fig. 2. Architecture of LeNet-5, a Convolutional Neural Network, here for digits recognition. Each plane is a feature map, i.e. a set of units whose weights are constrained to be identical.

图 2-12　LeNet-5（论文原图）

习题 2-2　"纸上得来终觉浅，绝知此事要躬行。"Gluon 是深度学习的一个教学项目，使用 Apache MXNet (incubating)的最新 gluon 接口来从 0 开始学习深度学习的各个算法，可以利用 Jupyter notebook 将文档、代码、公式和图形统一在一起，实现一个交互式的学习体验（见图 2-13 和图 2-14）。

（a）学习深度学习的途径

（b）最难解决的问题

图 2-13　深度学习的关键问题

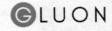

使用 MXNet/Gluon 来动手学深度学习

Release 0.6

图 2-14　Gluon 平台

请从网址下载源代码 https://github.com/mli/gluon-tutorials-zh，体验这个学习项目，同时在讨论社区 http:// discuss.gluon.ai/ 与大家交流。

习题 2-3　请在在多层前馈神经网络中尝试添加多个隐藏层或者更多的神经元，如图 2-15 所示，同时尝试使用其他的激活函数，通过大量的实验训练得到较优的参数设置。

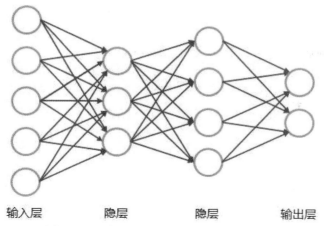

输入层　　　　隐层　　　　隐层　　　　输出层

图 2-15　增加隐藏层或者增加隐藏层神经元

第 2 篇
深度学习方法论解析篇

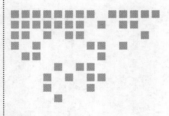

Chapter 3 | 第 3 章

卷积神经网络（CNN）

有了关于深度学习和神经网络的基础，就可以开启深度学习的大门——卷积神经网络（convolutional neural network，CNN），尤其在 2012 年的 ImageNet 竞赛上，以 AlexNet 为代表的 CNN 便崭露头角。本章以经典的图像识别案例为切入点，深入浅出地讲解 CNN 的来龙去脉，带你轻松进入深度学习的"Hello World"。

本章主要涉及的知识点有：

- CNN 的生物机理及拓扑结构：了解卷积神经网络是如何从神经网络演进过来并掌握它们之间的关联。
- CNN 的关键技术：学会如何构建 CNN 网络，全面掌握 CNN 组成架构中的关键组件。
- 卷积：理解卷积操作，学会用卷积核实现图像卷积并进行特征提取，让图像数据瘦身。
- 池化：学会用 MaxPooling 和 MeanPooling 等子采样（Subsampling）技术对图像进行高级抽象。
- CNN 应用：通过本章最后的示例，演示如何用三步构建 CNN 网络，结合本章所学的知识，深入体会经典的手写字识别案例。

注意：本章案例实现基于 Keras 框架和 MATLAB，具体环境搭建和使用方法参见后面章节的详细讲解。

3.1 卷积神经网络入门

由第 1、2 章的介绍可知，人工神经网络（neural network, NN）已有几十年的发展历史，经历了 M-P 神经元、单层感知机、多层前馈神经网络等阶段的几起几落，作为多层前馈神经网络一种变体，卷积神经网络从 2012 年的 ImageNet 大赛后发展得"如日中天"。

本章首先介绍 CNN 的生物机理，然后讲解 CNN 的拓扑结构及特点。理解 CNN 的生物机理和拓扑结构是学习和使用 CNN 的基础，这样才能更好地掌握 CNN 的原理和卷积、池化等关键技术。

3.1.1　生物机理

介绍卷积神经网络之前，我们还是要先回忆一下神经网络（neural network）。神经网络是生物科学和信息科学交叉的产物，生物科学研究表明，在人类的脑神经的基本结构是神经元，这也就是我们之前讲到的 M-P 神经元模型的原型。神经元和神经元之间通过轴突或树突相连，在神经元接收到刺激之后产生兴奋或抑制信号后，通过神经突触将这种生物电信号传递给相邻的神经元，这就是感知机的生物原型。

神经元之间的相邻层间的连接与复杂层次结构，可以完成从神经感知外界刺激到神经中枢产生人脑的意识这一复杂过程，这也正是多层人工神经网络所追求的理想效果。图 3-1 为神经元的基本结构，一个神经元在兴奋传导过程中受到的刺激总和为所有与其相连神经元传递兴奋之和。

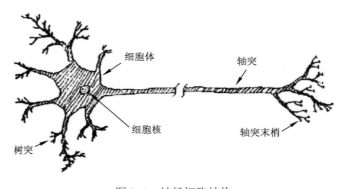

图 3-1　神经细胞结构

而卷积神经网络这一术语的灵感来自于对生物学中大脑视觉皮层的研究，该层中视觉神经细胞对特定视觉区域很敏感。

1962 年，美国生物学家 Hubel 和 Wiesel 的对猫的大脑皮层的研究表明，一些特别的神经细胞只会对特定方向的边缘做出响应。比如，某些神经元会对垂直边缘做出响应，而其他的则会对水平或者斜边缘做出反应。另外，他们发现这些神经元都排列在一个圆柱结构中，共同产生视觉认知，同时，在大脑中的存在一种局部敏感和方向选择的神经元网络结构，这种结构可以有效降低神经网络的复杂程度，这也就是卷积神经网络的生物理论基础。

由于视觉皮层的细胞对视野中的小区域敏感，这些区域被称为感受野。这些小区域连起来可以覆盖整个视野，这些细胞可以充当输入空间的滤波器，非常适合于处理图像中的空间相关性，因此，称动物视觉皮层是现存的最强大的视觉处理系统也不足为过。

很容易理解，大脑皮层是视觉神经细胞提取事物特征的能力与机器学习中寻找一个输入与输出的良好映射的目标相一致，这也是我们的卷积神经网络在图像识别中效果很好的一个原因。此外，研究人员还发现了两种基本细胞类型：简单细胞对其感受野内特定边缘模式最敏感。复杂细胞具有较大的感受野，对模式的精确位置具有局部不变的感知。大脑的不同功能区及视觉区域如图 3-2 所示。

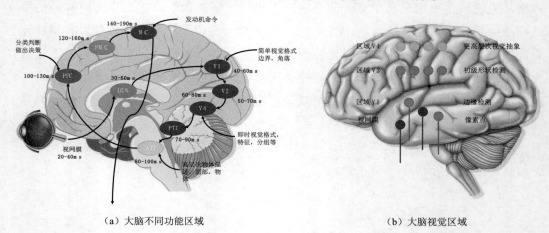

（a）大脑不同功能区域   （b）大脑视觉区域

图 3-2　大脑的不同功能区及视觉区域

因此，卷积神经网络就是受生物启发的一种多层神经网络，其下一层的输入是上一层相邻感受野集合的子集，而其中的关键技术卷积核就是模拟感受野的范围。

值得注意的是，可以利用卷积神经网络模拟大脑视觉皮层神经元的机理——对边缘信息敏感以及具有特征迁移的能力，实现图像特征的高度抽象。比如说，为了提取图 3-3（a）中小鸟嘴的边缘，我们可以利用 CNN 对边缘信息（水平或者斜对角边缘）敏感的特性，直接定位到相应的关键区域，而不需要逐像素查找整个图像。

另外，CNN 还可以实现对边缘信息学习的迁移，如图 3-3（b）所示，进而大大提高了图像抽取效率，减少了网络参数的数量，降低了计算复杂度，尤其在 GPU 等硬件设备不足的情况下，这种迁移学习思想可以帮你省去训练多余网络参数的麻烦，只需在前人训练好的网络模型基础上进行修改，进而实现任务迁移。

（a）边缘特征提取

（b）边缘特征迁移

图 3-3　CNN 的边缘提取与特征迁移

3.1.2　拓扑结构

深度学习的概念起源于人工神经网络，深度学习的网络模型主要可分为 5 类：

（1）卷积神经网络（convolutional neural network, CNN）。

（2）深度置信网络（deep belief network, DBN）。

（3）堆栈自编码网络（stacked auto-encoder network, SA-EN）模型。

（4）循环神经网络（recurrent neural network，RNN）。

（5）生成式对抗网络（generative adversarial network，GAN）。

这里的深度指的是通过网络学习得到的函数中非线性运算组合水平的数量。其基本思想是利用多层非线性运算单元构建深度学习网络，并将较低层的输出作为更高层的输入，以此从大量输入数据中学习得到有效的高阶特征表示，最后将这些高阶特征表示用于解决分类、回归和信息检索等特定问题，这种多层次的网络拓扑结构的实现，得益于深度学习的强大表达能力，它已经被成功应用于文本数据学习和视觉识别任务当中。

作为深度学习的经典网络模型，卷积神经网络采用的拓扑结构中通常包含若干个卷积层和采样层的叠加结构作为特征映射。卷积层与子采样层不断将特征映射降维，但是特征映射的数量往往增多。特征提取后面接一个分类器，分类器通常由一个多层感知机（也就是全连接前馈神经网络）构成。在特征抽取器的末尾，将所有的特征图展开并排列成为一个向量，称为特征向量，该特征向量作为后层分类器的输入。

卷积神经网络最经典且最常用的案例是海量图像的处理，下面以 CNN 图像分类为例，看看示例所采用的卷积神经网络的拓扑结构及其关键架构，如图 3-4 所示。

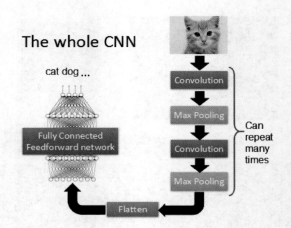

图 3-4　卷积神经网络拓扑

　　由图 3-4 可知，卷积神经网络由输入层（Input——如小猫图像）、卷积层（Convolution）、池化层（Pooling——常采用的 MaxPooling 方法）、扁平化层（Flatten）、全连接前向神经网络层（Fully Connected Feedforward Network）和输出层（Output——如类别判定结果，图像为猫或狗等）构成，这些结构的组合，"恰如其分"地将把隐藏于数据之中的复杂模式表示出来。

　　另外，由 3.1.1 节的介绍可知，信息科学研究者从生物视觉的研究中得到启示，一个视觉神经细胞通常只与其距离较近的神经元相连。鉴于此，CNN 引入了局部感受野的概念。为了简化模型和降低参数数量，一个特征平面的神经元共享权值，而这个共享权值就是即将讲解的卷积核。最早的 CNN 现实应用是 1989 年 Yann LeCun 提出的 LeNet-5，是手写数字识别问题中永恒的经典。其实在 CNN 的拓扑结构中，与传统神经网络的最大的不同就是卷积神经网络采用了卷积层和采样层两个结构，而且采样层也可以被认为是卷积层的变形。

　　回到细节上来，CNN 为了实现图像分类工作，将输入图像进行一系列的卷积、池化（多次重复有助于特征提取和特征降维）、扁平化和全连接神经网络操作，最终得到一个类别标签输出。其中，卷积层可以解决图像中关键特征提取和不同特征的迁移学习，进而提高算法效率。另外，卷积层有两个关键特点：

　　（1）图像的一些关键特征比整个图像小很多，因此不必覆盖整个图像进行特征发现，从而降低了网络参数。

　　（2）图像的不同区域可能分布着相同的特征属性，因此可以采用相同的方式进行特征提取，这与迁移学习的核心思想异曲同工。

　　我们知道，图像像素的子采样（subsampling）技术不会改变图像的整体信息，因此池化层采用池化技术来降低图像数据量，保证了采样像素依然可以保持原有图像的特性。此外，关于多层前馈向神经网络相关理论请参见第 1、2 章的讲解，在此不做赘述。

【知识扩容】图像处理中的全连接网络与卷积网络

若在图像处理中直接采用全连接网络，以尺寸为 1 000×1 000 的图作为训练数据，那么输入层需要 1 000×1 000=10^6 个神经元节点。如果在第一个隐藏层设置有 100 个神经元节点，那么在第一个隐藏层就有(1 000×1 000+1)×100 个参数，因此，在现在的图像处理中直接使用全连接网络行不通。而卷积神经网络利用像素间的位置信息，采用局部连接代替全连接、权值共享减少权重参数，这样经过不断的逐层抽象，将输入数据图像不断降维，直至最后可以用一个小规模的全连接神经网络及分类器实现图像的识别等功能。

3.1.3　卷积神经网络的特点

在无监督预训练方法出现之前，深度神经网络的训练非常困难，而卷积神经网络则是一个特例。受诺贝尔奖获得者 Hubel 和 Wiesel 对猫的大脑视觉皮层机理研究成果的启发，卷积神经网络已经成为深度学习在图像处理领域的重要技术。值得注意，卷积神经网络的成功依赖于两个先验假设：

（1）所有神经元输入较少，便于梯度多层扩散，提高训练效果；

（2）特征映射的局部连接结构需要比较强的设计技巧，良好的参数设置可以很好地提高网络的性能。

总的来说，卷积神经网络的主要特点可以总结如下：

（1）局部感知。利用神经元之间的局部连接和分层网络架构，将一组神经元赋予共同的网络权重，并作用于上层网络输入的不同位置，得到一种平移不变并保持局部特征映射关系的神经网络结构。其最早的现实原型就是日本科学家 Fukushima 提出的第一个卷积神经网络结构。此外，CNN 中的局部感知目的就是降低参数数目，主要利用局部感知野，图像的空间中局部像素联系紧密，所以，每个神经元只需要局部感知能力即可，然后在更高层综合局部信息即可。很容易理解，局部连接大大降低了网络连接权值。

（2）网络的训练方法依然使用误差反向重传算法，同时多个卷积层和抽样层构成多个特征映射，而每个神经元与上层输入数据的局部位置对应，多个神经元构成一个特征映射平面，同一个平面的每个神经元共享一组网络权值，这些权值就是与前一层神经网络特定位置强关联的卷积核。如 Yann LeCun 的 LeNet-5 就是卷积神经网络在工程应用领域中的第一个成功范例。

（3）由于卷积操作是一种与位置无关的提取特征的方式，所以图像上的所有位置，几乎都可以使用同样的学习特征，因此，通过权值共享可以实现卷积神经网络的特征映射。同时，通过训练数据与多个卷积层和池化层不断地学习，避免了烦琐的传统显式特征提取问题，这种隐式特征提取降低了算法复杂度，实现了同一特征映射面上网络权值共享，提高了网络训练效率。

此外，卷积神经网络采用多个卷积层和池化层交替从图像数据中提取特征映射，在卷积层中，同一个特征映射平面中的一个神经元，只和部分上层神经元相连，而且与同平面的神经元共享网络权重，这就是卷积核的作用。而且，池化可以对不同位置的特征进行聚合统计，用某个特定特征的平均值（或最大值）等聚合统计特征代表该区域的概率特性，这样不仅可以降低维度，还使卷积神经网络不容易出现过拟合。

如图 3-5 所示，整个图像子区域复用的卷积核函数可以得到一个特征映射，也就是，用一个线性卷积过滤器对图像做卷积，加上偏置，然后应用非线性激活函数（如 tanh）作输出处理。具体来讲，某层的第 k 个特征映射为 h^k，其过滤器由权重 w^k 和偏置 b_k 共同决定，那么像素位置 (i, j) 的特征映射 h_k 表示如下

$$h_{ij}^k = \tanh\left(\left(W^k * x\right)_{ij} + b_k\right) \tag{3-1}$$

同时，为提高数据的表征能力，每层都包含多个特征映射 h^k，图 3-5 表示了两层 CNN，其中，m-1 层有 4 个特征映射。m 层包含 2 个特征映射（h_0 和 h_1）。h_0 和 h_1 的像素来自 m-1 层的像素。可以看到，它们在 2×2 的感受野中，也就是说感受野同时覆盖 4 个特征映射。图 3-5 是卷积特征映射的难点，读者可以学习完 3.2 节的知识，再回来理解，效果应该会更好。

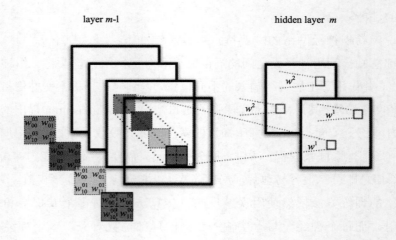

图 3-5　卷积映射关系

3.2　卷积神经网络的关键技术

卷积神经网络是一种源于人工神经网络的机器学习方法，从谷歌的 GoogleNet、微软的 ResNet 到 AlphaGo，近年来 CNN 取得了巨大的成功。本节在 CNN 的拓扑结构的基础上，结合 Keras 框架实现，讲解卷积神经网络的关键技术：卷积、池化和扁平化及其代码实现。

3.2.1 卷积

在神经网络中，一个隐层神经元可以表征某种特征，不同隐层神经元又可以通过权重与临层神经元相连接，这样不同神经元实现了特征的逐层抽象。需要在前面指出，全连接神经网络每层神经元是一维排列的，而卷积神经网络每层的神经元是按照三维排列的，且具有宽度、高度和深度。几个卷积核就对应几组参数，并可以得到几个特征映射，而卷积核的个数是超参数。而卷积核就是神经元之间的连接权重，也就是卷积神经网络中需要训练的参数，为提高并丰富特征提取效果，可以在网络中设置多个卷积层，每个卷积层中设置多个卷积核。如图 3-6 所示，卷积的基本过程可以表示为原图像（input）、输出图像（output）和卷积核（kernel）三部分。

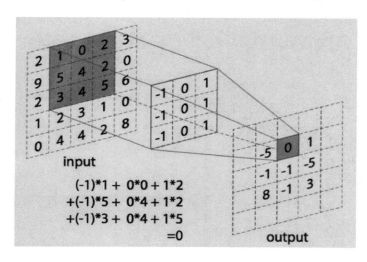

图 3-6　卷积的基本过程示意图

卷积运算是一种可以使原始信号某些特征增强，并且降低噪声的操作，在 CNN 中也被称为卷积核，通常用图像过滤器（filter）实现。它的重要作用就是实现神经网络的权值参数的共享和图像局部特征的提取，这也是图像特征提取与图像降维的第一步，常见的过滤器模板如图 3-7 所示。

1	−1	−1
−1	1	−1
−1	−1	1

（a）过滤器模板 1

−1	1	−1
−1	1	−1
−1	1	−1

（b）过滤器模板 2

图 3-7　典型的过滤器

【案例 3-1】利用图像的卷积操作对 6×6 的单通道图像进行瘦身。

本章中，我们以 6×6 的单通道图像为例（见图 3-8），讲解如何使用图像的卷积操作给图像瘦身。

我们使用过滤器模板 1[见图 3-7（a）]对图像进行卷积操作，如图 3-9（a）所示，得到图 3-9（b）的效果。

其中，卷积的具体操作为对应像素矩阵中元素相乘后求和，图 3-9（a）中例子的具体实现为

1	0	0	0	0	1
0	1	0	0	1	0
0	0	1	1	0	0
1	0	0	0	1	0
0	1	0	0	1	0
0	0	1	0	1	0

图 3-8　6×6 原始图像

$$\begin{pmatrix} 1 & 0 & 0 \\ 0 & 1 & 0 \\ 0 & 0 & 1 \end{pmatrix} \otimes \begin{pmatrix} 1 & -1 & -1 \\ -1 & 1 & -1 \\ -1 & -1 & 1 \end{pmatrix} = 1+1+1 = 3 \qquad (3\text{-}2)$$

我们以移动步长（stride）取值为 1 作为滑动窗口大小，最终卷积结果如图 3-9（b）所示。

同理，再使用过滤器模板 2，同样步长为 1，我们可以得到一组图像的卷积操作结果如图 3-9（c）所示。

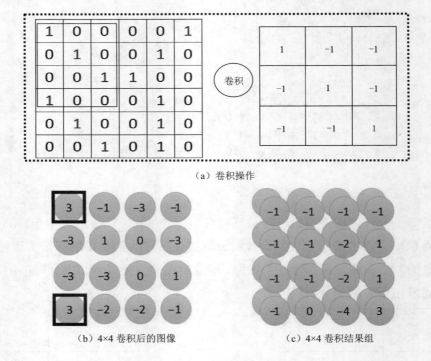

（a）卷积操作

（b）4×4 卷积后的图像　　　　　　（c）4×4 卷积结果组

图 3-9　卷积操作

相关研究表明，在特征提取过程中有些卷积核能突显图像的边缘特征，有些对原图像产生震颤效果。通过大量的卷积核可以提取原始图像的多种特征，同时丰富的卷积核可以抵抗数据的偏移、缩放或者形变等变化。另外，我们要可以将第一层卷积核固定，设置为经典图像处理领域的特定算子，如边沿检测算子、平移算子、模糊算子。

每个卷积核处理完一个特征映射之后得到一个新的特征映射，多个卷积核就可以得到多个特征图，这个过程相当于增加了训练集，相当于对模型进行了数据增量训练，使模型的健壮性更好。

总而言之，卷积过程是一个固定的矩阵（卷积核），在另一个矩阵（图像）上按照步长扫过去对数值求和，然后产生一个新矩阵。两个矩阵的最大区别就是维数降低了。

请重点记忆，卷积最后得到的矩阵维度=图像矩阵维数−卷积核矩阵维数+1，此外，要是只需要用卷积操作进行特征映射，不想使新矩阵的维度减少，可以通过给原始数据填充相应的像素，也就是用填充来抵消卷积导致维度的下降。

【知识扩容】多通道卷积

如果特征映射中只采用一种卷积核，显然，只能提取到一种特征，因此，在 CNN 中，通常同时采用多个卷积核对图像特征进行提取。具体来讲，对于单通道图像（二值图像、灰度图像），采用 n 个卷积核作卷积，则得到 n 个特征映射；若输入图像为多通道（RGB），则达到特征映射依然与卷积核的相同（n 个）。对于 D 通道图像的各通道而言，是在每个通道上分别执行二维卷积，然后将 D 个通道加起来，得到该位置的二维卷积输出。

例如，三通道图像（RGB）的卷积，就是分别在 R，G，B 三个通道上分别使用相应的卷积核作卷积，然后将三个卷积求和，最后得到一个二维特征映射。

图 3-10 展示了两个卷积核三通道卷积计算。输入图像尺寸为 7×7×3，经过两个 3×3×3 卷积核（步长为 2），得到了 3×3×2 的输出，以上多通道卷积也体现了局部连接和权值共享的思想，对于 3×3×3 的卷积核，只需（3×3×3+1）×2=56 个参数，明显比全连接神经网络参数少得多。

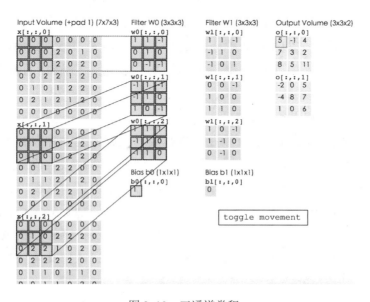

图 3-10　三通道卷积

【案例 3-2】构建基本 CNN

在 Keras 框架中，我们只需简单修改下网络结构，即可实现 CNN 网络的构建，这对于 CNN 初学者来说是一个令人兴奋的好消息。

例如，下面定义一个卷积神经网络：

```
01  model=Sequential()
02  model.add(Convolution2D(25,3,3,input_shape=(28,28,1)))
```

可以看到，在新构建的网络模型 model 基础上，只需用 add()方法添加参数 Convolution2D 即可，其中，CNN 使用了 25 个 3×3 的过滤器模板，且输入为 28×28 的单通道的图像数据，卷积核的个数是超参数，可以根据不同的需求设置。

综上所述，6×6 的原始图像经过一组 3×3 的过滤器模板得到一组 4×4 的图像特征的总体操作流程，如图 3-11 所示。

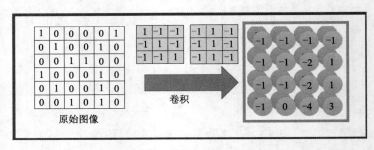

图 3-11　卷积操作流程

总而言之，在卷积神经网络的卷积层中，卷积核本质是神经元之间相互连接的权重，而且该权重被属于同一特征映射的神经元所共享。在实际的网络训练过程中，输入神经元组成的特征映射被交叠切割成卷积核大小的子图。每个子图通过卷积核与后层特征映射的一个神经元连接。一个特征映射上的所有子图和后层特征映射中某个神经元的连接使用的是相同的卷积核，也就是同特征图的神经元共享了连接权重。

【认知提升】不同角度看"卷积"

卷积可以理解为一种信息混合手段、规则或者流程，是一种有助于化繁为简的数学运算。在图像处理中，卷积就是通过卷积核（就是一个浮点数值矩阵）从原始图像中获取特征映射的过程，具体可以表现为图像的每一个通道与卷积核作向量内积（对应位置元素作乘法再求和），生成特征映射中的一个像素，然后卷积核在图像上按照步长移动重复上述点积操作，直至原始图像遍历完成，最终得到原始图像的特征映射。卷积可以过滤掉颜色细节等多余的噪声信息，最终实现过滤掉某部分频率值，保留某部分频率。

此外，卷积过程可以理解为信息在像素间的流动，而卷积核就相当于模板的密度函数，在这种情境中，卷积就是驱动信息按照密度函数扩散的操作。在 CNN 中，如果同时学习多个卷积核，就可以得到多个特征映射来作为下一级网络的新特征输入。从卷积在一维连续域和二维离散域的数学定义可以看出，卷积就是一种在某些维度上的累加操作，具有很明显的累积效应。

$$h(x) = f \otimes g = \int_{-\infty}^{+\infty} f(x-u)g(u)\mathrm{d}u \tag{3-3}$$

$$Y = X \otimes k = \sum_{y=0}^{n}\sum_{x=0}^{m} X(x-a, y-b)k(x, y) \tag{3-4}$$

到底现实场景中的卷积是什么样的函数形式，其实就是一种坚持，一种不忘初心的坚持，方的始终的结果。也许"蝴蝶效应"也可以理解为卷积的一种形式，它以"统筹全局"的视角来解释天气的变化。毕竟"不积跬步，无以至千里"，这种循序渐进的坚持。

卷积又像与人交往，从相识到不断磨合，最终成为挚友。卷积神经网也一样，通过不断的参数调整，训练最终得到期望的结果。初识相当于输入层，深入交往相当于隐藏层，历练和磨合，不断调整参数，训练和修正，成为挚友，一个训练好的网络模型就会有一个稳定的输出。

李德毅院士曾经讲过，"记忆"就是一种"卷积"，是认知与遗忘在时间维度上的卷积叠加，其实，就是这操作就是一种连续域上的卷积操作。

$$
\begin{aligned}
h_{记忆}(t) &= f_{认知}(t) * g_{遗忘}(t) \\
&= \int_{0}^{+\infty} f_{认知}(\tau) g_{遗忘}(t-\tau)\mathrm{d}\tau
\end{aligned} \tag{3-5}
$$

3.2.2　池化

池化层的主要的作用是去掉卷积得到的特征映射中的次要部分，进而减少网络参数。其本质是对局部特征的再次抽象表达，因此也叫子采样，常用的方式有均值子采样（mean pooling）和最大值子采样（max pooling）。它们都可以看成特殊的卷积过程，在均值子采样的卷积核中每个权重都是 1/4，卷积核在原图像上的滑动的步长为 2，容易得到，均值子采样的效果相当于把原图像模糊并尺寸缩减至原来的 1/4。在最大值子采样的卷积核中，各权重值中只有一个为 1，其余均为 0，卷积核中为 1 的位置对应原图像被卷积核覆盖部分值最大的位置。卷积核在原图像上的滑动步长为 2。容易得到，最大值子采样的效果是也是把原图像缩减至原来的 1/4，并保留每个 2×2 区域的最强输入。最大子采样和均值子采样池化操作的卷积过程可以按照如图 3-12 所示的计算过程表示。

本小节采用 MaxPooling 方法进行更高层次的图像信息抽取，这可以被理解为图像信息的第二次降维特征识别。我们继续对上一小节中，由过滤器模板 1 和过滤器模板 2 得到的 4×4 图像特征映射组（见图 3-13）进行 2×2 的分块 MaxPooling 池化操作。

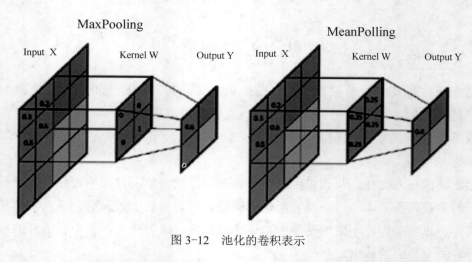

图 3-12 池化的卷积表示

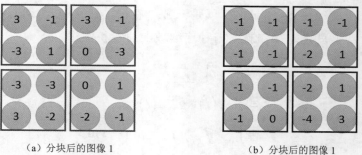

（a）分块后的图像 1 　　　　　　（b）分块后的图像 1

图 3-13 图像的 2×2 MaxPooling 分块

经过 MaxPooling 操作，在每个分块中取最大值作为最终的池化特征信息抽象，得到新的图像如图 3-14 所示。

我们可以看到，从最初的 6×6 原始图像，经过与 3×3 的过滤器模板卷积操作变成一组 4×4 的图像特征，最后经过 2×2 的 MaxPooling 池化操作压缩成为一组 2×2 的新图像。这一过程就是模拟大脑视觉皮层对边缘特征的提取，也正是这种逐层次的特征抽象，为大规模图像理解提供了新的研究思路。

图 3-14　更高层次的 2×2 图像抽象

相关研究表明，卷积和池化操作可以根据深度神经网络设计者的需求，进行多次重复设置，直至达到预定的特征抽取目标，这也是目前人工智能领域高性能深度学习神经网络层数越来越多的原因之一。

如图 3-15 所示，2012 年的 AlexNet（在实战部分会专门讲解）有 8 层，VGG 具有 19 层，2014 年 GoogleNet 已达到 22 层，而 2015 年的 ResNet 已经达到了惊人的 152 层（这里的层指的是具有关键功能的层数）。尤其，ResNet 的识别错误率可以达到 3.57%，已经优于人眼的 5.1%。另外，随着网络层数的增加，每次卷积核池化操作都可以帮助我们得到一个更高级的图像抽象。

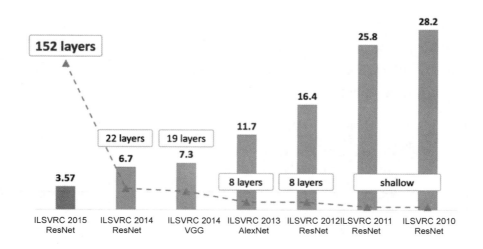

图 3-15 历届 Top-5 错误率

【最佳实践】小技巧总结

（1）池化操作可以把原始矩阵维度减少到原来的 $1/n$。

（2）卷积核的边长小于步长时，卷积核与原始输入矩阵的移动范围重叠（overlap）；卷积核的边长等于步长时，卷积核与原始输入矩阵的移动范围不会重叠。

（3）pad（补"0"操作）可以实现不减少维度的卷积。例如，pad=1 相当于用"0"把矩阵扩大一圈（长和宽各扩大 2 像素），这样不同的 pad 大小就可以抵消相应卷积造成的维度减少。

【案例 3-3】在 Keras 框架中实现 MaxPooling

在 Keras 框架中，在卷积操作的基础上，我们只需用一行代码即可完成 MaxPooling 的实现。

例如下面代码即可实现一个 2×2 的 MaxPooling。

```
01  model=Sequential()
02  model.add(Convolution2D(25,3,3,input_shape=(28,28,1)))
03  model.add(MaxPooling2D((2,2)))
```

其中，在已建立网络模型 model 的基础上，我们只需添加参数 MaxPooling2D 即可，采用与本节相同的设置，池化操作将图像划分成 2×2 的像素块。

【知识扩容】VGG 卷积神经网络

VGG 网络在 2014 年 ImageNet 大赛中，分别获得定位和分类项目的第一名和第二名，VGG-16 是指具有 13 个卷积层和 3 个全连接层的网络结构，VGG-19 是具有 16 个卷积层和 3 个全连接层的网络结构，网络中采用的卷积核大小为 3×3，之所以用小卷积核，是因为多个小卷积核也可以近似替代大卷积核，而且网络参数也相应减少。

如图 3-16 和图 3-17 所示，VGG-19 分为 8 个部分，第一、二个卷积层各包含 2 个子卷积层，第三至五个卷积层各包含 4 个子卷积层，所以 VGG-19 一共用 16 个子卷积层，再加 3 个全连接层，采用 ReLU 作为激活函数，与 AlexNet 一样采用了 Dropout 操作，但没用 LRN 标准化。

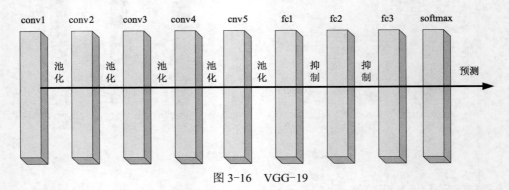

图 3-16　VGG-19

ConvNet Configuration					
A	A-LRN	B	C	D	E
11 weight layers	11 weight layers	13 weight layers	16 weight layers	16 weight layers	19 weight layers
input (224 × 224 RGB image)					
conv3-64	conv3-64 **LRN**	**conv3-64** conv3-64	conv3-64 conv3-64	conv3-64 conv3-64	conv3-64 conv3-64
maxpool					
conv3-128	conv3-128	**conv3-128** conv3-128	conv3-128 conv3-128	conv3-128 conv3-128	conv3-128 conv3-128
maxpool					
conv3-256 conv3-256	conv3-256 conv3-256	conv3-256 conv3-256	conv3-256 conv3-256 conv1-256	conv3-256 conv3-256 **conv3-256**	conv3-256 conv3-256 conv3-256 **conv3-256**
maxpool					
conv3-512 conv3-512	conv3-512 conv3-512	conv3-512 conv3-512	conv3-512 conv3-512 **conv1-512**	conv3-512 conv3-512 **conv3-512**	conv3-512 conv3-512 conv3-512 **conv3-512**
maxpool					
conv3-512 conv3-512	conv3-512 conv3-512	conv3-512 conv3-512	conv3-512 conv3-512 **conv1-512**	conv3-512 conv3-512 **conv3-512**	conv3-512 conv3-512 conv3-512 **conv3-512**
maxpool					
FC-4096					
FC-4096					
FC-1000					
soft max					

图 3-17　配置参数

【案例 3-4】揭开 VGG 和 GoogLeNet 的"庐山真面目"

MATLAB 中提供 VGG-19 和 GoogleNet 的预训练网络，只需在搭建好的平台上通过命令即可完成网络初始化。

（1）VGG-19 命令

```
01  net = vgg19
02  vgg19
03  net.layers
```

查看网络，可以看到 VGG-19 具有 47 个单层，其中有 19 个具有学习权重的功能层：16 个是卷积层，3 个全连接层。

```
ans =
  SeriesNetwork with properties:
    Layers: [47×1 nnet.cnn.layer.Layer]
ans =
  47x1 Layer array with layers:
```

查看网络的最后分类输出，通过查看输出的前三个元素来查看前三个分类。

```
01  net.layers(end).ClassNames(1:3)
```

输出为丁鲷鱼、金鱼、大白鲨。

```
ans =
  3×1 cell array
    'tench'
    'goldfish'
    'great white shark'
```

（2）GoogleNet 命令

```
01  net = googlenet
02  googlenet
03  net.layers
```

如图 3-18 所示可以看到 GoogleNet 具有 144 个单层，其中有 22 个具有学习权重的功能层。

```
ans =
  DAGNetwork with properties:
        Layers: [144×1 nnet.cnn.layer.Layer]
Connections: [170×2 table]
```

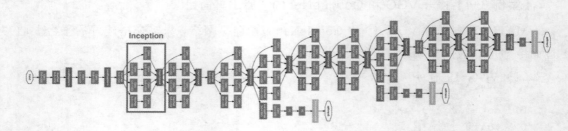

图 3-18　2014 年的 GoogLeNet

（3）用 GoogleNet 实现迁移学习

GoogleNet 最主要的特点就是采用 Inception（网中网）结构扩大网络宽度来防止梯度消失。接下来，我们就来利用 GoogleNet 实现迁移学习。迁移学习，说得通俗一点就是"移花接木"，"移"预训练好网络的"花"接新分类功能的"木"，实现"前人栽树，后人乘凉"的目的，同时提高网络利用率，缩短训练时间。

解压并加载样本图像作为 imageDatastore 结构数据对象，其中 70%为训练数据，30%为测试数据。样本图像尺寸是 227×227，但 GoogleNet 规定的输入尺寸是 224×224，因此需要调整图像。

```
01  unzip('MerchData.zip');%解压数据集
02  images = imageDatastore ('MerchData', 'IncludeSubfolders', true,
                                          'LabelSource', 'foldernames' );
03  images.ReadFcn = @(loc)imresize(imread(loc),[224,224]);
04  [trainImages,valImages] = splitEachLabel(images,0.7,'randomized');
```

迁移学习就是将原来可以做 1 000 类的 GoogleNet 的最后三层全连接网络重新根据新的分类数目重新调优，保留原始网络的前面部分，也就是说，前面的部分就是"迁移"。

```
05  layersTransfer = net.Layers(1:end-3);
```

把迁移层融入新分类任务，用一个全连接层，一个 softmax 层和分类输出层代替原来的最后三层，最后得到新的深度神经网络。

```
06  layers = [...
    layersTransfer
     fullyConnectedLayer(numClasses,'WeightLearnRateFactor',20,
                                    'BiasLearnRateFactor',20)
    softmaxLayer
    classificationLayer
    ];
```

关于迁移学习中参数的优化、网络的训练策略等技术问题，我们在实战部分进行详细讲解。

【认知提升】GoogleNet 的 Inception 结构

2014 年，Inception 结构模型首次被 GoogleNet 使用。当年的 GoogleNet 凭借这一结构获得 ILSVRC 2014 挑战竞赛的分类领域和检测领域的双料冠军，Inception 结构实现了同时保留网络结构的稀疏性和利用密集矩阵的高计算性能。Inception 模块利用不同尺度的卷积核并联来增加网络的宽度，实现对多尺度特征的提取，同时采用小卷积核和大卷积核级联的方式压缩模型的训练参数。此外，GoogleNet 去掉全连接神经网络层，因此，GoogleNet 只有 7×10^6 的参数数量，而 2012 年的 AlexNet 参数量是 60×10^6。图 3-19 为具有多个四个并行卷积层的块结构——Inception，这种结构是基于 Network in Network（如图 3-20 所示）的思想的一种改进。在 Network in Network（NiN）中，卷积神经网络由卷积层和全连接层两部分构成，把卷积层块和全连接层分别加深加宽，并串联数个卷积层块和全连接层块来构建深度网络。此外，NiN 只对通道层做全连接并且像素之间采用权重共享。

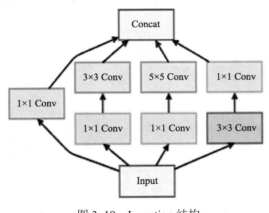

图 3-19　Inception 结构

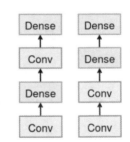

图 3-20　Network in Network

3.2.3　扁平化

扁平化（flatten），也叫拉直，是 Keras 框架中进入全连接神经网络的一个具体操作，经过不断抽象的图像特征信息，最终利用扁平化操作高维特征矩阵"压缩并拉直"成一维向量，进而作为输入数据源进入经典的全连接前馈神经网络，其具体过程如图 3-21 所示。

在 CNN 的扁平化层，由卷积、池化操作得到的图像高级抽象被扁平化为一维向量，作为全连接前馈神经网络的输入。细心的读者会发现，与传统的神经网络相比，同样是相同的图像输入，CNN 经过一系列的卷积与池化操作后，图像数据不断被抽象，进而网络参数大大减少，同时图像的关键信息并没有丢失，这个一维向量很好地保存这些关键特征，这就是 CNN 较全连接神经网的最显著优势。

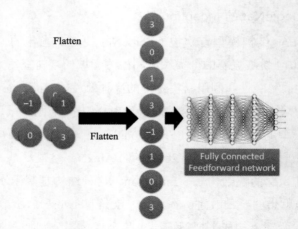

图 3-21　图像扁平化

【案例 3-5】实现图像特征矩阵的扁平化操作

在 Keras 框架中，我们同样只需用一行代码即可实现图像特征矩阵的扁平化操作。例如，可以直接调用 Flatten()函数：

```
01  model=Sequential()
02  model.add(Convolution2D(25,3,3,input_shape=(28,28,1)))
03  model.add(MaxPooling2D((2,2)))
04  model.add(Flatten())
```

这样，我们就用三行代码就将 CNN 的关键技术实现了。此外为便于读者构建自己的 CNN 网络，我们将常用 Keras 函数总结于表 3-1 中。

表 3-1　常用 Keras 函数

属性/方法	说　　明
Sequential()	新建一个网络模型的方法
Model.add()	添加网络参数的方法
Model.compile()	网络性能评估函数
Model.evaluate()	网络模型保存和测试函数
Model.predict()	网络模型保存和测试函数
Dense	添加网络参数的属性——输入参数
Activation	添加网络参数的属性——激活函数

3.2.4　关键技术小结

卷积神经网络的关键技术模拟了人类视觉系统（HVS）对图像亮度、纹理、边缘等特性逐层提取过程，其核心思想是将稀疏连接（局部感知）、权重共享结合，减少网络参数个数，并获得图像特征位移、尺度的不变性。

（1）稀疏连接（sparse connectivity）

稀疏连接就是在 CNN 中用相邻层神经元局部连接来模拟图像空间的局部相关性，也是对大脑皮层感受野的模拟。举例说明，如图 3-22 所示，通过网络连接可以看出，在 m 层的输入单元是 $m-1$ 层单元的子集，这些单元的空间位置相邻的（spatially contiguous），相当于视觉感受野。

假设 $m-1$ 层是输入层，m 层中的单元在输入层具有 3 个单元宽度的感受野，因此只和其中的 3 个相邻神经元连接。$m+1$ 层同样也只与下层的 3 个相邻神经元连接，其感受野也为 3，但相对于输入层的感受范围更大，相当于感受野为 5。神经元对感受野以外的神经元没有感知，这样的结构确保了"过滤器"只对局部空间输入模式产生最强的响应，这也就是卷积核（相当于过滤器）的本质解释。

而且，这样的堆叠结构，使得上层非线性"过滤器"变得越来越"全局"，即响应于像素空间的较大区域，这反映了特征映射从低层次到高层次逐层抽象，越来越反映图像的本质特征和全局特性

（2）权重共享（shared weights）

CNN 中，每个过滤器在同一个视觉野平面中复用，也就是在同一个视觉野平面内的神经元共享相同的参数（权重向量和偏置）并形成特征映射，如图 3-23 所示，3 个隐藏单元属于同一特征映射平面，相同颜色的权重被不同神经元共享，也就是不同神经元之间的连接权重一样。需要注意的是，仍然采用梯度下降来学习这些共享参数，但共享权重的梯度变为共享参数的梯度之和。

这种权重共享方式与稀疏连接一样，大大减少学习参数的数量，提高了学习效率，使神经网络对图像特征提取、识别等问题上具有很好的泛化。

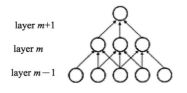

图 3-22　稀疏连接

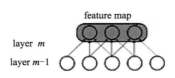

图 3-23　权重共享

【新观点】卷积神经网络发展方向

（1）增加卷积神经网络的层数。例如，2014 年的 VGG-Net（Visual Geometry Group）模型、GoogleNet（2014）、ResNet（2015）等。

（2）增加卷积模块的功能。例如，2014 年 ILSVRC 物体检测的冠军 GoogleNet 的 Inception 结构，采用不同尺度的卷积核并联的方式来提高网络性能。

（3）同时增加网络层数和卷积模块的功能。其典型代表为 2015 年 ILSVRC 物体检测和物体识别的双料冠军 ResNet，提出了残差网络，借鉴 Highway 网络思想实现了 152 层网络的优化。

（4）增加新的网络模块。该思想与迁移学习类似，例如，将循环神经网络（recurrent neural network，RNN）等结构加入到卷积神经网络中。

3.3 综合案例：三步教你构建手写字识别神经网络

就像一图胜千言一样，一例也胜千言。（An example is worth a thousand words.）卷积和池化操作是卷积神经网络的核心。本节将利用本章所学习的 CNN 的卷积、池化、扁平化等关键技术，在 Keras 开源框架基础上，用三个步骤（函数定义、函数评价和函数挑选）来实现深度学习领域的"Hello World"——手写数字识别（Handwriting Digit Recognition）功能。这是卷积神经网络中最早也最成功、最典型的实际应用案例。

我们可以从网站 http://yann.lecun.com/exdb/mnist/或 http://keras.io/datasets/获得手写字数据集 MNIST，其中包含 60 000 张手写数字图片作为训练集，10 000 张手写数字图片作为训练集，卷积神经网络经过训练样本的 100 次迭代，可以在训练集上得到 99.51%的准确率，在测试集上得到 98.8%的准确率。

下面，我们就按照图 3-24 所示，开启基于 Keras 的三步构建一个手写字识别神经网络之旅吧。

第一步：
定义一组函数，构建 CNN 网络（Define a Set of Function）

```
01  model=Sequential()
02  model.add(Dense(input_dim=(28*28,output_dim=500))
03  model.add(Activation('sigmoid'))
04  model.add(Dense(output_dim=500)
05  model.add(Activation('sigmoid'))
06  model.add(Dense(output_dim=10)
07  model.add(Activation('softmax'))
```

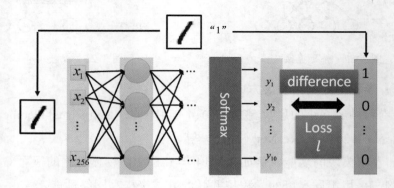

图 3-24　CNN 网络架构图

其中，input_dim 表示输入 28×28 的单通道图像，参数 Activaiton 表示采用 sigmoid 和 softmax 作为神经元的激活函数（忘记相关理论的同学，可以再去看看前面关于经典神经网络的讲解）。

第二步：

函数评定，网络参数优化（goodness of function）

```
08  model.comple(loss='categorical_crossentroy', optimizer='adam', metrics
=['accuracy'])
```

这里我们采用的是交叉熵（crossentroy）来度量网络的性能，用 adam 方法作为深度神经网络参数的优化器。Adam 优化算法是随机梯度下降算法的扩展式。

【应知应会】Adam 优化算法

Adam 是可以替代传统随机梯度下降过程的一阶优化算法，来源于适应性矩估计（adaptive moment estimation），并基于训练数据迭代地更新神经网络权重，最初由 OpenAI 的 Diederik Kingma 和多伦多大学的 Jimmy Ba 提出。Adam 结合 AdaGrad 和 RMSProp 两种算法最优的性能，是可以解决稀疏梯度和噪声问题的优化方法，其调参相对简单，并且默认参数就可以处理绝大部分问题，如图 3-25 所示。

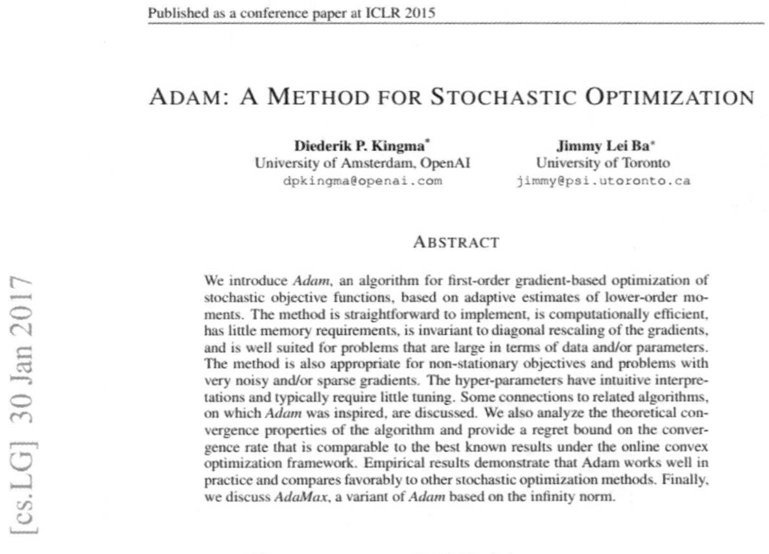

Published as a conference paper at ICLR 2015

ADAM: A METHOD FOR STOCHASTIC OPTIMIZATION

Diederik P. Kingma*
University of Amsterdam, OpenAI
dpkingma@openai.com

Jimmy Lei Ba*
University of Toronto
jimmy@psi.utoronto.ca

ABSTRACT

We introduce *Adam*, an algorithm for first-order gradient-based optimization of stochastic objective functions, based on adaptive estimates of lower-order moments. The method is straightforward to implement, is computationally efficient, has little memory requirements, is invariant to diagonal rescaling of the gradients, and is well suited for problems that are large in terms of data and/or parameters. The method is also appropriate for non-stationary objectives and problems with very noisy and/or sparse gradients. The hyper-parameters have intuitive interpretations and typically require little tuning. Some connections to related algorithms, on which *Adam* was inspired, are discussed. We also analyze the theoretical convergence properties of the algorithm and provide a regret bound on the convergence rate that is comparable to the best known results under the online convex optimization framework. Empirical results demonstrate that Adam works well in practice and compares favorably to other stochastic optimization methods. Finally, we discuss *AdaMax*, a variant of *Adam* based on the infinity norm.

图 3-25　Adam 优化论文

第三步：

挑选最好的函数（pick the best function）

```
09  model.fit(x_train, y_train, batch_size=100, nb_epoch=20)
```

其中，x_train 为训练数据，本例中为 28×28=784 的手写字图像，y_train 为标签，即分类结果，本例中为数字标识 0~9 十个数字类别，batch_size 表示一个 mini_batch 里有 100 个样本，nb_epoch 为迭代次数。值得注意的是，相比于传统的随机梯度下降优化算法（stochastic gradient descent, SGD），mini_batch 方法采用并行分块的方法大大提高了网络优化的速度和分类性能。

最后，CNN 网络模型参数的保存和分类效果的测试通常可以采用如下两种方法。
方法 1：

```
01  score=model.evaluate(x_test, y_test)
02  print('Total loss on Testing Set:', score[0])
03  print('Accuracy of Testing Set:', score[1])
```

方法 2：

```
01  result=model.predict(x_test)
```

其中，x_test 为测试样本数据。最终，经过我们对 CNN 网络的构建与网络参数的训练，可以实现图 3-26 示意的效果。

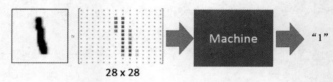

图 3-26　CNN 手写字识别效果

综上所述，手写数字识别的卷积、降采样、全连接卷积、降采样、扁平化（拉直）、全连接前馈神经网络的全流程如图 3-27 所示。

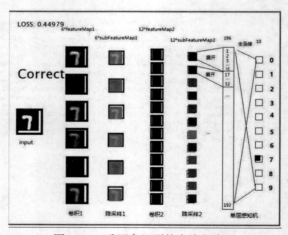

图 3-27　手写字识别的全流程表示

为提高基于 Keras 框架深度学习的效率，使用 GPU 做加速方案一般也有两种方法：
方法 1：

```
01  THEANO_FLAGS=device=gpu0
02  python YourCode.py
```

方法 2：

```
01  import os
02  os.environ["THEANO_FLAGS"] = "device=gpu0"
```

【知识扩容】CNN 在自然语言处理中的应用

传统神经网络结构如图 3-26 所示，其左边是具有 3 个输入的单神经元结构，右边是单隐层的神经网络结构。左边的神经元结构，然后经过神经元激活函数，得到输出值。

$$h_{w,b} = f\left(\boldsymbol{W}^{\mathrm{T}}\boldsymbol{x}\right) = f\left(\sum_{i=1}^{3} W_i x_i + b\right) \tag{3-6}$$

其中 f 为激活函数，将输出值约束在固定范围内，$\boldsymbol{W}^{\mathrm{T}}$ 为权值矩阵，b 为偏置值，但目前隐藏层数目并没有明确的计算方法，而隐藏层神经元的全连接模式更是限制了其在自然语言处理等领域的应用。通过本章的讲解，CNN 通过局部连接和权值共享的方式克服了传统神经网络的缺点，图 3-28 展示了卷积神经网络在自然语言处理中的应用。

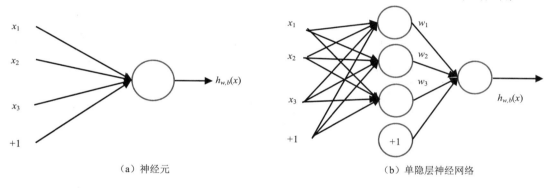

（a）神经元　　　　　　　　（b）单隐层神经网络

图 3-28　传统的神经网络

图 3-29 中的语言数据输入可以用 $n \times d$ 矩阵表示，n 表示语句长度，d 表示对应的词向量维度。接下来的卷积操作与图像处理中的方法一致。

$$c_i = \tanh\left(W * v_{i:i+k-1} + b\right) \tag{3-7}$$

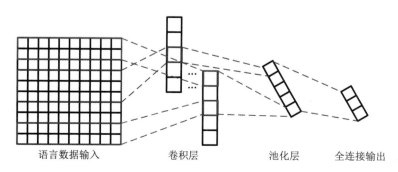

语言数据输入　　　卷积层　　　池化层　　　全连接输出

图 3-29　自然语言处理中的卷积神经网络

最终，通过卷积可以得到向量 $c=(c_1, c_2, \cdots)$，接下来通常采用最大池化操作抽取特征向量中最重要的特征。

$$\hat{c} = \max\{c\} \tag{3-8}$$

3.4 温故知新

本章我们讲解了神经网络和卷积神经网络的工作原理，重点介绍了卷积神经网络的卷积过程，最后实现了将 CNN 用于手写数字识别，并验证了模型推理的准确性。

学完本章，读者需要掌握：

（1）几个卷积核就对应几组参数，并可以得到几个特征映射，而卷积核就是神经元之间的连接权重，也就是卷积神经网络中需要训练的参数。

（2）卷积最后得到的矩阵维度=图像矩阵维数−卷积核矩阵维数+1。

（3）池化操作可以把原始矩阵维度减少到原来的 $1/n$。

（4）卷积神经网络的核心思想是稀疏连接和权重共享，在减少网络参数个数的同时，获得图像特征位移，以及尺度的不变性。

在下一章中，读者会了解到：

（1）生成式对抗网络的思想。

（2）生成式对抗网络的构建与典型应用。

（3）生成式对抗网络的应用场景。

3.5 停下来，思考一下

习题 3-1 创建识别小猫图像的 CNN，并从控制台程序中输出识别结果（可以是标签类别或者是概率类别）。

习题 3-2 调整第 2-1 题中训练好的 CNN 网络参数,体会网络参数优化的复杂度。

习题 3-3 吴恩达对于深度学习有个比喻：深度学习的过程就犹如发射火箭。火箭想"升空"，得依靠两法宝：一是发动机；二是燃料。而对深度学习而言，它的发动机就是"大计算"，它的燃料就是"大数据"。你怎样理解？

习题 3-4 深度学习是对数据的逐层加工，由低层特征转化为高层特征，用简单的模型完成复杂的分类任务。所以深度学习也是特征学习（feature learning）、表示学习（representation learning）、特征工程（feature Engineering）。这个观点你赞同吗？

习题 3-5 李德毅院士做过这样的比喻，温度是散热和发热的卷积，人脑的记忆

函数 $h(t)$ 是认知 $f(t)$ 与遗忘 $g(t)$ 的卷积，可用如下公式表示

$$
\begin{aligned}
h_{记忆}(t) &= f_{认知}(t) * g_{遗忘}(t) \\
&= \int_0^{+\infty} f_{认知}(\tau) g_{遗忘}(t-\tau) \mathrm{d}\tau
\end{aligned} \tag{3-9}
$$

　　请你谈谈如何理解呢？同时，"科学顶天，技术立地"，通过对卷积神经网络的理论和实践学习，谈谈你的观点。

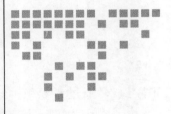

生成式对抗网络（GAN）

自 2014 年提出至今，生成式对抗网络已经成为深度学习中的主流技术，本章主要讲解生成式对抗网络（GAN）的基本原理，着重介绍 GAN 在多个领域的应用，最后以 ACGAN 和 GAN 的实现，感受 GAN 在训练过程中涉及的博弈思想。本章主要涉及的知识点有：

- GAN 的基本原理：掌握 GAN 的核心思想，理解 GAN 发展历史中的重要作用。
- 生成模型：掌握生成模型的构造方法及主要涉及的最大似然估计思想。
- ACGAN：理解 ACGAN 对 GAN 的改进，及其在网络构建上的特殊要求。

注意：本章案例实现基于 TensorFlow 及 MATLAB。

4.1 生成式对抗网络基本原理

2014 年 IanGoodfellow 提出了生成式对抗网络（Generative Adversarial Networks），也就是鼎鼎大名的 GAN 网络，与 1985 年 GeoffreyHinton 和 TerrySejnowski 提出的玻尔兹曼机、1987 年 DanaH.Ballard 提出的自动解码器，并称为无监督学习领域的三驾马车。与传统的特征提取方法不同，GAN 采用无监督学习的方式不断逼近恒等式 $f(x)=x$。因其应用约束少，已被广泛应用于多模态学习、高分辨率图像生成、图像检索、信息隐藏、药物预测等领域。本节我们将讲解生成式对抗网络的基本原理及其应用情况。

4.1.1 GAN 的核心思想

我们的读者中会有古玩爱好者，那一定经历过从初入这个领域经常被骗，到现在

"火眼金睛"的成长过程。随着阅历的积累，经验帮助你不断提高辨别欺骗把戏的能力，同时，商家为了获取最大利益，也在挖空心思不断提高自己的造假能力。这就是生成式对抗网络的思想，商家不断更新仿造技术，以期以假乱真，而古玩爱好者"火眼金睛"，不断提高识别能力，双方不断博弈，最终达到商家产出逼真的物品，而爱好者具有判别假物品和真物品的能力。

虽然，GAN 的训练学习思想看似"自相矛盾"，但是现实生活中的具有判别能力的警察和具有造假能力的骗子就是在这种思想的指引下不断此消彼长的动态博弈着。而在多数情况下，我们希望捉到的就是这个登峰造极、以假乱真的"造假能手"，这样就可以实现无监督学习，省去了大量带有标签的训练数据。这个博弈过程的双方主要包括判别器（如古玩爱好者、警察）和生成器（如奸商、骗子），而他们最主要的区别在于判别器不断学习不同分类之间的差异，而生成器学习样本的数据分布特征。

【认知提升】GAN 与博弈理论

最优化问题与博弈理论一直是运筹学范畴中不可分割的整体。例如，从社会心理学观点来看博弈理论，相互独立的社会参与者在做出决策时往往既会按一定概率测度坚持自己的原始想法，又会以一定概率测度被周围参与者想法所影响。而这种现象与群体智能优化算法中，种群中个体既要考虑个体间竞争又要兼顾种群内部资源共享、协同合作的情形极为相似。因此，将博弈理论与群体智能优化算法相结合，具有极为重要的社会价值和广阔的研究前景。

博弈的本质是策略上的相互作用，即任何一个参与者的行为都必须充分考虑其他参与者的可能反应。博弈的结果又是一种稳定势态的平衡，参与者都在追求最大化各自利益，却都无法支配或改变这种态势。博弈理论主要包括的基本要素如表 4-1 所示。

表 4-1　博弈理论的基本要素

要素	相关解释性说明
参与者	博弈的主体。在博弈过程中，"理性"参与者会通过选择行动或战略来使自己的收益最大化。既可以是自然人也可以是团体，但必须要有可以选择的行动以及相应的偏好函数
行动	博弈主体的决策变量。如"囚徒困境"中，参与者有两个行动，即"坦白"和"抵赖"。与行动顺序无关的博弈称为静态博弈，行动顺序对博弈结果有影响的称为动态博弈。动态博弈中，后行动者可以根据先行动者的行动来调整策略
信息	参与者在博弈过程中掌握的信息。如其他参与者的特征、行动知识等。根据博弈各方对信息的了解程度，博弈可分为"完美信息"博弈和"完全信息"博弈
战略	既定信息下的行动规则。战略是行动的完备集，即战略包含在任何一种情况下博弈参与者的所有行动规则
支付	参与者通过选择相关战略使自身期望效益值最大化，一般采用效用函数来计算，其中，均衡是所有参与者的最优战略组合

2014 年 Ian Goodfellow 在 Generative Adversarial Networks（https:// arxiv.org/ abs/

1406.2661）中提出的 GAN 架构如图 4-1 所示，其核心思想就是通过判别器和生成器不断迭代、此消彼长，最终达到平衡态。

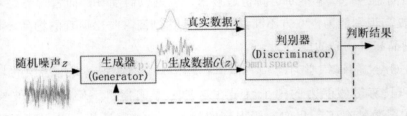

图 4-1　生成式对抗网络架构

4.1.2　GAN 数学描述

在 GAN 中，生成器 $G(z, \theta\_g)$ 的任务是学习样本数据的分布。首先定义输入噪声变量 $p\_z(z)$ 的分布，然后将 z 从潜在空间 Z 映射到数据空间。而判别器 $D(x, \theta\_d)$ 输出二分类标签变量，判断 x 来自真实数据和生成数据 p_g 的概率。

在 GAN 的训练过程中，判别器的目的是其最大化正确分类真实数据与生成数据间差异的概率。而生成器的目的是最小化函数 $\log(1-D(G(z)))$，努力让判别器得不到正确判别的概率，实现以假乱真。也就是说，生成器和判别器的训练目标函数 $L(G, D)$ 是一个极大极小博弈问题，

$$L(D,G) = E_{x \sim P_{\text{data}}(x)}\left[\log D(x)\right] + E_{z \sim P_{\text{noise}}(z)}\left[\log\left(1-D\left(G(z)\right)\right)\right] \to \min_{G}\max_{D} \quad (4\text{-}1)$$

在图像处理领域，生成器不断生成可以以假乱真的图像，而判别器不断提高识别生成器制造假图像的能力。通过不断训练博弈，此消彼长，最终，判别器不能区分生成图像数据 p_g 和真实图像数据 p_data 之间的差别，即 $D(x, \theta\_d)=1/2$ 时，整个训练过程达到了生成器与判别器之间的平衡。

【认知提升】“囚徒困境”博弈模型

1950 年，由美国兰德公司提出的“囚徒困境”（prisoner'sdilemma）博弈模型（见图 4-2）。对现实生活中的公共交通、房地产开发竞争、军备竞赛、环境保护等领域具有极其重要的指导意义。

其简化模型如下：因盗窃被捕的两人，如果至少一人坦白，则判两者犯抢劫罪，如果两人都抵赖，则判两者犯盗窃罪。囚徒（不准互相通信）的具体审查政策如下：若两者都坦白，则每人将因抢劫加盗窃罪判刑 3 年；若两者都抵赖，则每人将因盗窃罪判刑半年；若一人坦白而另一人抵赖，则坦白者因将功补过会免于惩罚，而抵赖者将因抢劫、盗窃以及拒供判刑 5 年。

假设两者各自的想法如下：若对方抵赖，则自己坦白后将被释放，而抵赖则被判刑半年，所以坦白是最优决策；若对方坦白，则自己也坦白将判刑 3 年，而自己抵赖

则被判刑 5 年，所以这种情况下，坦白也是最优决策。因此，在没有攻守同盟的前提下，每个囚徒都会认为坦白是最优决策。

"囚徒困境"博弈模型有着深刻而广泛的社会意义。当个体理性与集体理性冲突时，盲目的利己行为最终带来的却是对所有人都不利的结果。例如，交通拥堵时，人人遵守交通规则，而一辆机动车擅自驶入非机动车道，仅违规者获得便利，但如果大家都这样做，则这个路段所有人都将吃亏。也就是说，人人遵规守矩，则只有一个不守规矩的人获利，人人都不守规矩，则大家均失利。

通常采用建立长期稳定关系的重复博弈（repeatedgame）模型来跳出"囚徒困境"。虽然重复博弈是基本博弈过程的不断重复进行，但参与者策略和博弈结果却不是简单重复。在无限次重复"囚徒困境"中，参与者可以走出困境。在一次性"囚徒困境"中选择不合作策略的博弈参与者，在重复"囚徒困境"中将采取合作策略以使个人利益最大化，即有条件的合作策略将是重复"囚徒困境"中博弈参与者的占优策略，参与者可以把其他参与者的历史行为当作策略选择的参考，以扩大自身策略选择空间。正是重复博弈模型使参与者之间的合作行为成为可能，其最优策略就是"以牙还牙"（tit-for-tat）。这一策略的实现方法是：博弈参与者先采取合作策略，以后一旦对方背叛，自己也背叛；对方合作，自己也合作。

图 4-2　"囚徒困境"博弈

4.1.3　GAN 的网络结构与核心技术

GAN 主要由生成器 G（generator）和判别器 D（discriminator）两部分构成，生成器 G 以从训练数据中生成具有相同分布的样本数据（samples）为目标，判别器 D 以判断输入是真实数据还是生成数据为任务。其中，判别器就是传统监督学习方法的一种实现，通过不断博弈训练，最终生成式对抗网络中的判别器 D 和生成器 G 会达到生成样本和判别样本的概率相等的全局最优，如图 4-3 所示。

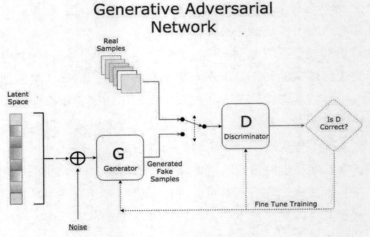

图 4-3　GAN 网络结构示意图

1．生成器 G 及其模型

生成器 G 主要采用的模型包括：

（1）在未知事件概率分布情况下，通过假设随机分布和观测数据来估计真正数据的概率密度；

（2）利用样本数据训练生成模型来生成类似样本数据。

其实，生成模型（见图 4-4）的基本思想就是利用输入训练样本集合来形成这些样本的概率分布的表征，常用的生成模型方法是直接推断其概率密度函数。其中，在 GAN 的应用场景中我们通常拥有大量观测数据，但其数据的原始概率分布未知，因此，生成器 G 需要实现最大似然估计（见图 4-5）求得原始数据的分布模型。

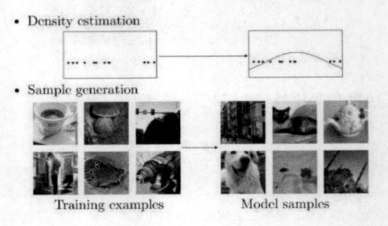

图 4-4　生成模型

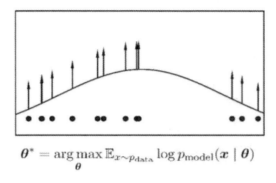

图 4-5　最大似然估计

2．判断器 D 及其模型

由 GAN 的数学描述中，其优化过程可以归结为一个极小极大博弈（minimax game）问题，如图 4-6 所示。其中，判别器 D 的任务是尽可能正确判别输入的数据是来自真实样本（来源于真实数据 X 的分布）还是来自生成样本[来源于生成器的伪数据 G(z)]；而生成器 G 则尽量去学习真实数据集样本的数据分布，并尽可能使自己生成的数据 G(z) 在判别器 D 上的表现 D(G(z)) 和真实数据 X 在 D 上的表现 D(z) 一致，为实现这个目标，这两个过程相互对抗迭代优化，使得 D 和 G 的性能都不断提升，最终当 G 与 D 两者之间达到一个纳什均衡时，即判别器 D 无法正确判别数据来源时，则可以认为这个生成器 G 已经学到了真实数据的分布，其抽象模型如图 4-7 所示。

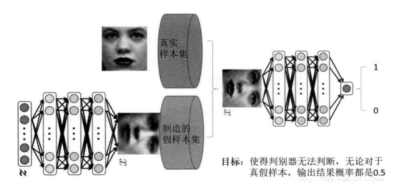

图 4-6　GAN 的博弈过程

从图 4-7 可以看出，真实数据 x 通过判别器 D 输出类别标签 1，而生成数据 z 通过生成器 G 试图让判别器 D 生成与真实数据 x 一样的标签，就是这两个过程不断交替迭代对抗博弈，最终得到判别器 D 不能分辨出真实数据还是生成数据。

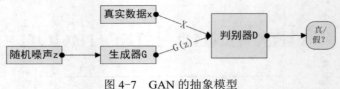

图 4-7　GAN 的抽象模型

4.1.4　GAN 的改进模型

本小节以 ACGAN、条件 GAN、半监督 GAN、信息 GAN 为例讲解 GAN 的改进模型，解读了目前 GAN 模型的主流改进方向，并着重对 ACGAN 进行了代码实现，从多个角度对 GAN 的改进模型进行深度剖析。

1. ACGAN

ACGAN（auxiliary classifier GAN）是 GAN 的变种，其结构如图 4-8 所示。在 GAN 的基础上，把类别标签同时输入给生成器和判别器，由此不仅可以在生成图像样本时生成指定类别的图像，同时该类别标签也能帮助判别器扩展损失函数，提升整个对抗网络的性能。ACGAN 来自论文 Conditional Image Synthesis with Auxiliary Classifier GANs (https://arxiv.org/abs/1610.09585)，其对 GAN 的改进具有三点重要意义：

（1）通过在判别器 D 的输出部分添加具有一个辅助功能的分类器，进而提高条件 GAN 的性能。

（2）利用 Inception Accuracy 标准评判图像合成模型性能。

（3）引进 MS-SSIM 判断模型生成图片的多样性。

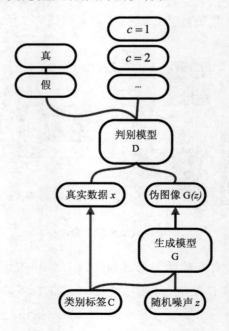

图 4-8　ACGAN 的结构

具体来讲，ACGAN 的判别器中额外添加了一个辅助译码网络（auxiliary decoder network），由此输出相应的类别标签的概率，然后更改损失函数，增加正确预测类别的概率。在 ACGAN 中每一个生成样本都有相应的类别标签，ACGAN 的输入除 z 外，还有潜在属性 $C \sim P_c$，生成器 G 同时使用 Z 和 C 来生成图片 $X_{fake}=G(X,Z)$，判别器 D 输出为数据来源的概率分布 $P(S|X)$ 和类别标签的概率分布 $P(C|X)=D(x)$。目标函数由两部分构成，包括正确来源的似然对数 L_s，正确类别的似然对数 L_c，具体定义如下

$$L_s = E\left[\log P(S=\text{real})|X_{\text{real}}\right] + E\left[\log P(S=\text{fake})|X_{\text{fake}}\right] \qquad (4\text{-}2)$$

$$L_c = E\left[\log P(C=c)|X_{\text{real}}\right] + E\left[\log P(C=c)|X_{\text{fake}}\right] \qquad (4\text{-}3)$$

训练判别器 D 的目的就是使得 L_s+L_c 最大，训练生成器 G 的目的就是使得 L_s-L_c 最小。ACGAN 对于 Z 所学得的表征独立于类别标签 C。ACGAN 的结构与原始 GAN 结构类似，但其训练过程更加稳定，且该模型能生成更多类别的指定图像。此外，ACGAN 可以应用于无载体信息隐藏，因为 ACGAN 既能输入类标签，也能输出类别的概率，把类别标签看成是秘密信息，ACGAN 就能实现秘密信息的隐写与提取，该应用将在后续章节的实战部分讲解。

【案例 4-1】ACGAN 基于 TensorFlow 框架的实现（图像为 64×64 单通道数据）

本例中 ACGAN 基于 TensorFlow 框架实现，数据来自 mnist 手写数字数集，如图 4-9 和图 4-10 所示，图像为 64×64 单通道数据。代码运行方式为：

```
python train.py
```

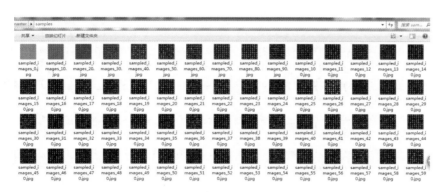

图 4-9　生成图像

图 4-10　原始图像格式

下面具体讲解代码的实现：

（1）首先需要导入 os、tensorflow、numpy、ops、TFRecordsReader 等工具包，并定义图像尺寸和训练参数。

```
01 tf.app.flags.DEFINE_integer('input_height', 64, 'input image height')
02 tf.app.flags.DEFINE_integer('input_width', 64, 'input image width')
03 tf.app.flags.DEFINE_integer('input_channels', 1, 'image channels')
04 tf.app.flags.DEFINE_integer('output_height', 64, 'output image height')
05 tf.app.flags.DEFINE_integer('output_width', 64, 'output image width')
06 tf.app.flags.DEFINE_integer('z_dim', 100, 'generator input dim')
07 tf.app.flags.DEFINE_integer('n_classes', 10, 'number of classes')
08 tf.app.flags.DEFINE_boolean('crop', True, 'crop image or not')
09 tf.app.flags.DEFINE_integer('batch_size', 64, 'batch size')
10 tf.app.flags.DEFINE_float('learning_rate', 0.0002, 'learning rate')
11 tf.app.flags.DEFINE_float('beta1', 0.5, 'momentum term of Adam')
```

（2）定义对抗博弈过程函数和定义损失函数，其中数据标签用独热码进行编码，采用交叉熵作为损失的度量。

```
01 def inference(images, labels, z):
02     generated_images = generator(z, labels)%生成器
03 source_logits_real, class_logits_real = discriminator(images, labels)
       %判别器
04     source_logits_fake, class_logits_fake = discriminator(
05         generated_images, labels, reuse=True)
06     return [
07         source_logits_real, class_logits_real, source_logits_fake,
08         class_logits_fake, generated_images
09     ]
10 def loss(labels, source_logits_real, class_logits_real, source_logits_fake,
11         class_logits_fake, generated_images):
12     labels_one_hot = tf.one_hot(labels, FLAGS.n_classes)%用独热码
13     source_loss_real = tf.reduce_mean(
14       tf.nn.sigmoid_cross_entropy_with_logits(%采用交叉熵
15           source_logits_real, tf.ones_like(source_logits_real)))
16 source_loss_fake = tf.reduce_mean(tf.nn.sigmoid_cross_entropy_with_logits(
17         source_logits_fake, tf.zeros_like(source_logits_fake)))
18     g_loss = tf.reduce_mean(          %总损失
19       tf.nn.sigmoid_cross_entropy_with_logits(
20           source_logits_fake, tf.ones_like(source_logits_fake)))
21     class_loss_real = tf.reduce_mean(
22       tf. Nn. softmax_ cross_ entropy_ with_ logits( class_ logits_
                                          real, labels_one_hot))
23     class_loss_fake = tf.reduce_mean(
23       tf.nn.softmax_cross_entropy_with_logits(class_logits_fake, labels
                                          _one_hot))
24     d_loss = source_loss_real + source_loss_fake + class_loss_real +
                                          class_loss_fake
```

```
25    g_loss = g_loss + class_loss_real + class_loss_fake
26    return d_loss, g_loss%返回判别器D和生成器G的损失
```

（3）定义判别器 G、生成器 G 的训练函数和网络结构，其中 D、G 都包含四组连续的批正则化、卷积、激活，故在此不再赘述。

```
01  def train(d_loss, g_loss):
02      # 判别器参数
03      d_vars = tf.get_collection(
04          tf.GraphKeys.TRAINABLE_VARIABLES, scope='discriminator')
        # 生成器参数
05      g_vars = tf.get_collection(
06          tf.GraphKeys.TRAINABLE_VARIABLES, scope='generator')
        # 训练判别器
07      d_optimzer = tf.train.AdamOptimizer(FLAGS.learning_rate, beta1=
                                               FLAGS.beta1)
08      train_d_op = d_optimzer.minimize(d_loss, var_list=d_vars)
        # 训练生成器
09      g_optimzer = tf.train.AdamOptimizer(FLAGS.learning_rate, beta1=
                                               FLAGS.beta1)
10      train_g_op = g_optimzer.minimize(g_loss, var_list=g_vars)
11      return train_d_op, train_g_op
%定义判别器网络
12  def discriminator(images, labels, reuse=False):
13      with tf.variable_scope("discriminator") as scope:
14          if reuse:
15              scope.reuse_variables()
16  连续四组卷积层、leakly ReLu激活函数、批正则化
17          # 全连接层source logits
18          #分类 class
19          return source_logits, class_logits
%定义生成器
20  def generator(z, labels):
21      with tf.variable_scope("generator") as scope:
22          # 独热码one_hot
            # 连接数据与标签concat z and labels
23          # 映射数据z, project z and reshape
24  连续四组批正则化、ReLU激活函数、卷积层结构
25          return h4
```

（4）定义批大小为 64 的输入函数及卷积、逆卷积函数，卷积模板为 5×5，移动步长为 2，全连接网络的标准差为 0.02，激活函数的倾斜比例为 0.2。

```
01  def inputs(batch_size=64):
02      reader = TFRecordsReader(%读入数据28*28单通道数据
03          directory="data/mnist",%数据目录
04          filename_pattern="*.tfrecords",%数据格式
```

```
05              resize_height=resize_height,
06              resize_width=resize_height,
07              num_examples_per_epoch=64)
08       images, labels = reader.inputs(batch_size=64)%批大小为64
09       float_images = tf.cast(images, tf.float32)
10       float_images = float_images / 127.5 - 1.0
11       return float_images, labels%返回图像和标签
12       return h4
```
%定义卷积函数
```
13  def conv_2d(x, num_filters, kernel_size=5, stride=2, scope='conv'):
14      with tf.variable_scope(scope):%5*5的卷积核，步长为2
    ……
15          return conv
```
%定义逆卷积
```
16  def conv2d_transpose(x, output_shape, kernel_size=5, stride=2, scope=
                                              "conv_transpose"):
17      with tf.variable_scope(scope):%5*5的卷积核，步长为2
    ……
18          conv_transpose = tf.nn.bias_add(conv_transpose, biases)
19          return conv_transpose
```
%定义全连接网络
```
20  def fc(x, num_outputs, scope="fc"):
21      with tf.variable_scope(scope):
22          w = tf.get_variable(
23              'w', [x.get_shape()[-1], num_outputs],%初始化标准差为0.02
24              initializer=tf.truncated_normal_initializer(stddev=0.02))
25          biases = tf.get_variable(%偏置为0
26            'biases', [num_outputs], initializer=tf.constant_initializer(0.0))
27          output = tf.nn.bias_add(tf.matmul(x, w), biases)
28          return output
```
%定义批正则化
```
29  def batch_norm(x, decay=0.9, epsilon=1e-5, scale=True, is_training=
                                  True, reuse=False, scope='batch_norm'):
    ……
30      return bn
```
%定义激活函数，收缩稀疏leak=2
```
31  def leaky_relu(x, leak=0.2):
32      return tf.maximum(x, leak * x)
```

（5）由于数据存储为 tfrecords 格式，需要定义编码方式为 TFRecords 的数据读取类，完成该格式文件数据的操作。

%数据类定义
```
01  class TFRecordsReader(object):
02    def __init__(self,
03              image_height=28,
04              image_width=28,%28*28的单通道图像数据
05              image_channels=1,
```

```
06                      directory="data",
07                      filename_pattern=".tfrecord",
   … …
08                      num_examples_per_epoch=64):
   … …
```
※定义读数据函数
```
09       def read_example(self, filename_queue):
10           # 数据读取TFRecoard reader
11           reader = tf.TFRecordReader()
12           key, serialized_example = reader.read(filename_queue)
             #从序列样例中读取数据
13           read data from serialized examples
14           features = tf.parse_single_example( serialized_example, features
         ={ 'label': tf.FixedLenFeature([], tf.int64), 'image_raw': tf.
                      FixedLenFeature([], tf.string)
             })
15           # 解码
   … …
16           return decoded_image, label
```
※定义生成图像标签批次函数
```
17       def _generate_image_and_label_batch(self, image, label, min_queue
                                          _examples,batch_size, shuffle):
             # 生成随机排序队列及按批次读取
18           num_preprocess_threads = 1
19           if shuffle:
20             images, label_batch = tf.train.shuffle_batch(
21                  [image, label],
22                  batch_size=batch_size,
23                  num_threads=num_preprocess_threads,
24                  capacity=min_queue_examples + 2 * batch_size,
25                  min_after_dequeue=min_queue_examples)
26           else:
27             images, label_batch = tf.train.batch(
28                  [image, label],
29                  batch_size=batch_size,
30                  num_threads=num_preprocess_threads,
31                  capacity=min_queue_examples + 2 * batch_size)
32           return images, tf.reshape(label_batch, [batch_size])
```

（6）在训练函数中定义参数，包括迭代次数 1000 次、训练数据目录、生成数据目录，最终用 scipy 库实现结果可视化。

```
01 tf.app.flags.DEFINE_string('log_dir', './mnist_log_dir', 'log directory')
02 tf.app.flags.DEFINE_string('sample_dir', './samples', 'log directory')
03 tf.app.flags.DEFINE_integer('train_steps', 1000, 'number of train steps')
```
※定义训练函数
```
04 def train():
       # 数据载体placeholder
```

```
05      z = tf.placeholder(tf.float32, [FLAGS.batch_size, FLAGS.z_dim],
                                                          name='z')
        # 图像及标签获取
06      images, labels = ac_gan.inputs(batch_size=FLAGS.batch_size)
        # 逻辑定义
        [
07       source_logits_real, class_logits_real, source_logits_fake, class
        _logits_fake, generated_images ] = ac_gan.inference(images, labels, z)
        # 损失
08      d_loss, g_loss = ac_gan.loss(labels, source_logits_real, class_
         logits_real, source_logits_fake, class_logits_fake, generated_images)
        # 训练
09      train_d_op, train_g_op = ac_gan.train(d_loss, g_loss)
10      sess = tf.Session()
11      with sess.as_default():
12          init = tf.global_variables_initializer()
13          sess.run(init)
14          tf.train.start_queue_runners(sess=sess)
15          saver = tf.train.Saver()
16          training_steps = FLAGS.train_steps
17          for step in range(training_steps):
                random_z = np.random.uniform( -1, 1, size=(FLAGS.batch_size,
    FLAGS.z_dim)).astype(np.float32)
18              sess.run(train_d_op, feed_dict={z: random_z})
19              sess.run(train_g_op, feed_dict={z: random_z})
20              sess.run(train_g_op, feed_dict={z: random_z})
21              discrimnator_loss, generator_loss = sess.run(%判别器
22                  [d_loss, g_loss], feed_dict={z: random_z})
23              time_str = datetime.datetime.now().isoformat()
24              print("{}: step {}, d_loss {:g}, g_loss {:g}".format(
25                  time_str, step, discrimnator_loss, generator_loss))
26              if step % 10 == 0:
27                  test_images = sess.run(
28                      generated_images, feed_dict={z: random_z})
29                  image_path = os.path.join(FLAGS.sample_dir,
30                                      "sampled_images_%d.jpg" % step)
31                  utils.grid_plot(test_images, [8, 8], image_path)
32              if step % 100 == 0:
33                  saver.save(sess, os.path.join(FLAGS.log_dir, "model.ckp"))
%定义可视化函数
34  def grid_plot(images, size, path):
35      images = (images + 1.0) / 2.0 h, w = images.shape[1], images.shape[2]
    image_grid = np.zeros((h * size[0],w * size[1], 3))
36      for idx, image in enumerate(images):
37          i = idx % size[1]
38          j = idx / size[1]
39          image_grid[j * h:j * h + h, i * w:i * w + w, :] = image
40      scipy.misc.imsave(path, image_grid)
```

2．其他 GAN 模型

（1）条件 GAN

条件 GAN 是 conditional GAN，其生成器 G 将类标签作为条件信息和噪声一起放入 G 后生成样本，这是一种监督学习模型，而判别器 D 将类标签和生成样本或者训练样本放入 D，判别器 D 的输出是输出样本为真假的概率或者 0,1 两种判断。

如果在训练过程控制潜在向量的传入参数，那么在生成潜在向量时，就可以更改这些参数值，以便管理图片中这些必要的图像信息，这种方式称就是条件生成对抗网络模型的原理。如图 4-11 所示，"面对有条件的生成对抗网络模型，人脸的年龄是可以被改变的。"在已知人脸年龄的情况下，在 IMDB 数据集上训练的模型可以用条件GAN 改变人脸的年龄。（https://github.com/phillipi/pix2pix）

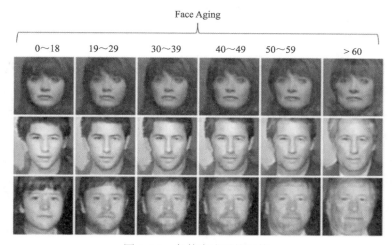

图 4-11　条件生成对抗网络

（2）半监督 GAN

半监督 GAN 即是 semi-supervised GAN，生成器 G 的输入不包含类别，只利用输入噪声来生成样本，而判别器 D 中根据输入生成样本或者训练样本，最后输出的信息为输入图像所属类别或者输入图像为假，一共 $N+1$ 维（N 是总类别数）

（3）信息 GAN

信息 GAN 即是 info-GAN，也称作结合信息论的 GAN，其模型将生成器 G 的输入z 拆分成两个部分，一部分是没办法解释的连续噪声信号，另一部分就是潜在属性 c，例如在人脸任务中的成面部表情、眼睛颜色、是否带眼镜、头发类型等，在 minst 手写数据集上的数字类别（1~9），手写笔画的倾斜度、笔画的粗细等。其目标函数为使潜在属性 c 和生成样本尽可能相关，即互信息最大。

下图 4-12 是不同 GAN 改进模型的对比，大家可以更加直观的了解。

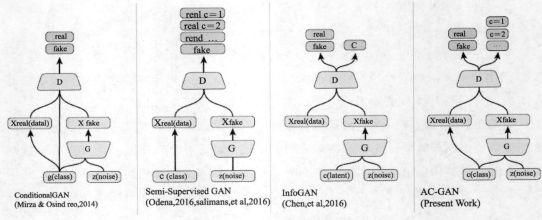

图 4-12   不同 GAN 改进模型的对比

【认知提升】博弈理论与多目标优化

博弈理论是研究"有限理性"决策主体在相互作用的决策行为中策略选择及均衡的理论。我们将博弈过程的最终"解决方案"，即该过程最可能出现的稳定结果称为"均衡"。

在非合作博弈领域中，纳什的重要贡献是证明纳什均衡的普遍存在。如果在其他参与者都不改变既定策略的前提下，任意一个参与者均无法通过单方的策略改变来提高自身收益的状态，这种状态被称为纳什均衡。所有参与者只存在一个策略的纳什均衡状态被称作纯策略纳什均衡，这种均衡可能不存在，也可能存在多个。纳什均衡是一种稳定的博弈态势，其模型可以理解为特殊的多目标优化问题。

在博弈理论中，另一个用来度量收益的重要概念是 Pareto 最优（Pareto Optimum）。它可以解释为一种资源分配状态：不可能存在一种新的资源分配仅使某个参与者的利益提高，却又不损害其他参与者共同利益的情况，这种稳定状态被称为 Pareto 最优。虽然决策者并不能找到同时满足所有目标的最优方案，但是可以保证不存在其他方案，在提高某一目标时，其他所有目标质量没有恶化。

由上述分析可知，博弈理论中的 Pareto 最优与多目标优化问题中衡量非支配关系的 Pareto 占优具有异曲同工之妙，而纳什均衡是有条件下的占优均衡。

另外，Goldberg 在 1989 年就曾经提出采用 Pareto 评判准则来评价多目标优化问题的候选解。可以这样理解，Pareto 最优概念是连接博弈理论和多目标优化问题的桥梁。它们都以同时优化多个目标主体为主要研究对象，博弈理论通过研究博弈参与者策略选取来使所有目标达到收益最大化，而多目标优化问题则是以同时优化彼此冲突矛盾的多个目标来求得一组近似 Pareto 最优解为主要目的，所以它们属于同一种类型的优化问题。另外，博弈理论以策略、过程、方法研究为主，而多目标优化问题则把问题结果作为研究落脚点。所以，把博弈理论对策略、方法等方面的研究成果应用到多目标优化问题的求解上来，无论是对多目标优化问题还是对博弈理论研究都具有重要的价值。

一方面，经过大量研究人员的努力，多目标粒子群优化算法（MOPSO）已成功解决多目标优化问题。但是，目前 MOPSO 算法以拥挤距离和非支配解排序为主要方法，虽然这种方式可以保证公平地对待每个候选解，但会引起种群内不符合实际的最优解选择倾向，减弱种群进化动力，降低算法效率，更容易导致种群在进化过程中产生退化现象。

而博弈理论追求最大化参与者收益，强调效率和效益问题。因此，将 MOPSO 算法的公平主张与博弈理论的效益最大化原则相结合，采用博弈理论优化 MOPSO 算法在求解多目标优化问题时策略选择方案，将对优化整个种群进化过程及提高 Pareto 最优解的质量有着一定的积极意义。

另一方面，基于非支配排序机制的 MOPSO 算法虽然以优化结果不受 Pareto 前端凹凸性影响而著称，但在求解高维 MOPs 时，原有的启发式机制缺乏对种群进化高效指导。因此，融合博弈理论、偏好信息等优化模式是多目标优化领域中一个很有价值的研究方向。

4.2　GAN 应用

2017 年 10 月，在意大利威尼斯召开了两年一度的计算机视觉国际顶级会议（InternationalConference on Computer Vision2017，ICCV 2017）。GAN 之父 Ian Goodfellow 作了生成对抗网络的演讲，在此我们结合其演讲内容对 GAN 的应用加以分析，如图 4-13 所示。

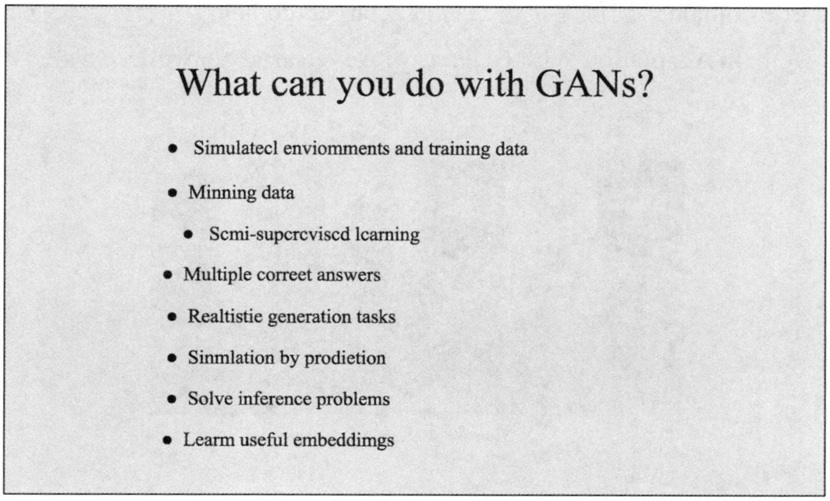

图 4-13　GAN 应用

GAN 主要可以解决的问题包括：

（1）训练数据的分布规律的学习。

（2）生成缺失数据。

（3）具有多个样本类别的多标签预测。

（4）按照真实环境条件生成相应数据。

（5）模拟预测具有时序关系的视频图像。

（6）模型推断问题。

（7）特征表示（embedding）。

在 2017 年 7 月，苹果的 AI 研发人员获得 CVPR2017 最佳论文奖，通过对抗训练从模拟与无监督图像中学习，利用计算机生成的图像改进算法识别图像能力，如图 4-14 所示。

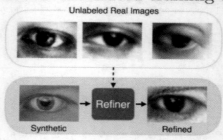

图 4-14　苹果研究成果

在 CVPR2017 大会，谷歌利用生成对抗网络实现无监督像素级域变换适应方法，使源域（source-domain）图像更接近目标域（target domain）（来自论文 Unsupervised Pixel-Level Domain Adaptation With Generative Adversarial Networks，见图 4-15）。

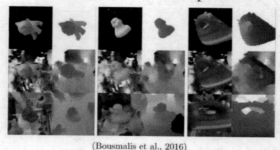

图 4-15　谷歌的研究成果

4.2.1　数据缺失

与鼎鼎大名的 Photoshop 一样，GAN 可以实现内容识别填充（content-aware fill），2016

年 arXiv 上名为基于感知和语境损失的图像语义修补的文章（*Semantic Image Inpainting with Perceptual and ContextualLosses*）提出了一种图像补全并解决数据缺失（missing data）问题的方法，如图 4-16 所示。

Generative modeling reveals a face

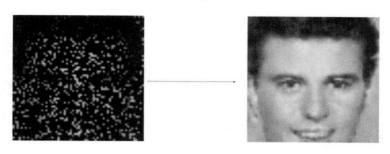

(Year et al 2016)

图 4-16　数据补全

此外，用 GAN 可以实现半监督学习（见图 4-17），论文 *Semi-Supervised Learning with Generative Adversarial Networks*（https://arxiv.org/abs/1606.01583）结合生式对抗网络（GAN）和半监督学习优势，通过强制判别器输出类别标签，产生更加高质量的样本。

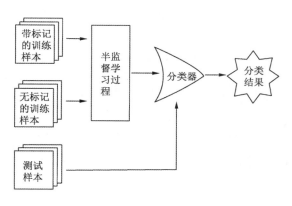

图 4-17　缺失数据的半监督学习

4.2.2　多标签预测

利用 GAN 可以对数据样本分布规律进行学习，并完成真实数据和生成数据的判断，同时可以结合样本类别进行多标签预测，例如，通过海量数据的学习，可以做人物头像预测和视频中下一帧数据预测（next video frame prediction）。

如图 4-18 所示，图（a）为原始图像，图（b）为传统方法合成的图像，图（c）为 GAN 生成的图像。该 GAN 网络叫作 PredNet，是 2016 年 Lotter 等的研究成果（Deep

Predictive CodingNetworks for Video Prediction and Unsupervised Learning，https://arxiv.org/abs/ 1605.08104）。

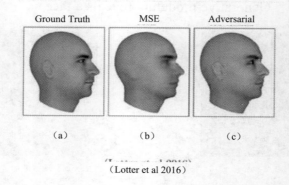

（Lotter et al 2016）

图 4-18　视频帧预测结果

此外，2015 年严乐春（YannLeCun）团队在 LeNet-5 之后，利用 Deep Multi-scale Video Prediction beyond Mean Square Error（https://arxiv.org/abs/1511.06434），解决了在不确定条件下传统方法视频图像预测模糊混乱的难题，如图 4-19 所示。

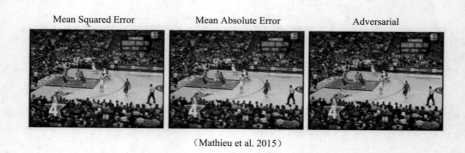

（Mathieu et al. 2015）

图 4-19　视频下一帧预测

4.2.3　根据环境生成相应数据

在线时尚公司 Vue.ai（AnandChandrasekaran 和 Costa Colbert）在自动生成任务中利用 GAN 技术，开发了自动生成试装照片系统（见图 4-20），可以根据模特的身高、体型、肤色、鞋子等生成时装图像，这一技术在很多领域有着很好的应用前景。

图 4-20　根据环境需要生成相应数据

4.2.4　数据特征表示

论 文 *Unsupervised Representation Learning with DeepConvolutional Generative Adversarial Networks* 中提出的 DCGAN（https://arxiv.org/abs/1511.06434，见图 4-21）可以学习无标签图像和视频数据的特征表示（embedding）。DCGAN 与自然语言处理 NLP 中的 word2vec 类似，两种方法都在研究如何把加减后的向量/矩阵对应到具有语义的图片或词向量。

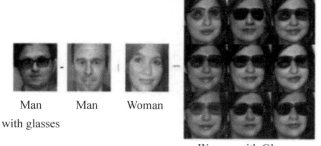

（Radford et al, 2015）

图 4-21　DCGAN 实现特征表示

论 文 *Conditional Image Synthesis with Auxiliary Classifier GANs* （https://arxiv.org/abs/1610.09585）中提出的 Auxiliary Classifier GANs（ACGANs，见图 4-22），在判别器中加入分类器，实现了同时输出样本真假判断和类别的功能。

AC GANs

　　monarch butterfly　　　　　　goldfinch　　　　　　　　daisy

（Odena et al., 2016）

图 4-22　ACGAN

4.2.5　图像检索

　　GAN 可以从图像档案、商标中学习相应特征，进而完成图像检索搜索，例如，在海洋史档案 Prize Papers 中的图像检索应用，如图 4-23 所示。

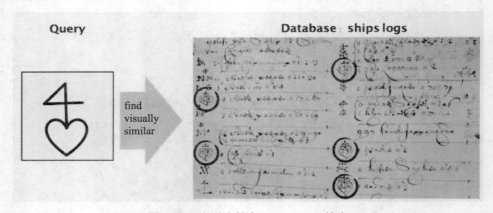

图 4-23　海洋史档案 Prize Papers 检索

4.2.6　文本到图像翻译

　　利用图 4-24 所示的 GAN 网络，可以实现自然语言中的文本生成图像，同时还可以模拟真实数据之间的本质关联，分析单样本与多个图像之间的多模态匹配问题。图 4-25 表明了传统映射方法相当均值模糊预测，只是将蓝色点数据映射到绿点的平均值位置，而 GAN 则是直接学习输入和输出的匹配关系。图 4-26 是 GAN 利用训练数据集 Caltech-UCSD-200-2011（200 种鸟类、总数 11788）和 Oxford-102（102 类花，每类别包含 40~258 个样本）完成的文本生成图像案例。

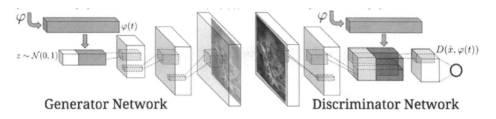

图 4-24　文本与图像翻译的 GAN 网络

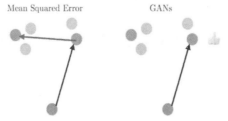

图 4-25　多模态映射图

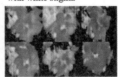

图 4-26　从文本描述生成图像

4.2.7　医学方面

Insilico Medicine 的研究人员使用 GAN 从药物数据库中进行按病取药和药物匹配（见图 4-27），训练生成器获得药方的能力。此外，基于 GAN 的对抗自编码器（AAE）可以识别和生成新化合物，是 GAN 在肿瘤分子生物学中的独创性应用，如图 4-28 所示。

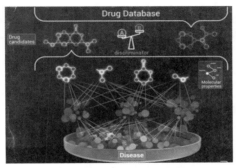

图 4-27　药物匹配

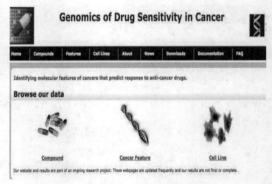

图 4-28   对抗自编码器生成新药

4.3   综合案例：动手构建生成式对抗网络

本节以基于 MATLAB 的经典 GAN 网络和基于 TensorFlow 的 DCGAN 网络为例，讲解如何构建生成式对抗网络。

4.3.1   基于 MATLAB 的 GAN

著名的 MATLAB 是科学计算领域的重要工具，因此用 MATLAB 编程方式实现 GAN 对广大的开发着来说是"福音"，接下来从开发环境、数据处理、模型建立及训练等步骤实现基于 MATLAB 的 GAN。

1. 环境准备及数据处理

从网址 https://github.com/rasmusbergpalm/DeepLearnToolbox 下载 MATLAB 深度学习工具包（见图 4-29），然后执行如下命令即可完成工具包的添加。

```
addpath(genpath('DeepLearnToolbox'));
```

CAE	merged upstream/master	Nov 21, 2013
CNN	fixed a small bug for Matlab calling undefined OCTAVE_VERSION for con...	Jan 11, 2014
DBN	fix assertion	Nov 26, 2013
NN	Merge pull request #93 from golden1232004/master	May 11, 2014
SAE	fixes #21. Thanks @skaae	Mar 3, 2013
data	Few changes to make CNNs work on Octave.	Nov 21, 2013
tests	Update test_example_CNN.m	Dec 4, 2013
util	fixed a small bug for Matlab calling undefined OCTAVE_VERSION for con...	Jan 11, 2014
.travis.yml	Minor changes to CI script	Nov 29, 2013
CONTRIBUTING.md	merged upstream/master	Nov 21, 2013
LICENSE	added license. fixes #10. thanks	Dec 3, 2012
README.md	Add deprecation notice	Dec 1, 2015
README_header.md	Add deprecation notice	Dec 1, 2015
REFS.md	Added links to REF.md references.	Mar 2, 2012
create_readme.sh	updated readme	Jan 23, 2013

README.md

图 4-29   深度学习工具包

2．模型构建及训练

下面讲解如何用 MATLAB 深度学习工具实现经典的 GAN 网络，训练数据依然采用具有 60 000 张手写数字图像的 mnist 数据集。

```
%% 构造真实训练样本 60000个样本 1*784维（28*28展开）
01  load mnist_uint8;
02  train_x = double(train_x(1:60000,:)) / 255;
% 真实样本标签 [1 0]; 生成样本为[0 1];
03  train_y = double(ones(size(train_x,1),1));
%正则化 normalize
04  train_x = mapminmax(train_x, 0, 1);
05  rand('state',0)%% 构造模拟训练样本 60000个样本 1*100维
06  test_x = normrnd(0,1,[60000,100]); % 0~255的整数
07  test_x = mapminmax(test_x, 0, 1);
08  test_y = double(zeros(size(test_x,1),1));
09  test_y_rel = double(ones(size(test_x,1),1));
%%设计生成器网络
10  nn_G_t = nnsetup([100 784]);
11  nn_G_t.activation_function = 'sigm';
12  nn_G_t.output = 'sigm';
%%设计判别器网络
13  nn_D = nnsetup([784 100 1]);
14  nn_D.weightPenaltyL2 = 1e-4;    % L2 weight decay
15  nn_D.dropoutFraction = 0.5;     % Dropout fraction
16  nn_D.learningRate = 0.01;       % Sigm require a lower learning rate
17  nn_D.activation_function = 'sigm';
18  nn_D.output = 'sigm';
%%设计生成器网络
19  nn_G = nnsetup([100 784 100 1]);
20  nn_G.weightPenaltyL2 = 1e-4;    % L2 weight decay
21  nn_G.dropoutFraction = 0.5;     % Dropout fraction
22  nn_G.learningRate = 0.01;       % 低学习率
23  nn_G.activation_function = 'sigm';
24  nn_G.output = 'sigm';%激活函数用sigmoid
25  opts.numepochs =  1;            % 迭代数
26  opts.batchsize = 100;           %   批大小%%
27  num = 1000;
28  tic%计时
29  for each = 1:1500
    %计算生成器G的输出：生成样本
30      for i = 1:length(nn_G_t.W)  %共享网络参数
31          nn_G_t.W{i} = nn_G.W{i};
32      end
33      G_output = nn_G_out(nn_G_t, test_x);
    %训练判别器D
34      index = randperm(60000);
35      train_data_D = [train_x(index(1:num),:);G_output(index(1:num),:)];
```

```
36      train_y_D = [train_y(index(1:num),:);test_y(index(1:num),:)];
37      nn_D = nntrain(nn_D, train_data_D, train_y_D, opts);%训练判别器D
    %训练生成器G
38      for i = 1:length(nn_D.W)  %共享训练的D的网络参数
39          nn_G.W{length(nn_G.W)-i+1} = nn_D.W{length(nn_D.W)-i+1};
40      end
    %训练生成器G：此时生成样本标签为1，认为是真样本
41      nn_G = nntrain(nn_G, test_x(index(1:num),:), test_y_rel(index(1:num),
                                                    :), opts);end
42  Toc
43  for i = 1:length(nn_G_t.W)
44      nn_G_t.W{i} = nn_G.W{i};end
45  fin_output = nn_G_out(nn_G_t, test_x);
```

通过定义完成生成器 G 和判别器 D 以及训练博弈对抗过程，最后只需调用输出函数，即可完成生成对抗网络 GAN 的训练。

```
function output = nn_G_out(nn, x)
    nn.testing = 1;
    nn = nnff(nn, x, zeros(size(x,1), nn.size(end)));
    nn.testing = 0;
    output = nn.a{end};end
```

4.3.2　基于 TensorFlow 的 GAN

本小节以基于 TensorFlow 的 DCGAN 网络为例，讲解如何在开源框架上构建并测试生成式对抗网络 GAN 的模型。

1. 环境准备

GAN 是用无监督学习探寻数据分布规律特性，由判别器 D 和生成器 G 构成，因为用随机数据集作为输入，因此 G 和 D 的训练很缓慢，需要调整学习率参数。我们利用 DCGAN（deep convolutional GAN）实现 GAN 的基本思想，DCGAN 结合监督学习中的 CNN 和无监督学习中的 GAN，改善 GAN 训练的不稳定问题，以期利用 GAN 获得全局最优解，并保证良好的收敛性。

运行环境主要基于 Keras 并用 OpenCV 作图像操作，数据采用 mnist 数据集，运行 train.py 的其他参数包括：

（1）训练样本路径——path。

（2）批大小——batch_size。

（3）迭代次数——epochs。

（4）"train"或"generate"——训练结束或生成图像。

（5）生成图像个数——img_num。

在构建网络模型之前，需要导入如下包工具：

```
01  from keras.models import Sequential, Model
02  from keras.layers import Dense, Dropout
03  from keras.layers import Reshape
04  from keras.layers.core import Activation
05  from keras.layers.advanced_activations import LeakyReLU
06  from keras.layers.normalization import BatchNormalization
07  from keras.layers.convolutional import UpSampling2D
08  from keras.layers.convolutional import Convolution2D
09  from keras.layers import Input, LSTM, RepeatVector, Lambda
10  from keras.layers.core import Flatten
11  from keras.optimizers import Adam
12  from keras import backend as K
13  import numpy as np
14  import sys, glob
15  import os
16  import pytest
17  import argparse
```

2. 模型构建

定义生成器 G，其本质就是一个逆卷积神经网络，包括全连接、上采样、卷积、激活等操作。

```
01  def generator_model(inputdim = 100, xdim = 4, ydim = 4):
02      model = Sequential()
03      model.add(Dense(input_dim=inputdim, output_dim=1024*xdim*ydim))
04      model.add(BatchNormalization())%批正则
05      model.add(Activation('relu'))%全连接1024个神经元
06      model.add(Reshape( (1024, xdim, ydim), input_shape=(inputdim,) ) )
07      model.add(UpSampling2D(size=(2, 2)))%上采样
08      model.add(Convolution2D(512, 5, 5, border_mode='same'))%卷积
09      model.add(BatchNormalization())%批正则
10      model.add(Activation('relu'))%激活
11      model.add(UpSampling2D(size=(2, 2)))
12      model.add(Convolution2D(256, 5, 5, border_mode='same'))
13      model.add(BatchNormalization())
14      model.add(Activation('relu'))
15      model.add(UpSampling2D(size=(2, 2)))
16      model.add(Convolution2D(128, 5, 5, border_mode='same'))
17      model.add(BatchNormalization())
18      model.add(Activation('relu'))
19      model.add(UpSampling2D(size=(2, 2)))
20      model.add(Convolution2D(3, 5, 5, border_mode='same'))
21      model.add(Activation('tanh'))
22      return model
```

定义判别器 D，其本质是一个正向卷积神经网络，卷积包括 128 个 5×5 的卷积核，采用 LeakyReLu 做激活函数，使用 Dropout 策略。

```
01  def discriminator_model():
02      model = Sequential()
03      model.add(Convolution2D(128, 5, 5, subsample=(2, 2), input_shape=
                                 (3, 64, 64), border_mode = 'same'))
        %卷积
04      model.add(LeakyReLU(0.2))
05      model.add(Dropout(0.2))%dropout比例为0.2
06  model.add(Convolution2D(256, 5, 5, subsample=(2, 2), border_mode =
                                                          'same'))
07      model.add(LeakyReLU(0.2))
08      model.add(Dropout(0.2))
09   model.add(Convolution2D(512, 5, 5, subsample=(2, 2), border_mode =
                                                          'same'))
10      model.add(LeakyReLU(0.2))
11      model.add(Dropout(0.2))
12  model.add(Convolution2D(1024, 5, 5, subsample=(2, 2), border_mode =
                                                          'same'))
13      model.add(LeakyReLU(0.2))
14      model.add(Dropout(0.2))
15      model.add(Flatten())
16      model.add(Dense(output_dim=1))
17      model.add(Activation('sigmoid'))
18      return model
```

定义变分自动编码器模型 VAE（variationalautoencoders），把输入数据映射到隐空间（latent space），逼近联合分布的概率，并定义采样函数。

```
01  def va_model(batch_size=5, original_dim = 5, latent_dim = 10, intermediate_dim = 20,
                                                epsilon_std = 0.01):
    # 生成概率编码，把输入映射到隐空间
02      x = Input(batch_shape=(batch_size, original_dim))
03      h = Dense(intermediate_dim, activation='relu')(x)
04      z_mean = Dense(latent_dim)(h)
05      z_log_sigma = Dense(latent_dim)(h)
%定义采样函数
01      def sampling(args):
02          z_mean, z_log_sigma = args
03          epsilon = K.random_normal(shape=(batch_size, latent_dim), mean=0.,
std=epsilon_std)
04          return z_mean + K.exp(z_log_sigma) * epsilon
    #输出可以不用TensorFlow支持
05      z = Lambda(sampling, output_shape=(latent_dim,))([z_mean, z_log_
                                                sigma])
06      decoder_h = Dense(intermediate_dim, activation='relu')
07      decoder_mean = Dense(original_dim, activation='sigmoid')
08      h_decoded = decoder_h(z)
09      x_decoded_mean = decoder_mean(h_decoded)
10      return x, x_decoded_mean, z_mean
```

根据图 4-30 的训练过程，结合 VA 函数，定义端到端的 VAE 模型，完成从输入到隐空间的解码，并定义生成和对抗训练函数。

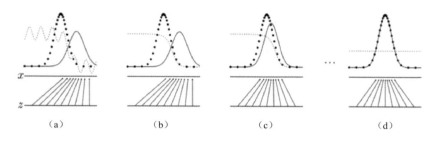

图 4-30　训练过程

```
01  def vaencoder_model():
02      x, x_decoded_mean, z_mean = va_model(batch_size=5, original_dim =
            5, latent_dim = 10, intermediate_dim = 20, epsilon_std = 0.01)
    # 端到端自动编码（autoencoder）
03      vae = Model(x, x_decoded_mean)
    # 从输入到隐空间（latent space）解码
04      encoder = Model(x, z_mean)
05      return encoder, vae
% 定义生成和判别模型对抗函数
01  def generator_containing_discriminator(generator, discriminator):
02      model = Sequential()
03      model.add(generator)
04      discriminator.trainable = False
05      model.add(discriminator)
06      return model
```

3．模型训练

导入包工具 argparse、cv2、numpy、glob、os、model、scipy、matplotlib.pyplot、Adam、SGD、RMSprop、struct、array、append、array、int8、uint8、zeros，并定义数据载入函数、噪声图像、训练函数。训练过程中，一般设定一个 seed 值防止网络过分自由，即潜在的随机性。

```
% 定义数据载入函数
01  def load_image(path):
    % 图像定义为 64*64 的 RGB 图像
02      img = cv2.imread(path, 1)
03      img = np.float32(cv2.resize(img, (64, 64))) / 127.5 - 1
04      img = np.rollaxis(img, 2, 0)
05      return img
% 定义噪声图像
01  def noise_image():% 将噪声变换为图像'
```

```
02        Note size = (total number, number in sublist, length of subsublist )
03        zmb = np.random.uniform(-1, 1, 100)
04        return zmb
```

%定义训练函数

```
01   def train(path, batch_size, EPOCHS):
02       fig = plt.figure()  # 获得图像路径
03       print "Loading paths.."
04       paths = glob.glob(os.path.join(path, "*.jpg"))
05       print "Got paths.."# 载入图像
06       IMAGES = np.array( [ load_image(p) for p in paths ] )
07       np.random.shuffle( IMAGES )
08       BATCHES = [ b for b in chunks(IMAGES, batch_size) ]
09       discriminator = model.discriminator_model()%判别器
10       generator = model.generator_model()%生成器
11       discriminator_on_generator = model.generator_containing_discriminator
                         (generator, discriminator)%判别与生成交互
12   adam_gen=Adam(lr=0.00002, beta_1=0.0005, beta_2=0.999, epsilon=
                                        1e-08)%生成器的优化参数
13       adam_dis=Adam(lr=0.00002, beta_1=0.0005, beta_2=0.999, epsilon=
                                        1e-08)%判别器的优化参数
......

         # 载入权重
14       if epoch == 0:
15           if os. Path. exists(' generator_weights ') and os. Path.
                            exists(' discriminator_weights '):
......
16           d_loss = discriminator.train_on_batch(Xd, yd)%训练判别器
17           Xg = Noise_batch
......
18           g_loss = discriminator_on_generator.train_on_batch(Xg, yg)
                                          %D与G交互训练
19           print "Initial batch losses : ", "Generator loss", g_loss,
                   "Discriminator loss", d_loss, "Total:", g_loss+ d_loss
         #输出均衡(equilibrium)
20           if g_loss < d_loss and abs(d_loss - g_loss) > inter_model_
                                              margin:
......
21               d_loss = discriminator.train_on_batch(Xd, yd)%判别器误差
......
22               g_loss = discriminator_on_generator.train_on_batch(Xg,
                                              yg)%生成器误差
......
23               generator.save_weights('generator_weights', True)
                                     %保存生成器权重
24           discriminator.save_weights('discriminator_weights', True)
                                     %保存判别器权重
```

4．模型测试

导入包 Sequential、Dense、Reshape、Activation、LeakyReLU、BatchNormalization、UpSampling2D、Convolution2D、Flatten、Adam、keras 的 backend、numpy、pytest、glob、os、train、cv2、model，并定义测试生成器、测试判别器、可视化函数，实验结果如图 4-34 所示。

```
%定义测试生成器
01  def test_generator_model():
02      epochs = 1
03      input_data = np.random.rand(1, 100)
04      input_shape = input_data.shape
05      generator = model.generator_model()
06      adam=Adam(lr=0.0002, beta_1=0.5, beta_2=0.999, epsilon=1e-08)
07      generator.compile(loss='binary_crossentropy', optimizer=adam)
08      pred = generator.predict(input_data)
09      return pred.shape
%定义测试判别器
10  def test_discriminator_model():
11      epochs = 1
12      input_data = np.random.rand(1, 3, 64, 64)
13      input_shape = input_data.shape
14      discriminator = model.discriminator_model()
15      adam=Adam(lr=0.0002, beta_1=0.5, beta_2=0.999, epsilon=1e-08)
16      discriminator.compile(loss='binary_crossentropy', optimizer=adam)
17      pred = discriminator.predict(input_data)
18      print pred
%定义测试编码VAE
01  def test_encoder_model():
02      epochs = 1
03      input_data = np.random.rand(5,5)
04      input_shape = input_data.shape
05      enc, vae = model.vaencoder_model()
06      adam=Adam(lr=0.0002, beta_1=0.5, beta_2=0.999, epsilon=1e-08)
07      enc.compile(loss='binary_crossentropy', optimizer=adam)
08      pred = enc.predict(input_data)
09      print pred
%定义训练判别器
01  def test_train_discriminator():
%保证判别器获得最小损失
02      path = r'../fauxtograph/images/'
03      paths = glob.glob(os.path.join(path, "*.jpg"))
    #加载图像
04      real_images = np.array( [ train.load_image(p) for p in paths ] )
......
05      y_train = [1] * len(train_real_images) + [0] * len(train_fake_images)
```

```
                                                                    # labels
06      X_test = np.concatenate((test_real_images, test_fake_images))
07      y_test = [1] * len(test_real_images) + [0] * len(test_fake_images)
                                                                    # labels
08      discriminator = model.discriminator_model()
09      adam=Adam(lr=0.0002, beta_1=0.5, beta_2=0.999, epsilon=1e-08)
10      discriminator.compile(loss='binary_crossentropy', optimizer=adam,
                                            metrics =[' accuracy '])
11      discriminator.fit(X_train, y_train, batch_size=128, nb_epoch=2,
                            verbose=1, validation_data=(X_test, y_test) )
```
%定义测试随机图像
```
01  def test_random_image():
```
　　%保证随机分布与图像相似
```
02      R = np.random.uniform(-1, 1, (64,64))
03      G = np.random.uniform(-1, 1, (64,64))
04      B = np.random.uniform(-1, 1, (64,64))
05      img = np.array( [R, G, B] )
06      rolled = np.rollaxis(img, 0, 3)
07      cv2.imwrite('results/TEST.jpg', np.uint8(255 * 0.5 * (rolled + 1.0)))
```
%定义生成器检测模型
```
01  def test_check_gen_model():
```
　　%检测生成器生成规定大小图像
```
02      generator = model.generator_model()
03      adam_gen=Adam(lr=0.00002, beta_1=0.0005, beta_2=0.999, epsilon=1e-08)
04      generator.compile(loss='binary_crossentropy', optimizer=adam_gen)
05      fake = np.array( [ train.noise_image() for n in range(1) ] )
06      fake_predit = generator.predict(fake)
07      rolled = np.rollaxis(fake_predit[0], 0, 3)
08    print rolled
```
%定义64*64图像可视化函数
```
01  def test_vis_img():
```
……
```
02      cv2.imwrite('results/real_compressed_face.jpg', np.uint8(255 *
                                        0.5 * (rolled + 1.0)))
```

实验结果如图 4-31 所示。

（a）Epoch_7.jpg

（b）test.jpg

（c）Epoch_13.jpg

图 4-31　实验结果

4.4　温故知新

本章让读者对深度学习有个整体上的认识，为后续的各个章节起到提纲挈领的作用。

为便于理解，学习完本章，读者需要掌握如下知识点：

（1）GAN 主要由生成器 G（generator）和判别器 D（discriminator）构成。

（2）生成器 G 的任务是从训练数据中生成具有相同分布的样本数据（samples），判别器 D 的任务是判断输入是真实数据还是生成数据。

（3）GAN 可以预测的状态规划行动、生成缺失的数据和标签、提升图像分辨率、多模态学习，但原始 GAN 模型的训练缓慢，不可控问题明显。

（4）ACGAN 可以完成带标签的监督学习。

（5）生成器和判别器的训练目标函数是一个极大极小博弈问题。

在下一章中，读者会了解到：

（1）深度神经网络为什么需要"记忆"功能。

（2）循环神经网络是如何实现"记忆"功能的。

（3）循环神经网络、卷积神经网络、生成对抗网络的异同。

4.5　停下来，思考一下

习题 4-1　原始的 GAN 网络是无监督学习的典范，而其改进网络，例如 ACGAN 等更多地借鉴了监督学习的思想，请你结合对机器学习三种模式的理解，分析 GAN 与其改进模型的优势与劣势。

习题 4-2　京东金融全球数据探索者大赛 JDD-2017 中，有一道别具一格的赛题——猪脸识别（见图 4-32 和图 4-33），该问题可以省去人脸识别的个人隐私问题，而且大量数据的获得也相对容易，这背后也同时蕴含着一个"活体"识别的科学问题。针对这个题目，希望你可以从数据的获取、数据的处理、深度模型的建立、深度模型的训练、深度模型的评估等任意角度，谈谈你想到的解决方案。

图 4-32　猪脸识别

图 4-33　算法组冠军

习题 4-3　人工智能展示了从"大定律，小数据"的技术范式到"大数据，小定律"的转变，IT 也从最古老的 industrial technology 转变为 information technology，再转变为现在的 intelligent technology。请你结合 GAN 的博弈过程，从"变"与"不变"的动态平衡角度，再次分析生成器 G 与判别器 D 的原理。

第 5 章

循环神经网络（RNN）

本章我们将从自然语言理解（natural language processing，NLP）领域的经典问题出发，在经典神经网络的基础上理解循环神经网络（recurrent neural network，RNN）独特的"记忆"功能，并通过实践案例理解循环神经网络的关键技术。

本章主要涉及的知识点有：

- 循环神经网络的应用背景：了解自然语言处理领域主要涉及的问题，理解传统神经网络需要作出的改进。
- 循环神经网络的网络结构：掌握循环神经网络的"记忆"结构，理解循环神经网络中对时序数据的特殊处理方式。
- LSTM（long-short term memory）网络：掌握 LSTM 网络的构建方法，理解 LSTM 网络的关键技术。

注意：本章案例实现基于 TensorFlow 和及 MATLAB。

5.1　循环神经网络基本原理

人工智能的目的是赋予机器一种预测未来的能力，而这种预测能力需要在对环境的不断适应、反馈、平衡中不断提升、优化、保持稳定。而神经网络就是人工智能中的一种预测工具，它通过层次结构不断地抽象、提升来表征事物的本质属性。理论证明，层数大于 3 的神经网络可以任意逼近任何函数，也就是说只要有足够多的训练数据，就可以得到预期的预测输出。然而，针对语音识别、自然语言处理（NLP）等问题，传统的神经网络却达不到预期的效果，接下来我们将分析其中的原因并给出解决方案——循环神经网络。

5.1.1 问题背景

我们之前讲解的全连接前馈神经网络、卷积神经网络及生成式对抗网络虽然可以在计算机视觉等领域取得卓越的效果，但是它们只能处理输入数据间没有关联关系的数据，对时间序列就束手无策了。而且数据之间具有时间上的关联关系这是自然语言理解领域普遍存在的问题。

例如，语音数据往往是连续的，文章中词语之间是有上下文关联的，视频中前后帧之间是连贯的……这也在告诉我们，不能从片面孤立的角度看待问题，要从事物是"普遍联系"的方法论出发，探索整个序列中蕴含的关联关系，进而完成对时间序列的分析与预测。在讲解循环神经网络之前，我们还是先要讲解下自然语言处理中的一些基础性问题。

1．语言模型

在自然语言处理领域，数据就是我们常见的自然语言，而要让计算机可以认识这种人类的语言，必然涉及自然语言的建模。语言模型就是给定语句中的前面部分，机器就可以实现预测后面最可能的语言部分。这里依然体现着"预测"这个关键功能。例如，各种常用的输入法都具有输入联想功能，这种"联想"就是"预测"，就是利用语言建模来实现人工智能。

经典的语言模型是 N-Gram，其中，N 可以是任意自然数，它表示下一个词出现的概率只与前面 N 个词相关，某个句子在文本出现的概率就是所有单词出现概率的乘积。很明显，这个 N 就是一种分词方式，N 越大，预测效果似乎越好，但是语句处于一种未知状态，要是知道长度那人自己就可以预测了。而且，N 越大，分词就会占用更大的存储空间。下面我们来看自然语言处理中的案例。

【案例 5-1】词性标注（我学习循环神经网络）

输入语句为：我学习循环神经网络。可以手工标注词性为，我——名词、学习——动词、循环神经网络——名词。那么，这个词性标注任务的输入就是：

我/学习/循环神经网络（已做完分词工作）

这个任务的输出是：

我——名词，学习——动词，循环神经网络——名词（词性标注好的句子）

然而，我们换个输入：

我/完成/循环神经网络/学习（已做完分词工作）

这个任务的输出是：

我——名词，完成——动词，循环神经网络——名词、学习——名词（词性标注好的句子）

虽然我们可以直接用传统的神经网络分别独立地完成这两个预测分类任务，但是，在同一个句子中，前一个单词对当前单词词性预测结果是有极大影响的，而传统的神经经神经网络只能看到当前的时序状态，无法兼顾前一时刻的影响或者下一时刻的影响。例如，同是"学习"这个词，在不同的语句中就可以是"名词"或者是"动词"，用传统的方式训练神经网络，必然会让神经网络"学傻了"的，而这一问题正是循环神经网络在处理具有上下文关联等时序问题中最大的强项。

【应知应会】one-hot 编码

在语言模型中，有一种最常用、最直观的分词表示法——one-hot 编码，也叫独热码，顾名思义，在分词向量中，只有一个元素是数字"1"，其余元素都是数字"0"，向量的维度与是分词表大小相关。例如，

"感知机"的 one-hot 码可以表示为[1 0 0 0 0 0 0 …]

"卷积神经网络"的 one-hot 码可以表示为[0 1 0 0 0 0 0 …]

"循环神经网络"的 one-hot 码可以表示为[0 0 1 0 0 0 0 …]

容易理解，one-hot 码就是一种稀疏矩阵，整个分词表中多数为数字"0"，只有稀疏的数字"1"，因此采用稀疏矩阵作为存储方式是最好的选择。传统的支持向量机 SVM 等方法就是依托 one-hot 编码完成 NLP 中的识别任务的。然而，one-hot 码不可避免地存在如下问题：

（1）无法表示分词间的语义关系

one-hot 智能方便分词向量的编码表示，而不能表现分词间的语义关系，数字"0"和"1"无法从语义角度给出分词的相似性、上下文关系、同义、反义等知识属性。

（2）维数灾难

与 N-Gram 语言模型一样，面临维数灾难，分词数量越大，分词向量的维数就会越大，而这个量的维护和运算成本是呈几何级数增长的。

2．词向量

在深度学习领域，一般采用词向量（word embedding）来表示词，也叫分布式表征（distributed representation）。这种分布式表征同样是"深度学习之父"——Hinton 教授在 1986 年提出的，这种方式很好地克服了 one-hot 编码的问题，词向量的维数不受词表大小的限制，而且每一个词就是词向量空间的一个点，而且向量空间中点与点的距离可以作为两个词之间相似性的度量，距离与词的相似性成正比。例如，分词"卷积神经网络"与分词"循环神经网络"的词向量的相似度为必然接近与 1，这表明两者在语义上较为相近。

此外，Bengio 等人在 2003 年提出由三层神经网络构建的 N-Gram 语言模型，通过层次结构将单个词向量映射到低维向量空间中，这种语言模型的训练本质上是一个无监督学习的过程，与自动编码器异曲同工。

在 NLP 领域中，为了能表示人类的语言符号，一般会把这些符号转成一种数学向量形式以方便处理，把语言单词嵌入向量空间中就叫作词嵌入（word embedding）。词

向量就是一种语言模型的产物，是大量未标注的普通文本经过语言模型的词频统计、语法、语义等分析处理，训练出来的。目前最常用的词向量训练工具就是 Google 于 2013 年开源的 Word2Vec，它可以将分词映射到 n 维向量，进而用一个 n 维向量来表示一个分词，用多个短的词向量表示一个长的文本语料，这样自然语言处理问题就转换为向量处理问题。在 Word2Vec 中主要有两种模型：CBOW（continuous bag of words）和 Skip-Gram。其中，CBOW 用来从当前词汇推测下一词汇，以 Huffman 编码形式输出词向量，而 Skip-Gram 是其逆过程，通过预测词汇反推原始语句。

与卷积神经网络处理的图像数据做类比，图像可以抽象为一个矩阵，同理，也可以将一个长的文本词向量转化为一个矩阵，这个词向量矩阵也可以理解为"图像"数据。可以说，词向量是以 RNN 为代表的深度神经网络技术在自然语言处理领域取得成功的基石。

【认知提升】神经网络的记忆问题

如图 5-1 所示，无论 one-hot 编码还是词向量都是在完成自然语言处理中的输入编码的问题，也就是将文本翻译成机器擅长处理的格式，并要兼顾构成文本中分词之间的语义关联。因此，嵌入是解决将神经网络技术成功迁移到自然语言处理领域的关键环节。当我们顺利完成嵌入以后，从网络的输入层到隐藏层再到输出层的词性判断，这一切就再简单不过了，然而这就再次回到了前面提到的问题，自然语言中的文本数据是彼此相关联的，不是独立存在的孤点。

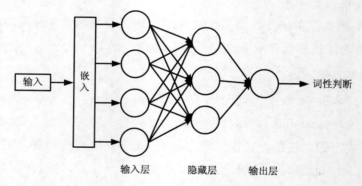

图 5-1 神经网络实现词性标注

如果神经网络无法学会判断一个单词与之前或者下一单词之间的关系时，那么与支持向量机就没有任何本质上的差别，因此，这种语义上的关联就要求新的神经网络模型必须具备"记忆"功能。

5.1.2 循环神经网络基本思想

循环神经网络之所以可以实现学习分词语境、分词间联系、历史信息及其关联、词性标注的语法规则联系等知识，主要归功于在神经网络的基础上，增加了上一时刻隐层的输入及其连接相应权重的结构。RNN 的关键思想就是将上一时刻的输出以一定的权重与下一时刻的输入进行加权融合，增强对人类记忆特性中输入间关联性和语境关系的模拟。

最基本的循环神经网络如图 5-2 所示。

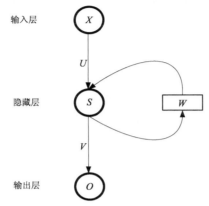

图 5-2　循环神经网络简化结构（注意箭头方向）

可以看到，循环神经网络与传统的全连接神经网络一样，也是由输入层、隐藏层和输出层构成。在去掉带有箭头权重 w 结构的情况下，图 5-2 就是一个全连接神经网络。

- X 代表输入层的输入数据。
- S 代表隐藏层结构。
- U 是输入层到隐藏层的连接权重。
- O 代表输出层。
- V 带表隐藏层神经元与输出层神经元之间的连接权重。

需要重点关注的是，权重 w 结构决定了循环神经网络中隐藏层 S 的输出是当前输入 X 与上一次隐藏层的输出值的加权结果，也就是说，权重 w 是上一次输出值在本次输入中代表的权重。

RNN 中的这种环状结构，就是把同一个网络复制多次，以时序的形式将信息不断传递到下一网络，这也就是"循环"一词的由来，也正是这种具有循环结构的神经网络具备了"记忆"语义连续性的功能。

将图 5-2 扩展得到更具体的图 5-3，我们可以清晰地得到上一时刻的隐藏层是如何影响当前时刻的隐藏层的。此外，把图 5-2 中的神经元结构展开也可以得到图 5-4 所示的循环神经网络。

由图 5-4 我们可以理解，循环神经网络在时刻 t 接收到输入数据之后，隐藏层的输入值还受上一时刻的输出数据及其权重影响，这种影响方式可以用如下公式量化表示：

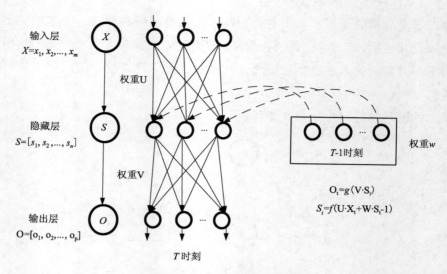

图 5-3　循环神经网络结构

$$O_t = g\left(V \bullet S_t\right) \tag{5-1}$$

$$S_t = f\left(U \bullet X_t + W \bullet S_{t-1}\right) \tag{5-2}$$

由此可知，隐藏层输出值 S_t 值不仅取决于输入层的输入数据 X_t，还取决于上一时刻隐藏层的输出值 S_{t-1}。

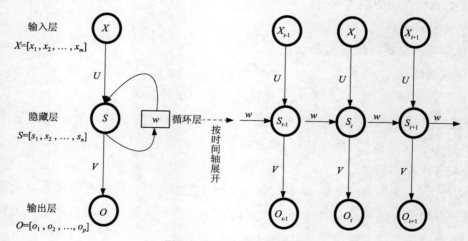

图 5-4　循环神经网络展开

此外，RNN 不仅可以具有隐层神经元到下一时刻神经元的连接权重边，在双向循环神经网络中，下一时刻的隐藏层也可以对当前时刻隐藏层具有连接权重。

其实，RNN 的最大特点在于它将时间序列的思想引入神经网络构建中，通过时间关系来不断加强数据间的影响关系。这样中间隐藏层不断地循环递归反馈，输入层数据进入第一隐藏层，然后第一隐藏层输出影响第二隐藏层，直至最后一层，然后，最后一层的输出反过来通过损失函数，反向调整各层的连接权重，这种调整方法依然是我们之前讲解的 BP 算法的核心思想——梯度下降。然而，这种方法依然会面临梯度在从最后一层像第一层传递过程中的梯度弥散问题。

具体来讲，循环神将网络的训练方法为时间 BP 算法，即 BPTT（back propagation through time）算法（如下表 5-1 所示），它是针对循环层的训练算法。其实，就是将 RNN 按时间序列展开，首先采用前向传播（forward propagation）算法将输入数据正向传播到最后一层，然后通过反向传播（back propagation）从最后一个时间累积损失误差传递回来第一层，本质上与经典的 BP 算法没有区别。

表 5-1　BPTT 算法

循环神经网络的训练算法：BPTT
输入：样本数据
输出：训练好的网络模型
Step1：前向计算每个神经元的输出值；
Step2：反向计算每个神经元的误差项值，求误差函数对神经元加权输入的偏导数；
Step3：计算权重梯度。
Step4：用随机梯度下降算法更新权重

RNN 的这种链式结构成功解决了语音识别、机器翻译、文本理解等问题。然而，RNN 的这种记忆结构虽然可以预测下一个单词，但是 RNN 并不擅长在更大的范围内去寻找更适合作为下一个预测结果的词汇，例如，再做英语完形填空题目时，很明显的出题策略就是，每一个填空的答案不可能都是就近就可以找到答案，出题人的意图就是让答题人通过结合通篇的语义来推测空白处的单词。也就是说，我们刚才讲解的经典 RNN 只是"完形填空"问题的入门级选手，正是应了那句名言"世界上最遥远的距离不是生与死是距离，而是你就在那里，而我却找不到你在哪里"。要想成为真正的"高手"，需要下一节的 LSTM 网络给出答案。

【最佳实践】RNN 的梯度爆炸和消失问题

RNN 中的隐层节点虽然可以记忆时序信息，但随着输入序列的递增，远端序列的信息在传递过程中必然会有衰减，并导致信息丢失，同时在网络训练过程中，梯度也会随着时序而逐渐消失，这种现象就是梯度消失（vanishing gradient problem）或爆炸。目前主要采用的解决方案有：

（1）避免使用极大或极小值初始化网络权重。

（2）采用 ReLu 等激活函数替代 sigmoid 和 tanh。

（3）改进 RNN 结构，例如，长短时记忆网络（LTSM）和 Gated Recurrent Unit（GRU）。

经典的 RNN 网络并不能很好地处理长距离的记忆问题，因此这个任务就交给了 LSTM 网络来解决。总之，梯度爆炸和梯度消失的原因都是因为链式法则求导导致梯度的指数级衰减。

5.2　LSTM 网络基本原理

上一节介绍了循环神经网络的基本原理，指出其不能解决长距离依赖的问题。本节主要讲解改进的循环神经网络——长短时记忆网络 LSTM（long short term memory network），它克服了原始循环神经网络的不足，成功地应用在语音识别、图像描述、自然语言处理、机器翻译等领域。接下来我们就开始讲解这个功能强大的 LSTM 网络的原理。

5.2.1　LSTM 的关键技术

1997 年，Sepp Hochreiter 和 Jurgen Schmidhuber 提出了 LSTM 模型。LSTM 在 RNN 基础上建立了长时间的时延机制，该结构通过在记忆单元中保持一个持续误差来避免梯度或爆发问题的发生。

LSTM 利用长期存储信息的记忆单元来学习长期的依赖关系，通过逻辑门来控制保存、写入和读取操作，也就是在神经元内部加入输入门、输出门和遗忘门三个门，用来选择性记忆反馈的误差函数随梯度下降的修正参数。当忘记门被打开时，记忆单元将内容写入；当忘记门关闭时，记忆单元会清除之前的内容。输出门允许在输出值为 1 时，将其他内容存入记忆单元，而输入门则允许在输出值为 1 时，将神经网络的其他部分读入记忆单元。

LSTM 也许是目前你接触到最复杂的一类神经网络，通过门控机制使循环神经网络不仅能记忆过去的信息，同时还能选择性地忘记一些不重要的信息而对长期语境等关系进行建模。经典的 RNN 中后面节点对前面节点感知力下降，也就是出现"记不住"的问题，这也就是 LSTM 的核心技术——一种块（block）结构 Cell，来判断信息是否有用，解决"记不住问题"。

1. LSTM 的 Cell 结构

LSTM 通过输入门（input gate）、输出门（output gate）和遗忘门（forget gate）来控制流入 cell 的信息，sigmoid 层的输出为 1 表示信息全部通过，输出为 0 表示信息被完全阻断，其中，遗忘门可以理解为一种选择性忘记策略，它决定了上一时刻的单元状态有多少保留到当前时刻，输入门决定了当前时刻网络的输入有多少保存到单元状态，控制单元状态有多少输出到 LSTM 的当前输出值。正是这种结构，使 LSTM 适合于处理和预测时间序列中间隔和延迟相对较长的数据。

如图 5-5 所示，在 LSTM 模型中，在前向传播中，输入门决定激活传入存储单元的时间，输出门决定激活传出存储单元的时间。在反向传播中，输出门决定错误流入存储单元的时间，输入门决定错误流出存储单元的时间，这都是通过学习和训练得到的。而 LSTM 的训练也是通过前向传播和后向传播，即时间反向传播（backpropagation through time）算法实现，其本质仍然是反向传播算法，包括前向计算每个神经元的输出值，反向计算每个神经元的误差项值，根据相应的误差项，计算每个权重的梯度等步骤。其实这个算法的理论推导并不重要，循环神经网络的结构和参数调整才是最重要的。

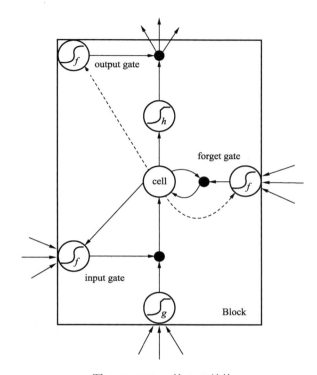

图 5-5　LSTM 的 Cell 结构

2．LSTM 各部分组成与功能

下面我们来具体讲解 LSTM 的各个组成部分及其功能。在经典的 RNN 网络中，隐藏层只有一个状态，这一状态只对短时输入敏感，因此 LSTM 增加了一个保持长期记忆的状态，即单元状态（cell state）。

在传统的链式 RNN 结构中都包含一个简单激活结构，例如，图 5-6 所示的 tanh 层。而 LSTM 的重复性模块构建了四层网络结构，如图 5-7 所示。

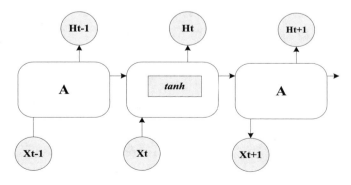

图 5-6　传统 RNN

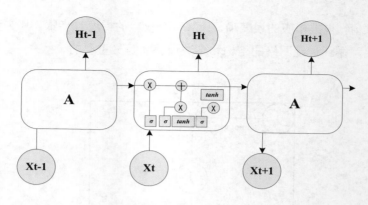

图 5-7 LSTM 的四层结构

图 5-7 中，矩形模块代表一个具体的神经网络层，箭头代表整个数据向量（vector）从一个节点输出到另一个节点输入的流向，圆圈符号是按位操作（pointwise operations）。LSTM 关键在 cell 状态（cell state），沿着整个链式网络传输，如图 5-8 所示。

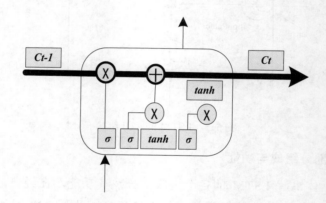

图 5-8 Cell 状态

在 LSTM 中，通过逻辑门（gate）来控制 Cell 状态，一般来讲，一个逻辑门可以由 sigmoid 层和按位操作构成（如图 5-9 所示），可以这样认为，一个门就是一个全连接层，其输入是向量，输出是 0 到 1 区间的实数向量，其权重向量和偏置项依然为网络训练和学习的参数。在这三个逻辑门中，第一个门用来控制长期状态的保存，第二个门控制即时状态输入为长期状态，第三个门控制是长期状态的遗忘。

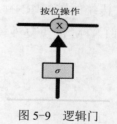

图 5-9 逻辑门

通常输入的激活函数为 sigmoid 函数，输出的激活函数为 tanh 函数。其中，sigmoid 层的输出值被挤压在 0 和 1 之间，0 表示逻辑门关闭，1 表示逻辑门开启，如图 5-10 所示。

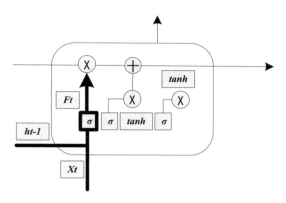

图 5-10　遗忘层

一个 LSTM 用三个逻辑门来控制 Cell 的状态，遗忘层来决定抛弃哪些信息，输入门和 tanh 层共同决定哪些信息需要存储，如图 5-11 所示。

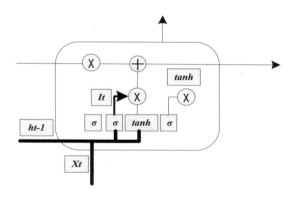

图 5-11　存储层

通过门控制 Cell 状态的更新（如图 5-12 所示），符合算法规则的信息才会留下，不符的信息则通过遗忘门被遗忘。

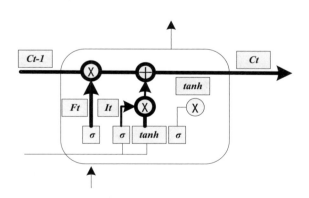

图 5-12　状态更新

通过 sigmoid 层决定输出 Cell 状态的哪一部分，再通过 tanh 函数，将 Cell 输出状态值约束在[-1,1]区间，如图 5-13 所示。

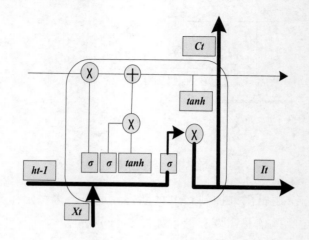

图 5-13　最终输出

【知识扩容】递归神经网络（Recursive Neural Network，RNN）

与循环神经网络的缩写一样都是 RNN，但递归神经网络是一种更为强大、更为复杂的神经网络，它更适合处理更加复杂的树状结构、图等结构，它的网络训练算法为 BPTS（Back Propagation Through Structure）。

循环神经网络实现了将长度不确定的输入分割为等长的小块，对变长输入的处理。然而对于语法解析树中的歧义问题，循环神经网络就束手无策了。

例如语句，"三个职业学院的老师"，就可以划分为两种结构：

"三个/ 职业学院的老师"和"三个职业学院的/ 老师"这种语义上的分歧只能通过构建语法解析树来处理，继续使用循环神经网络对序列数据的处理方式是行不通的。这就是递归神经网络的强项。它可以把一个树或图结构信息编码映射到语义向量空间中的向量，在该空间中，语义相近的向量距离也相对更近，也就是编码后向量的距离则很近。但是由于语法树的标注需要花费大量人工，因此递归神经网络的实际应用并不广泛。也许增强学习（Reinforcement Learning）可能为其的研究提供一定的引导

5.2.2　LSTM 的应用

其实很多 RNN 的应用就是 LSTM 的应用，例如语言翻译、图像分析、文本摘要、手写体识别、疾病预测、音乐合成、歌词合成、写诗、写对联等。其中，谷歌的语音识别技术、图像字幕生成、电子邮件自动回复都采用 LSTM 网络，Apple 在 iPhone 的 QuickType 输入法和 Siri 中也使用了 LSTM，如图 5-14 所示。

（a）QuickType

（b）Siri

图 5-14　LSTM 的应用

此外，对于 LSTM 的改进主要有：

- 2000 年 Gers 和 Schmidhuber 提出的 peephole connections。
- 2014 年 Cho 等提出的 GRU（Gated Recurrent Unit）。
- 2015 年 Yao 等提出的 Depth Gated RNNs。
- 2014 年 Koutnik 等提出的 Clockwork RNNs。
- 2015 年 Kalchbrenner 等提出的 Grid LSTMs。

在众多的 LSTM 变体中，GRU 应用最为广泛，它不仅简化了 LSTM，同时保持着 LSTM 有点，在保留长期序列信息下减少梯度消失问题方面的主要改进包括：

（1）将输入门、遗忘门、输出门三个逻辑门改进为更新门（update gate）和重置门（reset gate）两个门。

（2）将 cell 的单元状态与输出合并为单个状态。

【应知应会】自然语言处理

深度学习用于自然语言处理的优势主要体现在：

（1）深度学习模型可以将单词表示为语义空间中的向量，利用向量之间的距离运算更准确地描述两个单词之间的语义关系。

（2）深度学习模型自身的结构是层次化和序列化的，能够比较自然地描述自然语言中的层次结构、序列结构和组合操作。

（3）深度学习模型很好地利用大规模数据的优势和日益发展的高性能计算的能力，将神经网络的灵活结构，匹配上复杂的自然语言的知识表示。直接从大量数据中端到端的学习既可以模拟人们定义规则（特征）来描述规范的一般的语言规律，又可以刻画例外的、特殊的语言现象，从而大幅提高语言处理的精度。

卷积神经网络的卷积核的结构能够建模局部化信息，并有平移不变性的特性，堆叠起来的卷积层可以很方便地模拟语言层次化的特性。而循环神经网络更偏向于序列化建模，类似人类阅读文本的方式每次将历史的信息压缩到一个向量，并作用于后面的计算，符合建模文本的序列性。

5.3 综合案例：基于 LSTM 的语音预测

本案例采用 LSTM 网络对日语元音数据（Japanese vowels dataset）做预测，利用
MATLAB 工具，实现数据加载、网络构建及网络训练。

在 MATLAB 中调用 LSTM 网络的构建函数语法如下：

```
01  layer = lstmLayer(outputSize)或者
02  layer = lstmLayer(___,Name,Value)
```

例如，可以创建一个名称为 "lstm_test" 的 LSTM 网络，其输入数据大小为 12。

```
01  layer = lstmLayer(12,'Name','lstm_test')
02  layers
```

5.3.1 加载数据

为实现语音预测，首先需要加载日语元音数据，该数据集由 270 个 12 维变长序列
构成的元包阵列构成，类别标签向量为 1~9，如图 5-15 所示。

```
load JapaneseVowelsTrain%加载数据。12个子图对应12个特征，每一列对应一个时间戳。
```

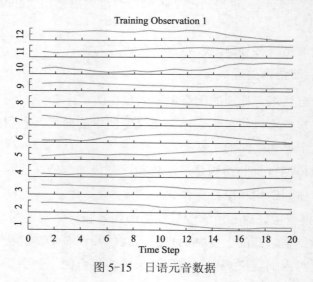

图 5-15 日语元音数据

5.3.2 定义网络结构

这里构建一个具有 100 个隐层神经元的 LSTM 网络，输入层是 12 维输入序列数据，
由于输入数据分为 9 个类别，因此构建一个具有 9 个神经元的全连接层，采用 softmax
做分类预测，并输出预测序列的最优元素。具体网络定义如下：

```
01  outputSize = 100;%输出层大小
02  outputMode = 'last';
03  numClasses = 9;%9个类别
04  layers = [ ...
    sequenceInputLayer(inputSize)
    lstmLayer(outputSize,'OutputMode',outputMode)
    fullyConnectedLayer(numClasses)%全连接
    softmaxLayer
    classificationLayer]
%展示层的构成
01  layers =
    5x1 Layer array with layers:
     1  ''  Sequence Input        Sequence input with 12 dimensions
     2  ''  LSTM                  LSTM with 100 hidden units
     3  ''  Fully Connected       9 fully connected layer
     4  ''  Softmax               softmax
     5  ''  Classification Output  crossentropyex
```

5.3.3　网络训练及评估

采用梯度下降算法来训练 LSTM 的网络参数，在具有"中庸之道"策略的小批梯度下降中，批大小为 27，迭代次数为 150。具体的训练参数设置如下：

```
01  maxEpochs = 150;
02  miniBatchSize = 27;
03  options = trainingOptions('sgdm', ...
    'MaxEpochs',maxEpochs, ...
    'MiniBatchSize',miniBatchSize);
%在GPU上训练LSTM网络
01  net = trainNetwork(X,Y,layers,options);
    Training on single GPU.
%加载测试数据并做预测分类
01  load JapaneseVowelsTest
%分类mini-batch大小为27
02  miniBatchSize = 27;
03  YPred = classify(net,XTest, ...
    'MiniBatchSize',miniBatchSize);
%计算分类精度
01  acc = sum(YPred == YTest)./numel(YTest)
    acc = 0.8892
```

利用 trainNetwork 函数实现在单 GPU 上训练 LSTM 网络，使用 classify 函数调用我们训练好了的 LSTM 做输出预测，最终得到我们训练的网络具有 88.92%的预测准确率。

【应知应会】深度学习代码一般结构

（1）数据准备。确定训练数据、测试数据（x_train，x_test）及其标签（y_train，y_test）以及数据颜色通道数、编码方式（one_hot）等参数。常用数据集用于测试 CNN 的 CIFAR-10、MNIST 和用于测试 RNN 的 IMDB 自然语言处理数据集。

（2）定义网络结构。定义 CNN 或 RNN 网络的各层结构，同时，可以使用一些预训练好的网络，如 VGG、ResNet-50、AlexNet。这是一种迁移学习思想的实现。

（3）设置损失函数。包括交叉熵、softmax 函数，网络权重初始化及优化器的设置。

（4）mini_batch 的训练模式。为训练数据集划分相应的 batch 并进行训练网络。

（5）在测试集上进行预测与准确率计算。

5.4 综合案例：基于循环神经网络的手写数字识别

我们已经讲解过循环神经网络 RNN 的基本原理以及关键技术，了解到 RNN 擅长处理时序数据，而且已在自然语言理解（NLP）领域广泛应用。现在我们另辟蹊径，基于 TensorFlow 构建一个可以识别手写数字的循环神经网络模型。

5.4.1 数据准备及参数设置

首先导入 numpy 工具库、图像可视化工具 matplotlib，以及 MNIST 数据加载模块。然后设置具体的超参数，其中学习率为 0.001 迭代次数为 100 000 次，网络中隐藏神经元为 128 个，分类输出类别为 10 类。

```
%工具库导入
01  import tensorflow as tf
02  import numpy as np
03  import matplotlib.pyplot as plt
04  from tensorflow.examples.tutorials.mnist import input_data
%载入数据集
05  mnist=input_data.read_data_sets('MNIST_data',one_hot=False)
%超参数设置hyperparameters
01  lr=0.001
02  training_iters=100000
03  batch_size=128
#批大小为128
04  n_inputs=28 #MNIST 输入数据大小28*28
05  n_steps=28 #time steps, 截取数据的步长，从784向量生成28*28矩阵
06  n_hidden_units=128 #隐层神经元个数
07  n_classes=10 #MNIST classes（0-9digits）
```

MNIST 数据集中，训练集大小为 55 000，测试集大小为 10 000，图像大小为 28×28，需要注意，我们训练的数据是把 784 维的一维向量拉直作为数据输入，而不是 28×28

的二维矩阵作为数据。

5.4.2　网络构建

接下来定义数据图像容器，以及与网络结构一致的两个权重矩阵，因为输入向量为 28 维矩阵、输出为 10 个分类向量，隐藏层为 128 个神经元，所以两个权重矩阵分别为 28×128 和 128×10 的大小，同时相应的偏置向量大小为 128 维和 10 维。

```
08  %输入
09  x=tf.placeholder(tf.float32,[None,n_steps,n_inputs])
10  y=tf.placeholder(tf.float32,[None,n_classes])
#权重
#define weights
11  weights={
    #(28,128)
    'in'tf.Variable(tf.random_normal([n_inputs,n_hidden_units])),
    #(128,10)
    'out'tf.Variable(tf.random_normal([n_hidden_units,n_classes]))
}
#偏置
12  biases={
    #(128)
    'in'tf.Variable(tf.constant(0.1,shape=[n_hidden_units])),
    'out'tf.Variable(tf.constant(0.1,shape=[n_classes])),
}
```

接下来定义循环神经网络函数 RNN，其输入为训练数据、网络权重矩阵、偏置向量，RNN 的具体结构为单隐层包括 128 个神经元，其输入是 28×28 的数据矩阵，这里使用 tf.nn.rnn_cell.BasicLSTMCell 构建 LSTM 单元。

```
13  def RNN(x,weights,biases)
    #hidden layer for input to cell
    #X(128 batch,28steps,28 inputs)
    # ==(128 28,28inputs)
14      x=tf.reshape(x,[-1,n_inputs])
    # ==(128batch28steps,128hidden)
15      x_in=tf.matmul(x,weights['in'])+biases['in']
    #==(128batch,28steps,128hidden)
16      x_in=tf.reshape(x_in,[-1,n_steps,n_hidden_units])
    #cell
#构建RNN网络，两个状态，c_state,m_state
17  lstm_cell=tf.nn.rnn_cell.BasicLSTMCell(n_hidden_units,forget_bias
                                =1.0,state_is_tuple=True)
    # lstm_cell is divided into two parts(c_state,m_state)
18      _init_state=lstm_cell.zero_state(batch_size,dtype=tf.float32)
```

```
    #多了一个state参数
19  outputs,states=tf.nn.dynamic_rnn(lstm_cell,x_in,initial_state=_init
                                      _state,time_major=False)
    #hidden layer for output as the final results
20      results=tf.matmul(states[1],weights['out'])+biases['out']
21  return results
```

接下来用 softmax 进行 RNN 的输出分类，训练中依然采用自适应优化器来最小化交叉熵，代码如下：

```
22  pred=tf.nn.softmax(RNN(x,weights,biases))
    #cost=tf.reduce_mean(tf.nn.softmax_cross_entropy_with_logits(pred,y))
    #train_op=tf.train.AdamOptimizer(lr).minimize(cost)
23  cross_entropy=tf.reduce_mean(-tf.reduce_sum(ytf.log(pred),reduction
                                  _indices=[1]))
24  train_op=tf.train.AdamOptimizer(lr).minimize(cross_entropy)
```

5.4.3　网络训练

首先初始化 session，然后按批次地训练网络，并输出分类预测精度，循环的终止条件是达到预设的迭代次数 100 000 次。

```
25  correct_pred=tf.equal(tf.argmax(pred,1),tf.argmax(y,1))
26  accuracy=tf.reduce_mean(tf.cast(correct_pred,tf.float32))
27  init=tf.initialize_all_variables()  #初始化
28  with tf.Session() as sess
29      sess.run(init)
30      step=0
31    while stepbatch_size  training_iters %训练
32        batch_xs ,batch_ys = mnist.train.next_batch(batch_size)
33        batch_xs = batch_xs.reshape([batch_size, n_steps, n_inputs])
34        sess.run([train_op], feed_dict={
35            x batch_xs,
36            y batch_ys,
      })
37        if step % 50 == 0
38            print(sess.run(accuracy, feed_dict={
39                x batch_xs,
40                y batch_ys,
      }))
41        step += 1
```

最终的分类预测准确率在 99% 以上，本案例验证了循环神经网络在非时序数据的分类预测方面也有很好的性能，期待今后学术界在此方面有更多的研究成果，以飨读者。

5.5　综合案例：基于 LSTM 的自然语言处理

LSTM 网络非常适合自然语言处理场景，例如微软小冰写诗，贤二机器人，科大讯飞的语音软件系列，亚马逊人工智能科学家李沐就尝试过用周杰伦的十张专辑歌曲的歌词来训练 LSTM，甚至还可以用 RNN 给孩子起名。我们可以尝试用 LSTM 写句子，也可以充分发挥想象，去训练具有"你的想法"的 RNN。

5.5.1　数据收集及编码

做可以写句子的 LSTM，首先第一步就是要给它找好多句子让他学习，例如，你想让它变聪明，就得让它学习"十万个为什么"；你要是想让它会写诗，你就得让它看《唐诗三百首》；你要是想让他会写歌词，你就得把方文山的"所有歌词"都给它学习⋯⋯可以说，你提供给 LSTM 模型什么样的数据，他就可以初步学会什么样的本领。

收集好训练数据后，需要进行语言模型构建，最简单的方式就是前面讲解的 one-hot 码，批训练大小设置为 32。

```
01  training_file ="training.txt"
02  training_file = []
03  with open(training_file,'r') as f:
04      for line in f:
05          try:
06              content = line.replace(' ','')
07              if '_' in content or '(' in content or '（' in content or '
                                            《' in content or '[' in content:
08                  continue
09              if len(content) < 5*3 or len(content) > 79*3:
10                  continue
11              content = '[' + content + ']'
        # print chardet.detect(content)
12              content = content.decode('utf-8')
13              couplets.append(content)
# 计数
14  training_file = sorted(training_file,key=lambda line: len(line))
15  print('总数: %d'%(len(training_file)))
# 统计单字
16  all_words = []
17  for couplet in couplets:
18      all_words += [word for word in training_file]
19  counter = collections.Counter(all_words)
20  count_pairs = sorted(counter.items(), key=lambda x: -x[1])
21  words, _ = zip(*count_pairs)
22  words = words[:len(words)] + (' ',)
```

```
   # 字映射
23 word_num_map = dict(zip(words, range(len(words))))
24 to_num = lambda word: word_num_map.get(word, len(words))
25 training_vector = [ list(map(to_num, training_file)) for training_
                                             vector in training_file]
   # 训练批设置为32
26 batch_size = 32
27 n_chunk = len(couplets_vector) // batch_size
28 x_batches = []
29 y_batches = []
30 for i in range(n_chunk):
31     start_index = i * batch_size#起始位置
32     end_index = start_index + batch_size#结束位置
33     batches = training_vector[start_index:end_index]
34     length = max(map(len,batches))#每个batches中句子的最大长度
35     xdata = np.full((batch_size,length), word_num_map[' '], np.int32)
36     for row in range(batch_size):
37         xdata[row,:len(batches[row])] = batches[row]
38     ydata = np.copy(xdata)
39     ydata[:,:-1] = xdata[:,1:]
40     x_batches.append(xdata)
41     y_batches.append(ydata)
```

5.5.2　构建 LSTM 模型

用 TensorFlow 框架构建 LSTM 网络模型及损失函数，其中，用 tf.Nn.rnn_cell. BasicLSTMCell 函数定义 LSTM 中的 cell，其维度设置为 128，此外，对训练数据词向量化，用 tf.nn.dynamic_rnn 计算输出，并添加一个 softmax 层。

```
01 def RNN(rnn_size=128, num_layers=2):
02     cell = tf.nn.rnn_cell.BasicLSTMCell(rnn_size, state_is_tuple=True)
03     cell = tf.nn.rnn_cell.MultiRNNCell([cell] * num_layers, state_is_
                                                         tuple=True)
   %定义初始状态
04     initial_state = cell.zero_state(batch_size, tf.float32)
05     with tf.variable_scope('rnnlm'):
06       softmax_w = tf.get_variable("softmax_w", [rnn_size, len(words)+1])
                                                             %softmax
07         softmax_b = tf.get_variable("softmax_b", [len(words)+1])
08         with tf.device("/cpu:0"):%CPU训练
09             embedding = tf.get_variable("embedding", [len(words)+1, rnn
                                                 _size])%词向量
10             inputs = tf.nn.embedding_lookup(embedding, input_data)
11     outputs, last_state = tf.nn.dynamic_rnn(cell, inputs, initial_
                                      state=initial_state, scope='rnnlm')
```

```
12      output = tf.reshape(outputs,[-1, rnn_size])
13      logits = tf.matmul(output, softmax_w) + softmax_b%逻辑输出
14      probs = tf.nn.softmax(logits)
15      return logits, last_state, probs, cell, initial_state
```

5.5.3　模型训练

训练中用 sequence_loss_by_example()函数计算所有加权交叉熵，用 clip_by_global _norm 控制 tf.gradients 梯度消失的问题，学习率即步长，设置为 0.02 * (0.95 ** epoch)，迭代次数 epoch 越大，学习率越小。

```
01 def train():
02     logits, last_state, _, _, _ =RNN()
03     targets = tf.reshape(output_targets, [-1])
04   loss = tf.contrib.legacy_seq2seq.sequence_loss_by_example([logits],
           [targets], [tf.ones_like(targets, dtype=tf.float32)], len(words))
05     cost = tf.reduce_mean(loss)
06     learning_rate = tf.Variable(0.0, trainable=False)
07     tvars = tf.trainable_variables()
08     grads, _ = tf.clip_by_global_norm(tf.gradients(cost, tvars), 5)
09     optimizer = tf.train.AdamOptimizer(learning_rate)
10     train_op = optimizer.apply_gradients(zip(grads, tvars))
11     with tf.Session() as sess:
12         sess.run(tf.initialize_all_variables())
12         saver = tf.train.Saver(tf.all_variables())
13         for epoch in range(200):
14             sess.run(tf.assign(learning_rate, 0.02 * (0.95 ** epoch)))
15             n = 0
16             for batche in range(n_chunk):
17                 train_loss, _ , _ = sess.run([cost, last_state, train_op],
                       feed_dict={input_data: x_batches[n], output_targets:
                                                      y_batches[n]})
18                 n += 1
19                 print(epoch, batche, train_loss)
20             if epoch % 20 == 0:
21                 saver.save(sess, './training.module', global_step=epoch)
```

经过 200 次迭代训练，每 20 次保存模型一次，最后调用 saver.restore(sess, '*')函数将训练好的模型加载，即可用 LSTM 进行"天马行空"地写句子了。

5.5　温故知新

本章讲解了循环神经网络的基本原理和关键结构，着中分析了 LSTM 模型的关键

技术，并结合三个案例让读者在感性上了解循环神经网络的工作原理，为今后的研究奠定一个初步的基础。

为便于理解，学完本章，读者需要掌握如下知识点：

（1）one-hot 编码无法表示语义关联并且无法避免维数灾难。

（2）RNN 的关键思想就是将上一时刻的输出以一定的权重与下一时刻的输入进行加权融合。

（3）RNN 训练过程中的梯度爆炸和梯度消失的原因都是因为链式法则求导导致梯度的指数级衰减。

（4）LSTM 建立了长时间的时延机制，通过在块状记忆单元 cell 中保持一个的持续误差来避免梯度或爆发问题的发生，利用三个逻辑门，即输入门、输出门和忘记门来控制保存、写入和读取操作，并选择性记忆反馈误差函数随梯度下降的修正参数。

（5）递归神经网络（recursive neural network, RNN）更适合处理复杂的树状结构、图状结构。

在下一章中，读者会了解到：

（1）深度学习的主流框架。

（2）深度学习的主流工具。

5.6 停下来，思考一下

习题 5-1 微软公司执行副总裁沈向洋博士在中国计算机大会 CNCC 2017 上指出"懂语言者得天下"，"理解自然语言的三个层次包括表述、对话、意境（见图 5-16）"，而实现这三个层次需要"机器学习、机器智能、机器意识"。请结合你对自然语言处理的认识，谈谈对上述观点看法。

图 5-16　沈向洋博士 CNCC 2017 演讲

习题 5-2 在循环神经网络的训练中，梯度下降是一种重要思想（如图 5-17 所示），然而，梯度会随时间在网络中反向传播，当每个时序训练数据样本时序度较大或者时刻较小时，网络中的梯度易出现梯度消失和梯度爆炸，除了梯度裁剪，请思考应对循环神经网络中的该现象的方法。

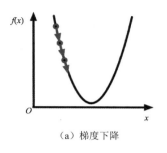 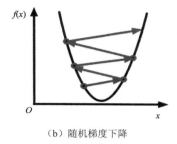

（a）梯度下降　　　　　　　　　　（b）随机梯度下降

图 5-17　梯度下降算法

第 3 篇
深度学习实战篇

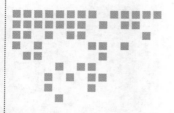

Chapter 6 | 第 6 章

深度学习主流工具及框架

"工欲善其事，必先利其器。"学习了深度学习的基础知识，掌握了关于卷积神经网络、生成式对抗网络和循环神经网络的方法论，本章将讲解主流的工具及框架，提高学习和开发效率。

本章主要涉及的知识点有：

- MATLAB 基础：学会 MATLAB 的安装方法，掌握 MATLAB 常用命令，重点掌握基于 MATLAB 的深度学习工具包的使用方法。
- Python 基础：学会 Python 安装方法及其常用语法，了解 Python 的常用开发库，以及主流开发工具。
- Caffe 框架：了解 Caffe 框架的特点，重点掌握 Caffe 环境搭建的步骤，理清其开发所需的工具包等之间的关系。
- TensorFlow 框架：了解 TensorFlow 框架的特点，理解 TensorFlow 及 Keras 等之间的关系，掌握搭建 TensorFlow 框架的整体流程。

6.1 MATLAB 基本语法与深度学习工具箱

本书在实验过程中，大量使用了 MATLAB 来实现，因此，本节对 MATLAB 常用语法和深度学习工具箱进行了简单的介绍。

6.1.1 MATLAB 简介

作为一款强大是数值计算和仿真工具，MATLAB 在理论研究和工程应用都发挥着极其重要的作用。20 世纪 70 年代，是 MATLAB 的萌芽阶段，Cleve Moler 博士等开发了调用 EISPACK 和 LINPACK 的 FORTRAN 子程序库，这是当时矩阵运算的最高水平。20 世纪 70 年代后期，时任美国新墨西哥大学计算机系主任的 Cleve Moler 将 EISPACK 和 LINPACK 接口程序命名为 MATLAB，这个名字是矩阵（matrix）和实验室（laboratory）前 3 个字母的结合。1983 年，工程师 John Little 与 Cleve Moler 等一起，用 C 语言开发了 MATLAB 的第二代专业版。1984 年，MATLAB 正式进入市场。经过 MathWorks 公司的不断发展，MATLAB 已经成为多学科、多平台的大型专业软件工具（标志见图 6-1）。

图 6-1　MATLAB 标志

MATLAB 的主要功能包括：

（1）强大而丰富的数值计算和符号计算功能。

（2）丰富而高效的绘图功能。

（3）简洁易懂的编程语言。

（4）丰富的学科计算工具箱。

目前，MATLAB 不仅可以胜任传统的工业研究与开发、电子学、控制理论、物理学、经济学、化学、生物学、线性代数、数值分析和科学计算，而且也可以支持深度学习的算法研究任务。

6.1.2　MATLAB 安装

由于 MATLAB 2017 是目前对深度学习支持最好的版本，因此为便于深度学习的研究，本章以 MATLAB 2017 的安装为例，讲解在 Windows 操作系统下 MATLAB 软件的主要安装过程。

（1）软件下载，主要包括 ISO 格式的 matlab2017a 文件，如图 6-2 所示。

📁 matlab_R2017a_win64

图 6-2　安装文件（解压后）

（2）解压 ISO 文件，以管理员权限运行 matlab.exe，安装时选择"使用文件安装密钥"（见图 6-3），并单击"下一步"按钮。

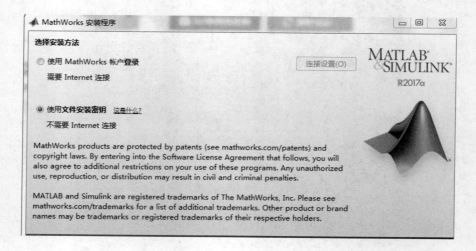

图 6-3　不连接 Internet 安装

（3）接受许可协议，选择"是"，如图 6-4 所示。

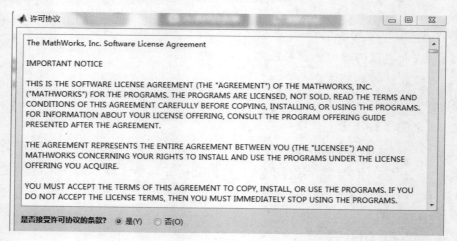

图 6-4　接收许可协议

（4）选择"我已有我的许可证的文件安装密钥"并输入秘钥，如图 6-5 所示。

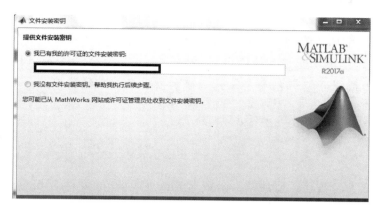

图 6-5　输入安装秘钥

（5）设置安装路径，建议不要安装在系统盘（见图 6-6），因为 MATLAB2017a 大小已经超过 10 GB。

图 6-6　设置安装路径

（6）选择要安装的产品，如图 6-7 所示。

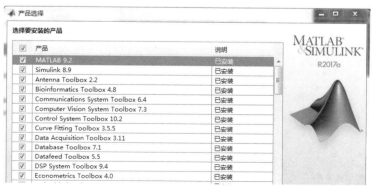

图 6-7　选择安装产品

（7）然后等待安装完成即可。

6.1.3 MATLAB 常用语法

MATLAB 中的所有操作都是以矩阵为基本单元，具有语言简洁、灵活方便、库函数和运算符丰富、图形功能强大等特点。其程序执行方式包括命令窗口和 m 脚本文件。其中，利用文本编辑器编写 m 文件，编写函数文件的基本结构为：

```
01  function output=func(input)
……
02  end
```

其中，func 为函数名。请注意，函数名 func 必须与 m 文件名 func.m 文件名一致。常用操作要点如下：

- MATLAB 的常用操作包括文件的新建、打开、保存等。
- 路径的设置的命令 set path 及直接操作方法，该步骤对于添加附加开发工具极为常用。
- 在显示方面，字体等显示信息样式的设置在 preferences 中。
- 作为一个程序员，不仅仅要会编写程序，更应该具备代码性能调试、纠错等关键基本技能，MATLAB 提供了强大的程序执行 run、调试（debug）和断点设置（break points）功能。

此外，MATLAB 的本意就是矩阵实验室，拥有让你爱不释手的矩阵开发工具，具有强大的矩阵的创建、运算、绘图、存储与载入功能。

1. 矩阵创建

矩阵的创建主要包括两种方式，直接赋值和用函数库创建。

方式一：

```
A=[1,2; 3,4; 5,6]
ans=
[ 1 2
  3 4
  5 6
]
```

方式二：

```
B=rand(3,2)
```

方式一为直接赋值，其中，矩阵的同行元素用 "," 或空格分隔，不同行用元素用个 ";" 分隔。

方法二为用库函数创建矩阵，rand（3,2）表示生成 3 行 2 列的随机矩阵。常用的创建矩阵的库函数如下表 6-1 所示。

表 6-1 常用创建矩阵的库函数

名　　称	功　　能
zeros(n, n)	创建 $n \times n$ 全零矩阵
eye(n, n)	创建 $n \times n$ 单位矩阵
ones(n, n)	创建 $n \times n$ 全 1 矩阵
rand(n, n)	创建 $n \times n$ 均匀分布随机矩阵
randn()	创建正态分布随机矩阵
randperm(n)	产生随机序列
linspace(a,b,n)	产生线性等分向量
blkdiag(a,b,c,...)	产生已输入元素为对角线元素的矩阵

此外，还可以通过组合方式创建多维数组。

```
C=(2,A,B)
```

2．矩阵运算

矩阵运算中最容易混淆的规则包括：矩阵对应元素相加、减、乘、除，例如 "+"、
"-"、".*"、"./" 应重点记忆，其中，"." 是表示数组运算，其他符号表示相应的矩阵
运算。关键运算如下：

（1）矩阵乘法 "*"，表示行列对应乘法。

（2）矩阵除法：

左除（\）。例如，x=a\b 是方程 a*x=b 的解。

右除（/）。例如，x=b/a 是方程 x*a=b 的解。

（3）矩阵乘方

A^P 表示 A 的 P 次方（P 为大于零整数）。

A^P 表示 A-1 的 P 次方（P 为小于零整数）。

（4）矩阵的转置 A'（符号为 " ' "）

（5）求矩阵行列式 det(A)

（6）求矩阵的逆 inv(A)

（7）求矩阵的迹 trace(A)

（8）求矩阵的范数：

norm(A)为欧几里得范数

$$\|A\|_2 = \sqrt{\sum |a_k|^2} \tag{6-1}$$

norm(A,inf 为 ∞-范数

$$\|A\| = \max(\mathrm{abs}(A)) \tag{6-2}$$

norm(A,1)为 1-范数

$$\|A\|_1 = \sum_k |a_k| \qquad (6-3)$$

norm(A,-inf)表示 A 中元素绝对值的最小值

$$\|A\| = \min(\mathrm{abs}(A)) \qquad (6-4)$$

norm(A,p)表示 p-范数，易知 norm(A,2)=norm(A)

$$\|A\|_p = \sqrt[p]{\sum_k |a_k|^p} \qquad (6-5)$$

（9）矩阵的秩 rank(A)。

（10）对角元素抽取 diag(A,k)，k>0 为上方第 k 条对角线元素，k<0 为下方第 k 条对角线元素；k=0 为主对角线元素。

（11）下三角阵的抽取 tril(A)，上三角阵的抽取 triu(A)

（12）矩阵元素的比较>、<、==、<=、>=、~=。

（13）矩阵取整：

- floor()表示按-∞方向取整。
- ceil()表示按＋∞方向取整。
- round()表示按就近取整，即四舍五入法。
- fix()表示向 0 方向取整。

（14）计算矩阵元素个数 numel(A)，size(A,1)为按行方向求维度，size(A,2)表示按列方向求维度，与 length()同义。

（15）求矩阵特征值[D,V]=eig(A)，D 为特征值对角阵，V 为特征向量。

（16）转化为稀疏矩阵 sparse(A)，full()将稀疏矩阵转化为满矩阵。

（17）[i,j,v]=find(A)，检索 A 中非零元素的行标 i 和列标 j 及对应元素 v。

（18）检查集合中元素 ismember(a,S)，返回 0 或 1。

（19）取集合的单值元素[b,i,j]=unique(A)，i，j 为 b 中元素在原始矩阵 A 中位置。

3. 数据图形展示

```
%初始数据
x=1: 100
```

数据图形展示运算函数如下表 6-2 所示。

表 6-2　数据图形展示运算函数

名　　称	功　　能
plot(x,sin(x))%	平面图
plot(t,[x1,x2,x3])	同一张图上画多条曲线

续表

名　　称	功　　能
line()%	画线条
meshgrid(x,y)%	根据数据的范围和步长生成同型数据点矩阵,生成以向量 x 为行,以向量 y 为列的矩阵
peaks()%peaks	多峰函数,常作为等高线绘制的演示
Errorbar(Y,e)%	绘制误差图
mesh(x,y,z,c)%	绘制三维网格图
surf(x,y,z)%	三维曲面图
text(x,y,names);%	在相应点坐标位置做标记

4. 数据的保存与载入（save 与 load）

数据的保存与载入操作如下表 6-3 所示。

表 6-3　数据保存与载入

名　　称	功　　能
mkdir('d:\','test')%	创建目录
cd d:\test%	切换当前目录
save test_data A B x%	选择内存中变量 A B x 保存为 test_data.mat
dir %	显示当前目录上文件信息

6.1.4　基于 MATLAB 的深度学习工具箱

由丹麦哥本哈根的博士研究生 Rasmus Berg Palm 贡献的深度学习工具箱下载地址为 https://github.com/rasmusbergpalm/DeepLearnToolbox（见图 6-8 和图 6-9），它是目前深度学习的入门级 MATLAB 工具。

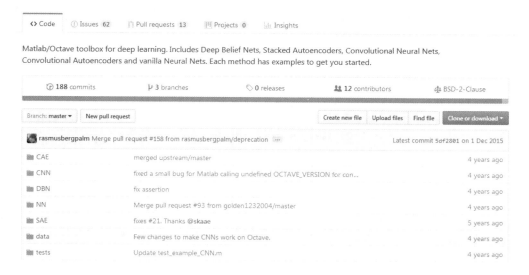

图 6-8　GitHub 上 MATLAB 深度学习资源

图 6-9　Rasmus 的 Linkedin 档案

其配置主要分两步：

（1）下载工具箱压缩包后并解压，将解压后的文件夹复制到 MATLAB 工具箱文件夹下的位置（见图 6-10），比如：你的安装目录\toolbox。

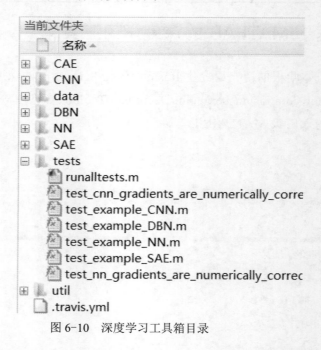

图 6-10　深度学习工具箱目录

（2）打开 MATLAB 界面，在命令窗口中执行如下命令，完成深度学习工具箱文件夹添加。

```
01  addpath(genpath('你的安装目录\toolbox\DeepLearnToolbox-master'));
```

```
02  savepath;%可以保证以后不用再次配置路径了
```

为了测试工具箱配置成功与否，可以在 MATLAB 命令窗口中输入：

```
which  runalltests.m %文件名可以是深度学习工具箱文件夹下的任意文件
```

如果可以输出该路径，则说明配置成功。此外，可以直接在 MATLAB 命令框中输入图 6-11 中 tests 文件夹中的任意文件名，即可执行相应测试用例，例如，测试卷积神经网络可以输入

```
test_example_CNN;
```

需要注意的是，工具箱中自带 mnist 数据集，因此不需要再从网站 http://yann.lecun.com/exdb/mnist/上下载；此外，判断工具箱是否添加成功的直观方法是，观察路径中文件颜色，若文件为灰色，则说明没有添加成功。

【案例 6-1】基于 MATLAB 的 AlexNet 模型初探

在神经网络工具箱和计算机视觉系统工具箱的基础上，执行如下命令即可导入一个训练好的神经网络。

```
helperImportMatConvNet
```

如果你的硬件配置没有支持 CUDA 的 GPU，也可以不用担心，你可以尝试下载鼎鼎大名的 AlexNet 做 1 000 类物体的识别，下载命令如下：

```
01  cnnURL = 'http://www.vlfeat.org/matconvnet/models/beta16/imagenet-caffe-
                                                       alex.mat';
02  cnnMatFile = fullfile(tempdir, 'imagenet-caffe-alex.mat');
03  if ~exist(cnnMatFile, 'file') % 保证只下载一次
04     disp('Downloading pre-trained CNN model...');
05     websave(cnnMatFile, cnnURL);%存储
06  end
```

实例化下载好的 AlexNet，并读入需要识别的图像，同时将其裁剪为 $227 \times 227 \times 3$ 大小的 AlexNet 规定的尺寸。

```
01  convnet = helperImportMatConvNet(cnnMatFile)%网络实例化
02  I = imread('sherlock.jpg');
03  I = imresize(I,[227,227]);%裁剪
```

在 AlexNet 的最后一层加一个分类层输出，并调用 max()函数找到识别物体的最大概率，本例中输出的是识别物体的编号。

```
01  category = activations(convnet,I,'classificationLayer');
```

```
02  [~,idx] = max(category);
03  convnet.Layers(end).ClassNames{idx}
%结果
    ans =
    ' n02099712 '
```

【案例6-2】用安装好的深度学习工具箱中的卷积神经网络做mnist手写数字识别，来验证工具箱的有效性。

本案例主要分为 3 个步骤：

（1）载入训练样本和测试样本。

（2）设置卷积神经网络参数及网络训练。

（3）识别结果测试。此外，如果你的内存不大，可以采用一次只测试一个训练样本的测试策略。

```
%加载数据集
01  load mnist_uint8;
02  train_x = double(reshape(train_x',28,28,60000))/255;
03  test_x  = double(reshape(test_x',28,28,10000))/255;
04  train_y = double(train_y');
05  test_y  = double(test_y');
```

设置卷积神经网络参数，构建了一个具有 6 个核的卷积层、池化层，具有 12 个核的卷积层、池化层结构交替构成的卷积神经网络，训练好的网络以卷积神经网络结构体的形式保存。

```
01  rand('state',0)
02  cnn.layers = {
    struct('type', 'i')                                      %输入层
    struct('type', 'c', 'outputmaps', 6, 'kernelsize', 5)    %卷积层
    struct('type', 's', 'scale', 2)                          %采样层
    struct('type', 'c', 'outputmaps', 12, 'kernelsize', 5)   %卷积层
    struct('type', 's', 'scale', 2)                          %采样层
    };
03  cnn = cnnsetup(cnn, train_x, train_y);
04  opts.alpha = 1;
05  opts.batchsize = 50;
06  opts.numepochs = 5;
07  cnn = cnntrain(cnn, train_x, train_y, opts);
08  save CNN_5 cnn;
```

载入训练好的卷积神经网络 CNN_5，调用测试函数 cnntest()得到测试样本的误差结果，并绘制误差图。

```
01  load CNN_5;
```

```
02  [er, bad]  = cnntest(cnn, test_x, test_y);
03  figure;
04  plot(cnn.rL);
05  assert(er<0.12, 'Too big error');
```

6.2　Python 基本语法、库与开发工具

可以说在人工智能领域，不知道 Python，可能就真称得上"伪程序员"了。本节将详细讲解 Python 的入门基础。

6.2.1　Python 简介

Python 被称为"胶水语言"，其标志如图 6-11 所示。从 1989 年荷兰人 Guido van Rossum 发明 Python 到 2017 年的编程语言排行冠军，Python 的成功与这个"昵称"很相称。Python 具有丰富和强大的工具库，能够把其他语言的模块融合起来。Python 语法中最有特色的一条就是强制使用空格作为缩进，也就是说违反了缩进规则的程序不能通过编译，这样来强制程序员养成良好的编程习惯。此外，如果你是计算机专业出身的程序员，"解释"与"编译"的概念当然是要完全清楚的。

图 6-11　Python 标志

Python 是面向对象的解释型编程语言，是一种不需要编译的脚本语言，运行效率没有二进制效率高，而 C 语言等需要编译成二进制代码才能执行。

6.2.2　Python 安装

1. Python 下载

可以进入 Python 官网 http://www.python.org/Python 下载其最新源码、二进制文档，而且从中也可以了解 Python 的新闻资讯。

如图 6-12 所示，可以看到 Python 官网上有 Python 的网络控制台，它目标定位为 Online console from PyhtonAnywhere，也就是说，只要你有网络，不必将 Python 一直保留在本地，其实这也是一种很好的开发模式。

图 6-12　Python 官网

2．版本选择及安装

由于本例基于 Windows 系统，所以访问 http://www.python.org/download/，并在图 6-13 所示界面中选择 Windows 平台安装包，即下载 python-X.msi 文件，X 版本号。下载完成后，以管理员权限运行安装程序，使用默认设置确认直到安装完成即可。最好选择 Python 3 系列版本，这个是以后的趋势。

图 6-13　Python 版本

3．配置环境变量

有过 Java 开发经历的读者对于配置环境变量的方式应该不陌生，配置 Python 的环境变量也是一样，主要有两种方式：

（1）用命令行方式，输入命令：

```
path=%path%;你的Python安装路径
```

（2）右击"计算机"，选择"属性"，选择"高级系统设置"，选择在"系统变量"下面的"Path"，进入可编辑状态，在末尾添加"你的 Python 安装路径"，注意路径之间需要用分号"；"分隔，如图 6-14 所示，完成上述操作后，在命令行输入命令即可显示所安装的 Python 版本信息。

```
>>python
```

图 6-14　环境变量配置

6.2.3　Python 常用语法

在 Python 中，函数是最小的代码封装单位，模块是大单位的代码段封装集合。对于 Python 中的函数，可以使用默认参数值、可变参数、递归，但不可以函数重载，为便于学习和提高学习效率，初学者可以使用内置函数 help() 来查看函数的使用说明。例如，

```
>>> help(rand)
```

对于面向对象编程方式，需要理解如何去构造一个类，并掌握如何实例化类及其操作。需要注意的是，在定义对象方法时，可以显式地定义第一个参数 self，该参数

用来访问对象的内部数据。变量 self 与 C++、Java 中的 this 变量含义基本一致，但也可以使用任何其他合法的参数名，例如：

```
class study:
    def__init__(itself,content):
        itself.content=content
    def read(self,book):
        If book is not None:
    self.stop=False
```

定义了学习 study 这个类，以及初始化函数和其中一个名字为 read() 的方法，类的实例化及类方法调用如下：

```
#构造study的实例:
study=study()
study.read("好好学习Python")
```

在 Python 中，以 "__" 开始并以 "__" 结束的特殊方法名是用于实现运算符重载和多种特殊功能的函数。最重要的是，Python 支持整数与浮点数的数学运算，因此只需导入 math 和 cmath 模块，即可实现科学运算，例如：

```
>>> import math
>>> print(math.cos(math.pi/3))
0.5
```

【应知应会】Python 常见错误提示及原因

编程中遇到 Bug 是在所难免的，而且在 Bug 调试过程中，也会促进程序员对问题和程序的再次认识，现将 Python 程序的常见错误总结如下：

（1）SyntaxError：invalid syntax 类型

错误原因如下：

● 忘记在 def、class、if 等声明结束处添加冒号 "："。

● "="与"=="的语义不明、混淆误用。

● 字符串忘记添加引号，提示错误为 EOL while scanning string literal。

● 非法使用 Python 中的关键字作为变量名。

● 错误使用++、－－等自增、自减运算符，因为 Python 中就没有与 C++等编程语言中的类似的此类运算符。

（2）缩进错误

报错提示为 IndentationError：unexpected indent、unindent does not match any outer indentation level、unexpected an indented block。

（3）方法名称书写错误

错误提示为，AttributeError："**"object has no attribute "##"，此类疏忽大意的错误应该避免，养成良好的编程习惯。

（4）索引越界

提示错误为，IndexError：list index out of range，避免此类错误，需提前熟悉 list 的大小，不出现越界访问。

6.2.4　常用 Python 库

本小节中介绍了 8 种常用的 Python 库及其各自不同的用途，掌握这些常用库并能够熟练运用，对于后面的学习非常重要。

1. PyQt 格式

PyQt 由 Phil Thompson 开发，1998 年发布 0.1 版本，是 python 创建 GUI 应用的 Qt 开发库，包含有 300 个类和 5 750 多个函数和方法。其中，Qt 是跨平台 C++的面向对象的图形用户界面应用程序开发框架，由大量模块，如 qt、qtcanvas、qtgl、qtnetwork、qtsql、qttable、qtui 和 qtxml 构成。2017 年 11 月已经发布 PyQt v5.9.2 版本（https://riv erbankcomputing.com/news，见图 6-15）。

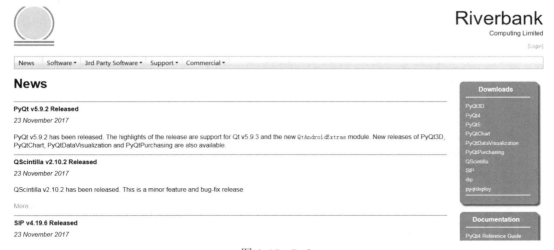

图 6-15　PyQt

2. PIL

PIL（Python Imaging Library）库可以为 python 提供强大的图形处理能力和广泛的图形文件格式支持，可以实现图形格式转换、打印和显示，以及图形的放大、缩小和旋转等图形效果处理，是基于 Python 的图像处理的强有力工具（http:// www.pythonware.com/ products/ pil/，见图 6-16）。

Python Imaging Library (PIL)

The **Python Imaging Library (PIL)** adds image processing capabilities to your Python interpreter. This library supports many file formats, and provides powerful image processing and graphics capabilities.

Status

The current free version is PIL 1.1.7. This release supports Python 1.5.2 and newer, including 2.5 and 2.6. A version for 3.X will be released later.

Support

Free Support: If you don't have a support contract, please send your question to the Python Image SIG mailing list. The same applies for bug reports and patches.

You can join the Image SIG via python.org's subscription page, or by sending a mail to image-sig-request@python.org. Put *subscribe* in the message body to automatically subscribe to the list, or *help* to get additional information.

You can also ask on the Python mailing list, *python-list@python.org*, or the newsgroup *comp.lang.python*. **Please don't send support questions to PythonWare addresses.**

Downloads

The following downloads are currently available:

PIL 1.1.7

- **Python Imaging Library 1.1.7 Source Kit** (all platforms) (November 15, 2009)
- **Python Imaging Library 1.1.7 for Python 2.4** (Windows only)
- **Python Imaging Library 1.1.7 for Python 2.5** (Windows only)
- **Python Imaging Library 1.1.7 for Python 2.6** (Windows only)
- **Python Imaging Library 1.1.7 for Python 2.7** (Windows only)

图 6-16　PIL-Python Imaging Library

3．Pandas

Pandas（Python Data Analysis Library）库是基于 Numpy 的一种工具，2008 年 4 月开发，2009 年开源，可实现数据统计分析，擅长数据预处理。其名称来自于面板数据（panel data）和数据分析（data analysis），其中 panel data 是经济学中关于多维数据集的一个术语。Pandas 提供与 Numpy 中 array 及 Python 中 List 类似的一维数组 Series、二维表格 DataFrame 及三维数组（http:// pandas. pydata. org/，见图 6-17）。

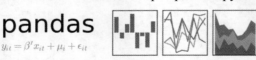

图 6-17　Pandas

4．Scikit-learn

Scikit-learn 是 Python 中著名的开源机器学习框架，在 2007 年由 David Couranapeau 发起，主要包括监督学习和无监督学习中的分类、回归、聚类、降维、预处理等模块，其中，SVC（support vector classification）支持向量机分类算法包含 linear（线性核函数）、poly（多项式核函数）、rbf（径向基核函数），以及神经元激活核函数 sigmoid（http://scikit-learn.org/stable，见图 6-18）。

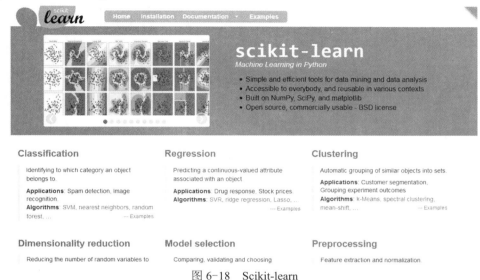

图 6-18　Scikit-learn

5. Anaconda

Anaconda 是 Python 的一个发行版本，集成了大多数主流 Python 库，例如，numpy、scipy 等科学计算包，可以说，Anaconda 一包在手，Python 不愁。在本章的 TensorFlow 环境搭建过程还会介绍 Anaconda 的安装（https://www.anaconda.com/download/，见图 6-19）。

图 6-19　Anaconda

6. NumPy

NumPy 是 Python 的开源科学数值计算扩展库，支持矩阵数据，矢量处理、线性代数、傅里叶变换、随机数等功能，如图 6-20 所示。Numpy 和 pandas、Matplotlib、Jupiter notebook

等团队宣布将于 2020 年放弃对 Python 2.7 的支持，将全面转向 Python 3。此外，NumArray 是 Python 中主要用于处理任意维数的固定类型数组的矩阵库，与 NumPy 名字比较像。

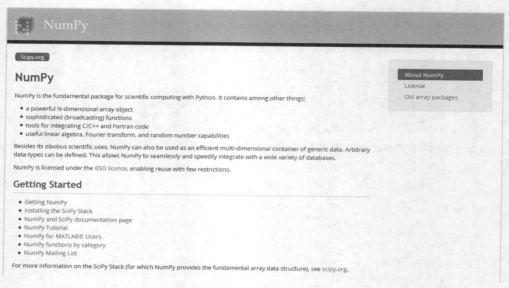

图 6-20　NumPy

7．matplotlib

matplotlib 是 Python 中与 MATLAB 类似的专业绘图工具库，由 John Hunter 等人开源，主要支持 2D 图像绘制（https:// matplotlib.org/，见图 6-21）。

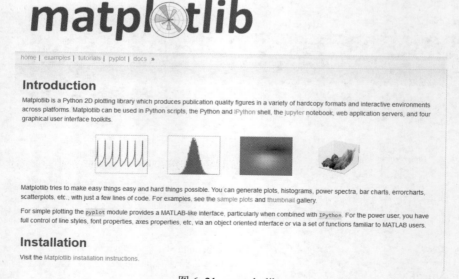

图 6-21　matplotlib

8．sciPy

sciPy 是集 NumPy、matplob、pandas 等于一体的 Python 开源生态系统，支持文件

输入输出、线性代数运算、傅里叶变换、微积分、数理统计与随机过程、图像处理等功能（https:// www.scipy. org/，见图 6-22）。

图 6-22　sciPy

6.2.5　常用 Python 开发工具

对于程序员来说，一个好的开发工具就是胜利的一大半，因此有必要隆重推荐 Python 的开发工具，便于程序的运行、调试、发布等过程。

1. PyCharm

PyCharm 是由捷克的软件公司 JetBrains 开发的集成开发环境 IDE（integrated development environment），支持 Windows、Linux、MacOS 等系统，具有程序调试、语法高亮、项目管理，同时支持 Django 框架 Web 开发（https:// www.jetbrains.com/ pycharm/ download/见图 6-23 和图 6-24）。

图 6-23　PyCharm 下载

图 6-24   PyCharm 界面

【知识扩容】PyCharm 常用快捷键

- 【Ctrl + Enter】：下方新建行但光标不移动。
- 【Shift + Enter】：下方新建行并光标移到新行首位。
- 【Ctrl + /】：注释（取消注释）选择的行。
- 【Ctrl + Shift + +】：展开代码块。
- 【Ctrl + Shift + −】：收缩代码块。
- 【Ctrl + Alt + I】：自动缩进。
- 【Ctrl + Shift + F】：高级查找。

2．Jupyter Notebook

Jupyter Notebook 是一个开源的 Web 应用程序，支持文本、代码、方程、可视化的创建和分享，可以实现数据清理和转换（data cleaning and transformation）、数值模拟（numerical simulation）、统计建模（statistical modeling）、数据可视化（data visualization）、机器学习（machine learning）等，如图 6-25 所示。

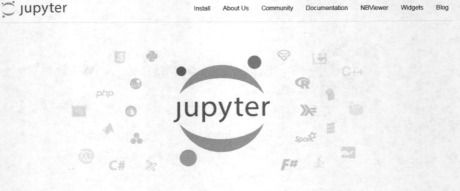

图 6-25   Jupyter

【案例 6-3】Python 送你圣诞帽

需要准备 OpenCV 和具有关键点检测功能的 dlib 库,还有圣诞帽素材(见图 6-26)。效果图如图 6-27 所示。

图 6-26　圣诞帽素材

图 6-27　效果图

(1)首先需要得到素材帽子的 Alpha 通道信息。

代码如下:

```
01  r,g,b,a = cv2.split(maozi)
02  rgb_hat = cv2.merge((r,g,b))%rgb三通道合成
03  cv2.imwrite("maozi_alpha.jpg",a)%得到alpha通道的帽子
```

(2)进行人脸关键点检测,用 dlib 库中的正脸检测器检测人脸并提取人脸的五个关键特征点。

代码如下:

```
# dlib关键点检测器
01  predictor_path = "shape_predictor_5_face_landmarks.dat"
02  predictor = dlib.shape_predictor(predictor_path)
# dlib正脸检测器
03  detector = dlib.get_frontal_face_detector()
# 正脸检测
04  dets = detector(img, 1)
# 如果检测到人脸
05  if len(dets)>0:
06  for d in dets:
07  x,y,w,h = d.left(),d.top(), d.right()-d.left(), d.bottom()-d.top()
08  cv2.rectangle(img,(x,y),(x+w,y+h),(255,0,0),2,8,0)
# 关键点检测,5个关键点
09  shape = predictor(img, d)
10  for point in shape.parts():
11  cv2.circle(img,(point.x,point.y),3,color=(0,255,0))
```

（3）调整帽子大小，为了对称和美观，以双眼中点为中心并根据人脸大小调整帽子的大小。

代码如下：

```
01  point1 = shape.part(0)
02  point2 = shape.part(2)
03  eyes_center = ((point1.x+point2.x)//2,(point1.y+point2.y)//2)%找到两
眼中心
#调整帽子长和宽
04  factor = 1.5
05  resized_hat_h = int(round(rgb_hat.shape[0]*w/rgb_hat.shape[1]*factor))
06  resized_hat_w = int(round(rgb_hat.shape[1]*w/rgb_hat.shape[1]*factor))
07  if resized_hat_h > y:
08  resized_hat_h = y-1
#调整帽子大小
10  resized_hat = cv2.resize(rgb_hat,(resized_hat_w,resized_hat_h))
```

（4）帽子提取和定位。

按照之前所述，用 Alpha 通道作为 mask，并求反。这两个 mask：一个用于把帽子区域取出来，一个用于把人物图中需要填帽子的区域空出来。

```
#提取帽子
01  mask = cv2.resize(a,(resized_hat_w,resized_hat_h))
02  mask_inv = cv2.bitwise_not(mask)%取反，提取帽子
03  bg_roi = img[ y+dh-resized_hat_h: y+dh, (eyes_center[0]
            -resized_hat_w//3): (eyes_center[0] +resized_hat_w//3*2)]
04  bg_roi = bg_roi.astype(float)%提取放置帽子的区域
05  mask_inv = cv2.merge((mask_inv,mask_inv,mask_inv))
06  alpha = mask_inv.astype(float)/255
07  alpha = cv2.resize(alpha,(bg_roi.shape[1],bg_roi.shape[0]))
08  bg = cv2.multiply(alpha, bg_roi)%做乘法
09  bg = bg.astype('uint8')
10  hat = cv2.bitwise_and(resized_hat,resized_hat,mask = mask)
```

（5）给图片添加圣诞帽，对相应的感兴趣区域（region of interest，ROI）操作。

代码如下：

```
01  hat = cv2.resize(hat,(bg_roi.shape[1],bg_roi.shape[0]))
#ROI(region of interest)，即感兴趣区域的相加
02  add_hat = cv2.add(bg,hat)
03  img[y+dh-resized_ hat_h:y+dh, (eyes_center[0]- resized_hat_w//3):
            (eyes_center[0]+ resized_hat_w// 3*2)] = add_hat
```

代码地址见章末参考资源。

6.3　Caffe 框架及环境搭建

Caffe 框架诞生于 2013 年，使用 C++语言编写，提供了 MATLAB 和 Python 语言接口，接口清晰，是深度学习的流行框架之一，本节对 Caffe 框架进行了简要介绍。

6.3.1　Caffe 简介

Caffe（convolution architecture for feature extraction，见图 6-28）框架诞生于 2013 年，其作者是现任 Facebook 研究科学家贾扬清，他在清华大学获得本科和硕士学位，在 UC Berkeley 大学获得计算机科学博士学位，同时他也是著名深度学习框架 TensorFlow 的主要作者之一（http://caffe.berkeleyvision.org/）。

Caffe

图 6-28　Caffe

Caffe 中具有优秀的卷积神经网络模型，可以从数据输入到输出逐层定义整个网络，由标准数组结构 Blob、基本单元 Layer、Layers 和连接的集合 Net 以及求解方法 Solver 构成，尽管 Caffe 特别适合机器视觉，但在循环神经网络上性能一般。Caffe2（https://caffe2.ai/）增加了对自然语言处理、时序预测以及 RNN、LSTM 的支持。

1．Caffe 框架的主要优点

（1）易入门。网络模型、参数和优化方法以文本形式存储，只需改写网络配置文件即可得到新模型。

（2）图像处理速度快。Caffe 不仅适合处理海量图像数据，而且速度非常快。

（3）高度模块化。可以根据规则定义新网络模型并扩展到其他模型或任务。

（4）开源。免费开源促使 Caffe 性能不断提升。

2．Caffe 中的数据结构

掌握 Caffe 中的数据结构是应用 Caffe 的基础条件，其数据结构 blob 中对图像数据、卷积神经网络的卷积权值、偏置的格式规定如下：

（1）图像数据：数量×通道数×高×宽。

（2）卷积神经网络的权重：卷积核数量×卷积核通道数×卷积核高×卷积核宽。

（3）卷积神经网络的偏置：偏置数目×1×1×1。

6.3.2　Caffe 环境搭建

Caffe 环境的搭建主要涉及硬件准备、面向 Ubuntu 系统的依赖包下载和 Caffe 开发源代码的下载与编译。由于 Caffe 在 Linux 操作系统中的 Ubuntu 运行效果最佳，因此，建议使用基于 Caffe 的深度学习模型的读者，要不断加强对 Ubuntu 系统的全面学习。

1．环境要求

我们在 Linux 的 Ubuntu 系统（版本至少为 14.04，见图 6-29，较新版本见图 6-30）上搭建 Caffe，最好有支持 CUDA 的 GPU，目前 nVIDIA 的 GTX 1080Ti 性价比比较高。

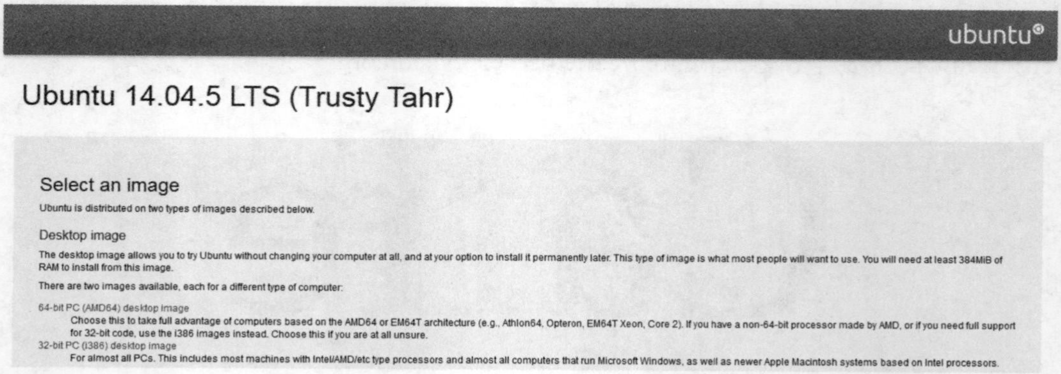

图 6-29　Ubuntu 14.04

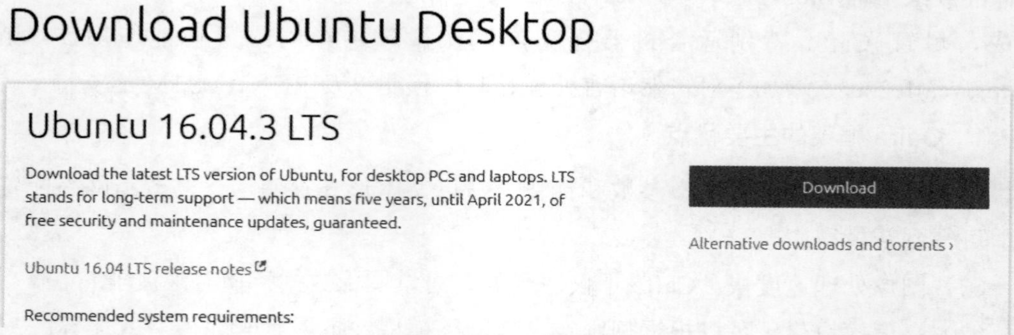

图 6-30　Ubuntu 较新版本

2．所需依赖下载

```
01  sudo apt-get install git
02  sudo apt-get install libprotobuf-dev libleveldb-dev libsnappy-dev
                                                         libopencv-dev
03  sudo apt-get install libhdf5-serial-dev protobuf-compiler
04  sudo apt-get install --no-install-recommends libboost-all-dev
05  sudo apt-get install libopenblas-dev liblapack-dev libatlas-base-dev
06  sudo apt-get install python-dev
```

```
07   sudo apt-get install libgflags-dev libgoogle-glog-dev liblmdb-dev
```

3．下载并编译 Caffe 源码

```
01   sudo apt-get install libgflags-dev libgoogle
02   git clone https://github.com/bvlc/caffe.git
03   cd caffe/
04   mv Makefile.config.example Makefile.config
```

打开 Makefile.config 配置文件，主要修改 CPU 训练模式即可。

```
CPU_ONLY := 1%设置CPU训练模式
```

编译 Caffe

```
01    make all
02   make test
03   make runtest
```

【案例 6-4】手写体数字识别

本部分内容是后续章节的热身，目的是让读者掌握基本流程，具体的操作在后续章节会详细讲解。

（1）下载 mnist 数据集及转换数据格式

网址为 http://yann.lecun.com/exdb/mnist/，由于下载的原始数据集为二进制文件，需要转换为 LEVELDB 或 LMDB 才能被识别。

（2）模型构建、训练及预测

我们的网络模型包括数据输入层，具有 20 个 5×5 过滤器的卷积层，大小为 2×2、步长为 2 的最大池化层，50 个 5×5 过滤器的卷积层，大小为 2×2、步长为 2 的最大池化，输出为 500 的全连接层，其中用 ReLU 作为非线性激活函数，输出为 10 个 softmax 分类的全连接层。经过网络训练，利用训练好的网络可以对数据进行预测，最终完成手写体数字识别。

6.4　TensorFlow 框架及环境搭建

TensorFlow 是 Google 在 2015 年开源的第二代人工智能系统（第一代是 DistBelief），广泛用于语音识别或图像识别等深度学习领域，本节介绍了该框架及其环境搭建。

6.4.1　TensorFlow 简介

TensorFlow 是 Google 2015 年开源的第二代人工智能系统（第一代是 DistBelief），广泛用于语音识别或图像识别等深度学习领域。TensorFlow 中的 Tensor（张量）是 n

维数组，而 Flow（流）是基于数据流图的计算，因此，TensorFlow 意味着张量从图的一个节点流动到另一个节点的计算过程，是一种将复杂的数据结构在深度神经网中分析和处理的过程（http://www.tensorfly.cn/，见图 6-31）。

TensorFlow 是一种采用数据流图（data flow graphs），用于数值计算的开源软件库。其中，Tensor 代表传递的数据为张量（多维数组），Flow 代表使用计算图进行运算。数据流图用节点（nodes）和边（edges）组成的有向图来描述数学运算。节点一般用来表示施加的数学操作，但也可以表示数据输入的起点和输出的终点，或者是读取/写入持久变量（persistent variable）的终点。边表示节点之间的输入/输出关系。这些数据边可以传送维度可动态调整的多维数据数组，即张量。

在 TensorFlow 中，所有不同的变量和运算都是储存在计算图。所以在我们构建完模型所需要的图之后，还需要打开一个会话（session）来运行整个计算图。在会话中，我们可以将所有计算分配到可用的 CPU 和 GPU 资源中。创建会话可以管理 TensorFlow 运行时的所有资源，但计算完毕后需要关闭会话来帮助系统回收资源，不然就会出现资源泄漏的问题。

图 6-31　TensorFlow 中文社区

TensorFlow（官网地址：https://www.tensorflow.org/）的主要特色有：

（1）具有独立的 Web 可视化工具 TensorBoard。

（2）支持 Python、Java、C++、R 等语言，并且可以在 AWS 等云上运行。

（3）支持 Windows 10 操作系统并可在基于 ARM 的移动设备上编译和优化。

（4）支持分布式训练。

6.4.2　TensorFlow 与 Keras 框架的关系

TensorFlow 和 Keras 都支持 Python 接口，因此可以将 TensorFlow 的搭建理解为搭

建面向 Python 的深度学习环境，其中，Keras 和 TensorFlow 的关系如图 6-32 所示。

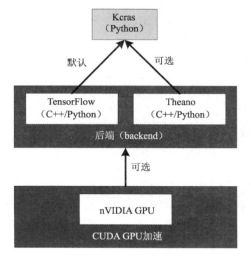

图 6-32　Keras 与 TensorFlow 关系

由图 6-32 可知，Keras 是对 TensorFlow 或者 Theano 的二次封装，即其后端支持 TensorFlow 或 Theano，通常默认后端为 TensorFlow，有需要的话，也可以将其后端改为 Theano。

理清了 TensorFlow 和 Keras 的关系，接下来讲解在 Windows 10 操作系统上搭建 TensorFlow 的详细步骤与注意事项。

6.4.3　Windows 10 上 TensorFlow 的环境搭建

本例使用的台式计算机配置为 AMD R5 1400 处理器（见图 6-33），支持 Windows 10 系统（见图 6-34），在此基础上，我们接下来讲解 TensorFlow 环境搭建步骤。

图 6-33　CPU

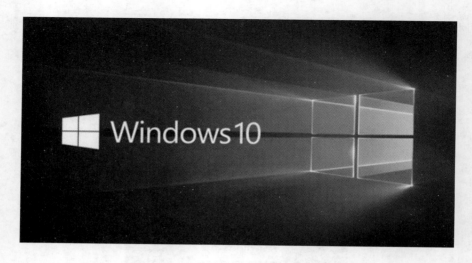

图 6-34　操作系统

1. 资源准备

需要准备的文件资源包括：

（1）Windows 10 64 位企业版操作系统。

（2）CUDA 安装文件 cuda_8.0.44_win10，在其官网打开中 CUDA Toolkit 9.1 Download 界面[见图 6-35（a）]。其中，CUDA 是 nVIDIA 公司推出的通用并行计算架构，CUDA 架构提高了 GPU 解决复杂计算问题的能力。

（3）Visual Studio 2015 Community[见图 6-35（b）]。

（4）环境变量编辑器软件 Rapid Environment Editor[见图 6-35（c）]

（a）CUDA 下载界面

图 6-35　安装资源准备

（b）Visual Studio Community

（c）Rapid Environment Editor

图 6-35　安装资源准备（续）

（5）Anaconda 库的安装文件 Anaconda3-4.2.0-Windows-x86_64。其中，Anaconda 是一个 Python 科学计算环境，包含了 numpy、scipy、matplotlib 等常用库，其自带包管理器 conda 可以方便地安装各类 Python 库。

（6）微软 DirectX SDK 工具包安装文件 DXSDK_Jun10.exe，用来编译 CUDA_ Samples。

（7）CUDA 神经网络加速库 cudnn-8.0-windows10-x64-v5.1 的安装文件，CUDA 加速库可以在 GPU 加速的基础上再将运算速度提升 1.5 倍。

2．具体安装步骤

（1）基础环境的安装

• Rapid Environment Editor 的安装

该工具用来编辑环境变量，默认界面是英文的，以管理员身份启动，则可更改系统环境变量。

• 微软 DXSDK_Jun10.exe 的安装

按照安装向导安装即可，如果出现如下 Installation Error 报错，关掉即可（见图6-36）。存在路径 C:\Program Files (x86)\Microsoft DirectX SDK (June 2010)\Include\d3dx9.h，则说明安装就成功。

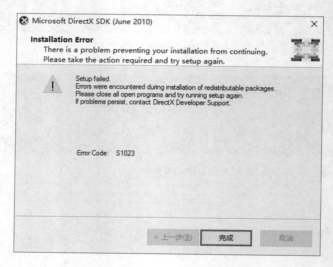

图 6-36　安装报错

• CUDA 的安装

如果没有 GPU 作为加速设备，请直接跳至 Tensor 与 Keras 的安装。若采用 CUDA 进行 GPU 加速可以显著提高深度学习库运行效率。

（2）CUDA 安装

准备工作与安装步骤如下：

步骤 1：检查 GPU 是否支持 CUDA。首先先确定显卡型号，可从如下网站查看，新显卡检查地址为 https:// developer. nvidia. com/ cuda-gpus；老显卡检查地址为 https:// developer. nvidia. com/ cuda-legacy-gpus。请注意笔记本和台式机的区别。

步骤 2：安装 VS 2015。首先需要断网，否则会花费很多时间下载无用文件，同时，只需选择安装 Visual C++部分即可。

步骤 3：安装 CUDA。

具体操作步骤如下：

a. CUDA 8.0 的下载。从 CUDA 官网（https://developer.nvidia.com/cuda-downloads）

下载 CUDA 8.0 安装文件。注意选择 Windows 10 系统和安装类型 exe(local)，如图 6-37 所示。

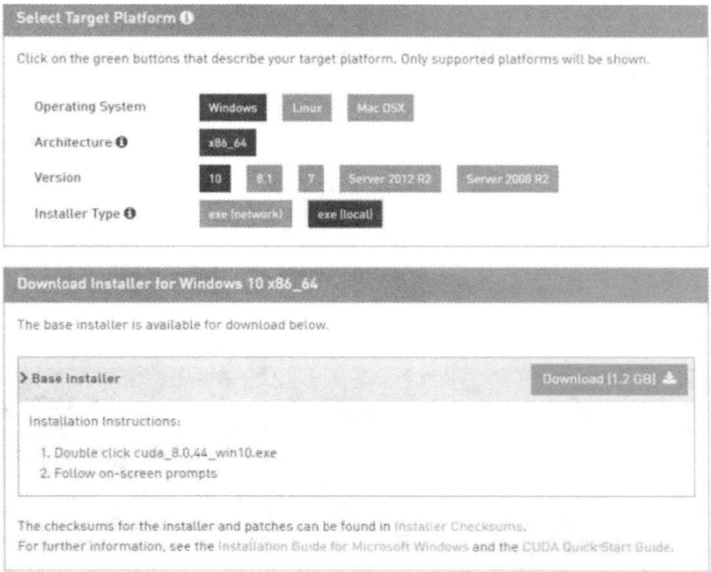

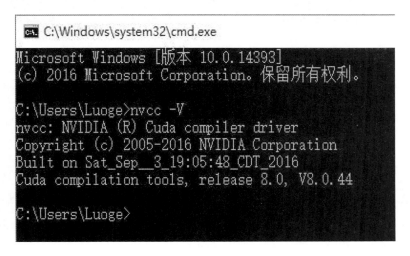

图 6-37　CUDA 8.0

b．CUDA 安装效果测试。

打开命令行窗口输入（快捷键[Ctrl+R]）：

```
nvcc -V
```

可以得到图 6-38 所示信息。

图 6-38　CUDA 测试

c．CUDA 编译。

首先在 C:\ProgramData\NVIDIA Corporation\CUDA Samples\v8.0 目录下，找到

CUDA 的示例程序，打开 Samples_vs2015.sln 解决方案文件，将解决方案配置更改为 Release 和 x64，即使用 Release 模型和 64 位版本。

其次右击，编译整个解决方案。如果提示缺少头文件："d3dx9.h""d3dx10.h" "d3dx11.h"，说明第一步基础环境的微软 DirectX SDK 没有安装好，需要重新安装下载 DXSDK_Jun10.exe，再次编译。

最后关闭 VS2015，在 C:\ ProgramData\ NVIDIA Corporation\ CUDA Samples\ v8.0\ bin\ win64\ Release 目录下找到 deviceQuery.exe 文件。打开命令行窗口，进入目录 C:\ ProgramData\ NVIDIA Corporation\ CUDA Samples\ v8.0\ bin\ win64\ Release，输入：deviceQuery.exe，然后回车确定，得到图 6-39 所示结果。

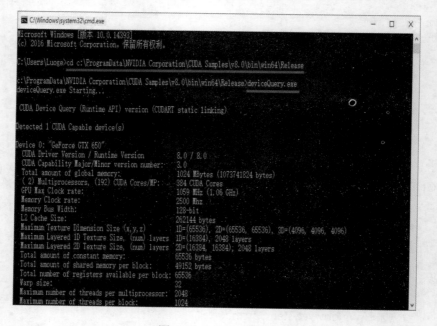

图 6-39　CUDA 编译

如果运行结果与上面一致，则 CUDA 8.0 安装成功。如果出现报错，请检查前面所有的步骤，逐步排查，直到出现上述界面。

（3）Tensor Flow 与 Keras 的安装

步骤 1：Anaconda 的安装。

准备与安装顺序如下：

a．下载 Anaconda。Anaconda 包含 numpy、scipy 在内的多个科学计算包，在其官网 https:// www.continuum.io/ downloads 可以下载最新的 Anaconda 版本，其中 Python 选择 Python 3.6 64 bit 对应的版本，如图 6-40 所示。

图 6-40　Anaconda 下载

b．Anaconda 安装

可以直接安在 C 盘根目录下：C:\Anaconda3（建议大家也安装到根目录下，对以后的路径设置等操作有益）。此外，在 Install for 处建议选择 All Users（requires admin privileges）选项。Anaconda 安装界面如图 6-41 所示。

图 6-41　Anaconda 安装界面

步骤 2：pip 默认源更改。使用 pip 进行 Python 开发包安装最为方便。为提高下载速度和可减少错误，将 pip 默认国外源服务器改为国内的 pypi 源。对于 Windows 系统来说，可以直接在当前用户目录下新建一个 pip.ini 文件，例如：c:\Users**\pip.ini，并完成相应修改即可。

pip.ini 的文件内容如下：

```
01  [global]
02  index-url = http://mirrors.aliyun.com/pypi/simple/
03  [install]
04  trusted-host=mirrors.aliyun.com
```

步骤 3：TensorFlow 的安装。该步骤需要一直连接互联网，在开始菜单中打开 Anaconda Prompt 并输入命令，等待安装成功即可。

```
pip install tensorflow-gpu
```

步骤 4：Keras 的安装。该步骤也需要一直连接互联网，在开始菜单中打开 Anaconda Prompt 并输入，等待安装成功即可。

```
pip install keras
```

步骤 5：cuDNN 的安装。cuDNN 可以在 GPU 加速基础上将运算速度再提升 1.5 倍，从官网上（见图 6-42）下载前需注册，同时选择 64 位 Windows 10 系统下的支持 CUDA 8.0 的 cuDNN-5.1，文件名称为 cudnn-8.0-windows10-x64-v5.1.zip。

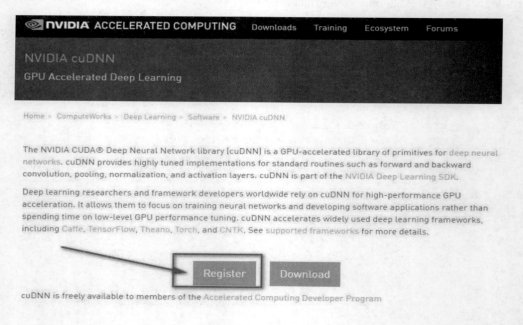

图 6-42　cuDNN

解压下载后的压缩包，将 bin、include、lib 三个目录复制到 CUDA 的安装目录（默认路径在 C:\Program Files\NVIDIA GPU Computing Toolkit\CUDA\v8.0），覆盖相应文件夹即可。

步骤 6：Keras 安装测试。在开始菜单中打开 Anaconda Prompt，输入命令：

```
python
```

然后再输入

```
01  import tensorflow as tf
02  sess = tf.Session()
03  a = tf.constant(222)
04  b = tf.constant(444)
05  print(sess.run(a + b))
```

如果输出结果为 666，并显示正常，则说明 TensorFlow 安装成功。接着再输入

```
import keras
```

显示正常，则说明安装成功。

　　特别提示：不要测试完 Keras 后再装 cuDNN，这样的结果一定是 TensorFlow 安装不成功，谨记！

6.5　其他常用框架

　　目前深度学习框架较多，各有特点，本书主要涉及 Caffe 和 TensorFlow。除此之外，微软 CNTK,MXNet，Torch，Theano 都具有广泛的受众和影响力，本节对他们进行了简要介绍。

6.5.1　微软 CNTK

　　来自微软的 CNTK（Computational Network Toolkit）主要支持循环神经网络和卷积神经网络，是面向语音识别、图像处理的框架，具有 Python 和 C++接口，支持 64 位的 Windows、Linux 系统和跨平台的 CPU/GPU 部署，但不支持移动端的 ARM 架构（https://www.microsoft.com/en-us/cognitive-toolkit/，见图 6-43）。

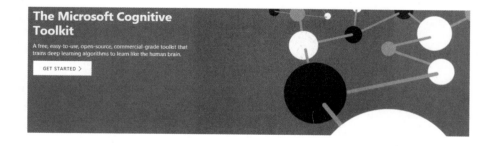

图 6-43　微软的认知工具——CNTK

6.5.2　MXNet

亚马逊主推的 MXNet 起源于卡内基梅隆大学和华盛顿大学的实验室，支持卷积神经网络（CNN）、循环神经网络（RNN）和生成对抗网络（GAN），尤其在自然语言处理 NLP 领域性能良好，支持 Python、C++、Scala、MATLAB 等多种编程语言，2017 年成为 Apache 孵化的开源项目（http://mxnet.incubator.apache.org/index.html，见图 6-44）。

图 6-44　MXNet

6.5.3　Torch

Torch 是由来自 Facebook、Twitter 以及 Google DeepMind 团队的研究人员共同开发的科学计算框架，其编程语言为小巧的脚本语言 Lua，如图 6-45 所示，而且 Torch 采用 LuaJIT（http://luajit.org/）即 C 语言写的 Lua 代码的解释器提高代码通用性和可拓展性，因此 Torch 也非常高效方便，尤其适合自然语言处理场景（http://torch.ch/，见图 6-46）。

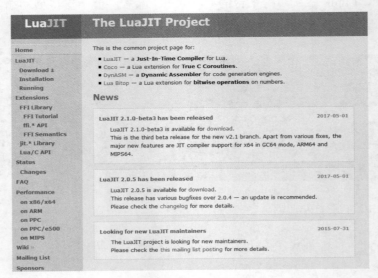

图 6-45　LuaJIT

图 6-46　Torch

6.5.4　Theano

Theano 由蒙特利尔大学 Yoshua Bengio 团队维护，是唯一一个只支持 Python 编程语言的开源软件。Theano 集成了 NumPy，因此具有矩阵计算能力，支持 GPU 加速和机器学习算法的高效开发，但不支持分布式，而且 2017 年以后将停止更新（http://deeplearning.net/software/theano/，见图 6-47）。

图 6-47　Theano

2017 年，11 月 28 日，斯坦福大学的李飞飞教授等在《美国科学院院刊》上发表研究论文，该团队利用社区的车辆信息来判断居民的政治倾向，算法的数据来源是

Google 地图，这种调查方式，可以降低进行大面积调查问卷等形式人工劳动，避免了劳民伤财的低效方式，而且他们发现，人口、私家车和政治倾向存在着简单的线性关系，这项研究可以用于分析人口信息、或者做人口信息的辅助分析，也可以对偏远地区的调查及交通情况作分析，而且数据实时性强，具有持续更新的能力。

2017 年 10 月 19 日，DeepMind 团队在 *Nature* 上发表了最新版的围棋程序 AlphaGo Zero；在 2017 年 10 月 28 日，深度学习之父 Geoffrey Hinton 发表了 Capsule 意在取代深度神经网络。

6.6　温故知新

本章介绍了深度学习领域的主流工具 MATLAB、Python 及其开发工具 PyCharm、Jupyter，同时重点讲解了深度学习框架 Caffe、TensorFlow 及其开发环境配置。

为便于理解，学完本章，读者需要掌握如下知识点：

（1）MATLAB 深度学习工具包适合实验室和研究场景，目前不适合实际应用开发。

（2）Python 是面向对象的解释型编程语言，同时也是一种不需要编译的脚本语言，绰号为"胶水语言"。

（3）Caffe 适合做图像处理。

（4）TensorFlow 支持分布式开发和移动端开发。

在下一章中，读者会了解到：

深度学习的实战案例——AlexNet。

6.7　停下来，思考一下

习题 6-1　本章我们介绍了 MATLAB 深度学习工具包、Caffe、TensorFlow、CNTK、MXNet、Torch 和 Theano 等深度学习的开发工具与框架，希望读者结合自己开发和学习的实际情况，从中选取一种或两种进行深入研究，从而提高学习效率和开发效果。因此，请结合个人情况，谈谈你选择的开发工具及框架，分析可行性与实际开发使用效果。

习题 6-2　2017 年 ImageNet 结束了最后的征程，让数据和算法一样得到了人们的重视，这是 AI 科学家李飞飞的重要贡献。值得注意的是，李飞飞还领导了一个非营利机构 AI4ALL（见图 6-48），该机构得到了比尔盖茨夫人梅琳达·盖茨和 nVIDIA 公司 CEO 黄仁勋的大力支持，他们希望 AI 可以为人类带来最为巨大的变革。请结合本章讲解的工具和开发平台，试着思考如何让工具最大地发挥其功用，为你的学习、研究或者社会进步贡献你的一份力，这也应该是你学习和研究的最大意义和动力。

图 6-48　Stanford-AI4ALL

AlexNet 关键技术与实战

已经学习过卷积神经网络的经典实现 LeNet-5，接下我们学习下真正意义上第一个成功的深度卷积神经网络 AlexNet。本章从网络的结构、关键技术等方面让读者全面掌握 AlexNet，并通过大量的实战案例让你轻松玩转 AlexNet。

本章主要涉及的知识点有：

- AlexNet 结构：理解 AlexNet 的组成结构及各个层次之间的关联与设计意图，了解 ImageNet 大赛的背景知识。

- AlexNet 关键技术：掌握 AlexNet 的 ReLU、标准化、dropout 等关键技术及其作用，理解在 LeNet-5 的基础上，AlexNet 是如何在性能上提高改进。

- AlexNet 实战：学会用 AlexNet 进行图像识别、视频识别，理解迁移学习的流程和用 AlexNet 进行特征提取的优势，最后学会卷积神经网络特征可视化的关键技术。

注意：本章案例实现基于 MATLAB 脚本语言。

7.1 剖析 AlexNet 网络结构

2012 年 AlexNet 获得了 ImageNet 冠军，它是 Hinton 教授的学生 Alex Krizhevsky 设计的第一个真正意义上的深层卷积神经网络，其网络结构如图 7-1 所示。AlexNet 共分为 8 大部分，25 层网络，参数总量为 6×10^7，它是深度卷积神经网络的开山之作。

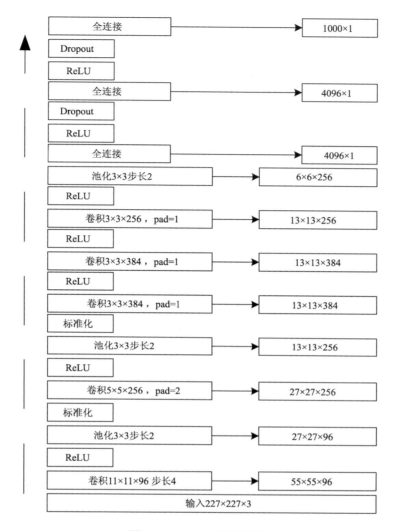

图 7-1　AlexNet 网络结构

AlexNet 包括输入层（图像大小 227×227×3），1~5 部分为卷积、池化、ReLU、标准化层交替，6~8 部分为全连接层，其中含有 dropout，最终输出层包含 1 000 类分类信息的判读。AlexNet 的 8 部分具体数据流信息讲解如下：

（1）第 1 部分（见图 7-2）

输入数据尺寸为 227×227×3，卷积层 c1 具有 96 个 11×11 大小的卷积核，移动步长为 4，可以生成 96 个 55×55 特征映射（feature map），紧接一个 ReLU 激活函数，池化层采用 3×3 的最大池化模板，移动步长为 2，可以得到 96 个 27×27 特征映射，经过标准化层，最终第 1 部分输出 96 个 27×27 的特征映射。

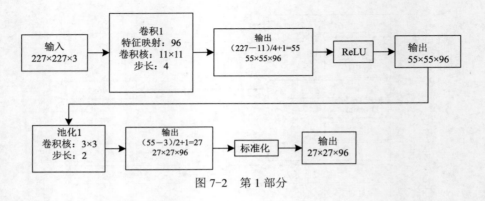

图 7-2　第 1 部分

（2）第 2 部分（见图 7-3）

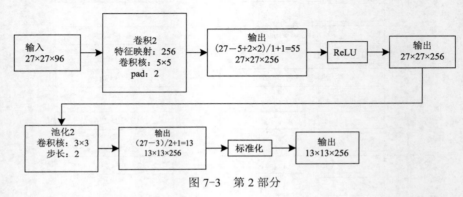

图 7-3　第 2 部分

输入特征映射大小为 27×27×96，卷积层 c2 具有 256 个 5×5 卷积核，pad 为 2（此操作使输入映射边长增加 4 像素），生成 256 个 27×27 特征映射。因为采用双 GPU 并行加速结构，所以分组 group 为 2，紧接一个 ReLU 激活函数，池化层采用 3×3 最大池化模板，移动步长为 2，得到 256 个 13×13 特征映射，经过标准化层，最终第 2 部分输出 256 个 13×13 的特征映射。

（3）第 3 部分（见图 7-4）

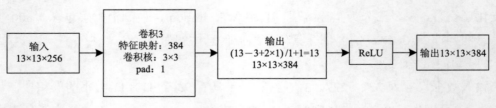

图 7-4　第 3 部分

输入特征映射尺寸为 13×13×256，卷积层 c3 具有 384 个 3×3 大小的卷积核，pad 为 1（此操作使输入映射边长增加 2 像素），可以生成 384 个 13×13 的特征映射，紧接一个 ReLU 激活函数，最终第 3 部分输出 384 个 13×13 的特征映射。

（4）第 4 部分（见图 7-5）

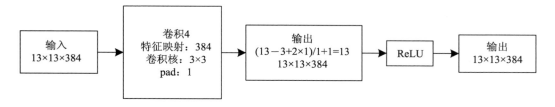

图 7-5　第 4 部分

　　输入特征映射的尺寸为 13×13×384，卷积层 c4 具有 384 个 3×3 卷积核，pad 为 1（此操作使输入映射边长增加 2 像素），生成 384 个 13×13 特征映射，紧接一个 ReLU 激活函数，最终第 4 部分输出 384 个 13×13 的特征映射。

　　（5）第 5 部分（见图 7-6）

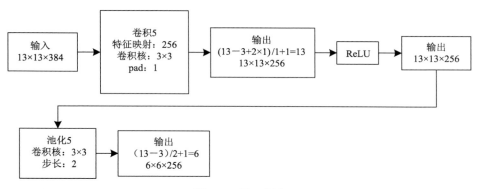

图 7-6　第 5 部分

　　输入特征映射尺寸为 13×13×384，卷积层 c5 具有 256 个 3×3 卷积核，pad 为 1（此操作为在输入映射边长增加 2 像素），生成 256 个 13×13 特征映射，紧接一个 ReLU 激活函数，池化层采用 3×3 最大池化模板，移动步长为 2，得到 256 个 6×6 特征映射，经过标准化层，最终第 5 部分输出 256 个 6×6 的特征映射。

　　（6）第 6 部分（见图 7-7）

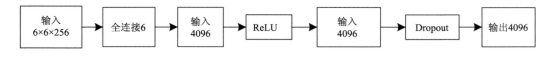

图 7-7　第 6 部分

　　输入特征映射尺寸为 6×6×256，全连接层 fc6 输出一个 4 096 维的特征向量，通过 ReLU 激活函数，紧接一个 dropout 层，最终第 6 部分输出一个 4 096 维的特征向量。可以看到 256 个 6×6 的输入已经被特征提取抽象为一个 4 096 维的向量。

　　（7）第 7 部分（见图 7-8）

图 7-8　第 7 部分

输入大小为 4 096 维的特征向量,通过全连接层 fc7,输出大小为 4 096 的特征向量,向后通过 ReLU 激活函数和 dropout 层，最终第 7 部分输出大小为 4 096 的特征向量。

（8）第 8 部分（见图 7-9）

图 7-9　第 8 部分

输入大小为 4 096 维的特征向量，通过全连接层 fc8，最终输出 1000 类图像的分类信息。这样，总结以上 8 部分，我们就可以得到图 7-1 所示的 AlexNet 网络结构图。

此外，AlexNet 网络的训练方式依然是根据输入与输出的残差，通过链式求导法则逐层反向学习深度神经网络的权重及偏置。AlexNet 体现了卷积神经网络的核心思想，利用卷积核来实现局部链接和权值共享，降低全连接神经网络的参数数量。而且，因为特征映射已经足够小了，没必要再通过池化来降维了，所以第 4、5 部分没有增加池化操作。其实，增加的标准化层和 ReLU 激活函数功能类似，但这种强化式的操作，使得最终的分类效果有所提高，所以增加的标准化层在提高 AlexNet 性能方面还是有一定意义的。

【知识扩容】ImageNet 与李飞飞

ImageNet 是具有一个层次结构的图像数据库，其层次结构中的每个节点平均拥有超过 500 张图像。在 ImageNet 中共有 14 197 122 张图像和 21 841 个同义词集，是研究人员、教育工作者、学生的重要图像数据资源。让 ImageNet 声名鹊起的是大规模视觉大赛（Large Scale Visual Recognition Challenge），这个比赛从 2010 年到 2017 年，共举办了 8 届。正是 2012 年的大规模视觉大赛，让世界认识了深度学习，让世界认识了 AlexNet。此外，2014 年 VGG 网络也是深度卷积神经网络的优秀代表。ImageNet 项目的发起人李飞飞是斯坦福大学终身教授、谷歌云首席科学家。她曾说:"ImageNet（见图 7-10）改变了 AI 领域人们对数据集的认识，人们真正开始意识到它在研究中的地位，就像算法一样重要。"

图 7-10　ImageNet

可以说，是 2012 年的 ImageNet 成就了 AlexNet，而 2017 年是 ImageNet 的收官之年，而人们认识到了数据的重要性，同样 AlexNet 与它的"小伙伴们"还会帮助人类继续探索 AI 的奥秘。

7.2　AlexNet 关键技术

本小节对深层卷积神经网络 AlexNet 的关键技术进行全面解读，重点讲解 ReLU 激活函数的设计、局部响应归一化（LRN）操作 Dropout、抑制过拟合的操作、训练方法上的多 CPU 选择。

7.2.1　ReLU 激活函数

激活函数具有标准化的作用，可以把输出结果压缩到某一固定范围，进而保证了信息流在多层网络间流动的范围可控性，因此，激活函数也称作挤压函数。经典的 sigmoid 是非线性激活函数，但当输入非常大或者非常小的时候，会有饱和现象，即梯度接近于 0。尤其，当网络初始权重很大时，通过 BP 算法训练的神经网络会出现梯度弥散现象，导致模型学习能力严重下降。

在 AlexNet 中，ReLU 激活函数（见图 7-11）就是一个 $\max(0,x)$ 函数，导数为常量，可以克服 sigmoid 函数的梯度弥散问题，而且可以促进随机梯度下降算法 SGD 的收敛速度。此外，ReLU 还具有一定的稀疏性，在输入小于 0 时神经元是抑制的，这一特性与大脑在工作的时候只有大约 5% 的神经元是激活现象具有一定的内在一致性。

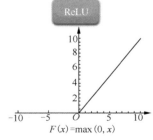

图 7-11　ReLU 激活函数

7.2.2　标准化

标准化也叫局部响应归一化操作（Local Response Normalization，LRN），其目的

是让局部神经元互相竞争，产生"马太效应"，以期增强网络的泛化能力，从本质上讲，LRN 的功能与激活函数类似，可以实现对输出的平滑处理和抑制激活函数的饱和。虽然在功能上与 ReLU 重复，但实际应用效果好于单独只应用 ReLU 激活，因此，可以将"标准化"和 ReLU 激活作为网络优化的"双保险"，其函数形式如下所示。

$$b_{x,y}^i = a_{x,y}^i \left(k + a \sum_{j=\max(0,i-n/2)}^{\min(N-1,i+n/2)} \left(a_{x,y}^i \right)^2 \right)^{-\beta} \tag{7-1}$$

【应知应会】激活函数的"饱和"与"不饱和"

在神经网络中，激活函数的一个重要作用是给层次化的神经网络加入一些非线性因素，帮助神经网络更好地解决复杂的非线性问题，而激活函数的"饱和"与否指的是梯度问题。

激活函数饱和，即梯度饱和，当激活函数输出值接近于 0 或者 1 时，其梯度接近于 0。然而当每层残差接近于 0 时，其梯度也不可避免地接近 0，这就造成了梯度弥散问题，使网络参数无法继续学习调整。而 ReLU 函数的梯度是不饱和的，因为当 $x>0$ 时，其梯度始终为 1，这也就减轻了训练过程中反向传播的梯度弥散问题，而且设置阈值也可以加快正向传播的计算速度。

由图 7-12 可知，sigmoid 激活函数在 $x=0$ 附近梯度比较大，因此，初始化网络权值在 0 附近时，参数更新效果好；当在较远的平缓区域时，梯度出现饱和现象，参数几乎无法有效更新。

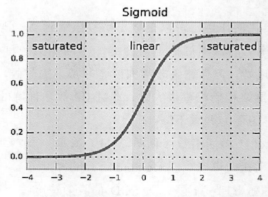

图 7-12　sigmoid 函数的"饱和"现象

【认知提升】马太效应、二八定律、长尾理论

马太效应（Matthew Effect），指强者愈强、弱者愈弱的现象，是社会学家和经济学家们常用的术语，反映的社会现象是两极分化，富的更富，穷的更穷。来自《圣经·新约·马太福音》的一则寓言，与"平衡之道"相悖，与"二八定则"类似。二八定律又名 80/20 定律、Pareto 定律、最省力的法则、不平衡原则等，他认为，在任何一组东西中，最重要的只占其中一小部分，约 20%，其余 80%尽管是多数，却是次要的，因此又称二八定律。长尾理论是二八定律的"反例"，二八定律关注图 7-13 中主要部分，认为 20%的品种带来了 80%的销量，所以应该只保留这部分，其余的都应舍弃。长尾理论则关注次要部分的长尾巴，认为这部分积少成多，可以积累成足够大、甚至超过红色部分的市场份额。只要产品的存储和流通的渠道足够大，需求不旺或销量不佳的产品所共同占据的市场份额可以和那些少数热销产品所占据的市场份额相匹敌甚至更大，即众多小市场汇聚成可产生与主流相匹敌的市场能量。

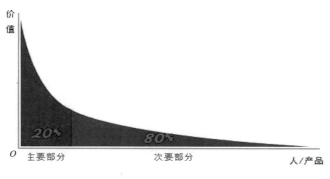

图 7-13　二八定律

7.2.3　Dropout

Dropout 是一种可以防止人工神经网络训练过程中出现过拟合的技术，具体来讲，就是在训练过程中按照一定比例断开某些节点的连接来简化网络参数，如图 7-14 所示。

网络中任意一个结点在训练时和测试时出现概率不同，若在训练时以概率 p 出现，以一定概率 $1-p$ 将其输出值清 0，不再更新与该节点相连的权值。在测试时，该节点总是出现，但与其相连接的权重由 w 改为 pw，减轻由于全连接网络的网络权重过多的负面影响，这样可以对深度神经网络进行瘦身，提高训练效率。在 AlexNet 的 p 取值为 0.5，相关研究表明，dropout 作用不大。

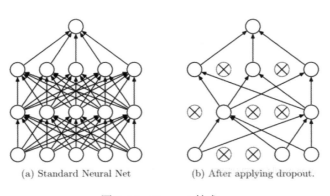

图 7-14　Dropout 技术

7.2.4　多 GPU

　　AlexNet 网络首次使用 CUDA 来加速深度卷积网络的训练过程，其中，使用了两块 GTX 580 的 GPU 进行网络参数训练，同时将网络分布在两块 GPU 上训练，即在每个 GPU 显存中存储所有神经元参数的一半，具体情况如图 7-15 的 AlexNet 的分组架构所示。其实，这种分组操作可以当作局部连接的一种实现，可以从一定程度上减少网络参数。

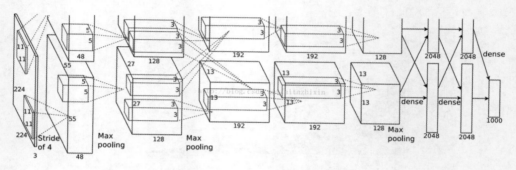

图 7-15　AlexNet 的分组网络结构

【应知应会】CUDA

　　CUDA（compute unified device architecture）是显卡"巨头"nVIDIA 隆重推出的通用并行计算架构（见图 7-16），它包含了 CUDA 指令集架构（ISA）以及 GPU 并行计算引擎，可以使用 C 语言编写 CUDA 架构程序。

　　目前 CUDA3.0 已支持 C++和 Fortran。在深度学习中的图形处理器 GPU（graphic process units）加速训练原理主要是基于矢量编程，其性能优于 CPU 的串行编程模式。此外，与 CPU 相比，GPU 处理器的体系结构中包含了上千个流程处理器，这些流程处理器是矢量化编程的关键，因此，GPU 的运行时间仅仅是 CPU 的几十分之一，甚至上千分之一。

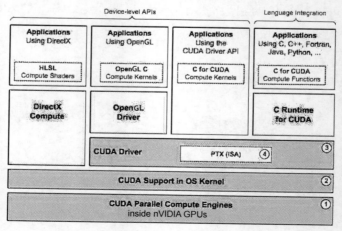

图 7-16　CUDA 架构

7.3　AlexNet 与 LeNet 对比

可以说 AlexNet 是对 LeNet 的全面升级，具体体现在：

（1）激活函数升级。ReLU 激活函数克服了 Sigmoid 函数的梯度弥散问题，而且加速了随机梯度下降算法的收敛速度，同时从一定程度上降低了计算复杂度。

（2）硬件升级。AlexNet 使用两块搭有 CUDA 加速的 GTX 580 GPU 训练网络模型，这种分组的训练模式提高训练效率。

（3）采用"标准化"操作，即局部响应归一化，来对输出做平滑处理，增强模型泛化能力。

（4）网络层数加深。AlexNet 具有 8 个部分 25 层网络结构，而 LeNet 只有 8 层。

（5）训练数据达到百万级，为增加 AlexNet 训练数据样本数量，采用剪裁、翻转、亮度变换等方式扩充训练数据。

（6）处理数据的能力。LeNet 的输入只是具有 10 个分类、尺寸大小为 32×32 的单通道手写数字，而 AlexNet 可以对 1 000 种图像进行分类并处理尺寸为 227×227 的 RGB 图像。

在此，继续指出一些基本概念，希望读者强化记忆。卷积核的大小是给定的，但核的内部参数是训练出来的；卷积核个数=卷积后输出通道数；池化可以看作一种参数不用学习的卷积操作；卷积核的个数与特征映射个数一致。

7.4　CNN 通用架构

从最早的 LeNet（1986 年）到 AlexNet（2012 年）再到 GoogleNet（2014 年）、VGG（2014 年）、ResNet（2015 年），回顾卷积神经网络的发展历程，从浅层（LeNet-5，只有 5 层）逐渐变到现在的深层，卷积神经网络功能越来越强大，层数越来越深，硬件要求也越来越高。

正是云计算和大数据技术的推动，让以卷积神经神经网络为代表的人工智能技术成为了"人工智能时代的弄潮儿"。然而，不管卷积神经网络如何改进，其通用框架可以总结为图 7-17 所示的结构，其中，多个卷积层和池化层的堆叠，中间穿插不同的激活函数、标准化层等，最后多个全连接层连接，中间加入 Dropout。

目前，深度卷积神经网络主要的设计模式包括：架构应用型、路径扩展型、简洁型、对称型、金字塔型、训练型、增量特征型、标准型、转换输入型、求和连接型、下采样过渡型、竞争型。

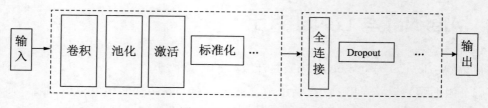

图 7-17　CNN 通用框架

7.5　综合案例：基于 AlexNet 的深度学习实战

本章中用 MATLAB 深度学习工具实现 AlexNet 的各种功能，包括迁移学习、特征提取、图像分类及特征可视化等。

7.5.1　静态图像分类

MATLAB 中提供 AlexNet 的预训练网络，需要在 MATLAB 2016b 或更高版本中安装 Neural Network Toolbox 和 Parallel Computing Toolbox，然后打开 alexnet.mlpkginstall 文件即可完成工具的安装过程。

下面就来看看我们讲了这么久的 AlexNet 的庐山真面目。

```
01  net= alexnet
02  net.Layers
03  net.Layers(end).ClassNames(1:10)
```

通过对 AlexNet 模型的实例化，可以查看网络结构的详细信息及输出层前 10 个分类输出的名称，代码如下：

```
25x1 Layer array with layers:
ans =
  1×10 cell array
  Columns 1 through 4
    'tench'   'goldfish'   'great white shark'   'tiger shark'
  Columns 5 through 9
    'hammerhead'   'electric ray'   'stingray'   'cock'   'hen'
  Column 10
    'ostrich'
```

下面就可以用 AlexNet 做静态图像分类。

首先读取待分类的 RGB 图像 peppers.png，如图 7-18 所示，其大小为 384×512，编码格式为 uint8。因为 AlexNet 要求的输入大小 227×227，所以需要调整图像尺寸。

```
01  I= imread('peppers.png');
02  sz=net.Layers(1).InputSize %sz返回向量[227,227,3]
```

```
03  I = I(1:sz(1),1:sz(2),1:sz(3)); %RGB彩色图像I大小为227*227*3 uint8
```

接下来对图 7-18 中的图像进行分类识别，其实现只需要用一行代码。

```
01  label = classify(net, I) %用AlexNet 对图像进行分类
```

图 7-18　待分类图像

在控制台输出的效果如下：

```
警告: Support for GPU devices with Compute Capability 2.1 will be removed
in a future
    MATLAB release. To learn more about supported GPU devices, see
    www.mathworks.com/gpudevice.
    > In parallel.internal.gpu.selectDevice
      In parallel.gpu.GPUDevice.current (line 44)
      In gpuDevice (line 23)
      In nnet.internal.cnn.util.isGPUCompatible (line 10)
      In nnet.internal.cnn.util.GPUShouldBeUsed (line 17)
      In SeriesNetwork/predict (line 174)
      In SeriesNetwork/classify (line 250)
    label =
      categorical
        bell pepper
```

我们看到输出结果标签为 bell pepper（甜椒），下面对识别出的图像及标签进行可视化，效果如图 7-19 所示。

```
01  I= imread('peppers.png');
%显示图像和分类结果
02  figure
03  imshow(I)
04  text(10,20,char(label),'Color','white')
%或者使用
05  title(char(label))
```

图 7-19   分类结果

此外，可以用网络摄像头进行实时物体识别，具体细节将在第 9 章中详细讲解。

7.5.2   用 AlexNet 做特征提取（feature extraction）

本案例可以在 MATLAB 文件 "nnet/FeatureExtractionUsingAlexNetExample" 中找到，同时可以通过命令打开该文件

```
openExample('nnet/FeatureExtractionUsingAlexNetExample')
```

在卷积神经网络中，每一层的卷积都是在做特征映射，这是一种最简单和最快捷的特征提取方式，这也是深度神经网络的分布式表征能力的体现，因此可以利用卷积神经网络提取的特征训练支持向量机（SVM）模型。其中，SVM 可以在中统计学和机器学习工具箱（Statistics and Machine Learning Toolbox）中直接调用。具体操作步骤如下：

（1）加载数据

解压并加载样本图像作为训练数据，其中训练数据为总数的 70% 和测试数据为总数的 30%，在本案例中相当于有 55 个训练图像和 20 个验证图像。

```
01  unzip('MerchData.zip');
02  images = imageDatastore('MerchData',...
    'IncludeSubfolders',true,...
    'LabelSource','foldernames');
03  [trainingImages,testImages] = splitEachLabel(images,0.7,'randomized');
```

接下来，将我们的训练数据可视化，并将 AlexNet 网络模型实例化。

```
04  numTrainImages = numel(trainingImages.Labels);
05  idx = randperm(numTrainImages,16);
06  figure
07  for i = 1:16
```

```
08        subplot(4,4,i)
09        I = readimage(trainingImages,idx(i));
10   imshow(I)
11   end
12   net = alexnet;%加载网络
```

如果训练图像与图像输入层大小不同，则必须调整或裁剪图像数据。在这个例子中，图像大小与 alexnet 输入大小相同，所以不需要调整或裁剪图像。

（2）图像特征提取

卷积神经网络的逐层映射就是对输入图像进行逐层特征表征，而且由前面低层次的网络结构获得的特征映射可以构建更高层次的特性映射。这里，我们采用全连接层"fc7"的激活函数输出作为输入图像数据的高层次特征映射，全连接层 fc7 的具体参数设置如图 7-20 所示。

```
13   layer = 'fc7';
14   trainingFeatures = activations(net,trainingImages,layer);
15   testFeatures = activations(net,testImages,layer);
```

工作区	
名称 ▲	值
⊞ i	20
⊞ I	227x227x3 uint8
🔲 layer	'fc7'
▣ merchImagesTest	1x1 ImageDatastore
▣ merchImagesTrain	1x1 ImageDatastore
▣ net	1x1 SeriesNetwork
⊞ testFeatures	15x4096 single
⊞ trainingFeatures	60x4096 single

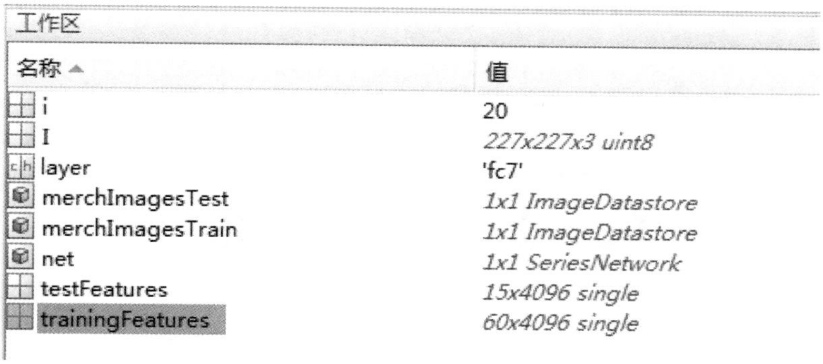

图 7-20　全连接层 fc7 的参数

然后，从测试数据和训练数据中提取类别标签

```
16   trainingLabels = trainingImages.Labels;
17   testLabels = testImages.Labels;
```

（3）训练图像分类器

用从训练图像中提取的特征作为输入 SVM 的预测变量，使用统计和机器学习的工具箱中的 fitcecoc 函数训练多分类支持向量机（SVM），训练好的 SVM 分类器参数如图 7-21 所示。

```
18   classifier = fitcecoc(trainingFeatures,trainingLabels);
```

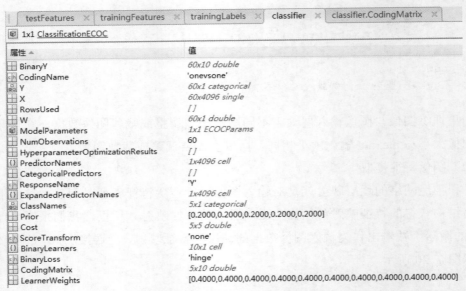

图 7-21 训练好的 SVM 的参数

（4）测试分类器

用训练好的 SVM 模型对测试图像进行分类，分类结果如图 7-22 所示。

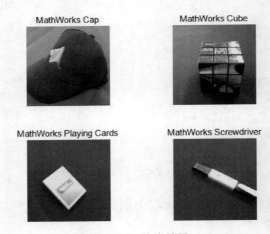

图 7-22 分类结果

```
19  predictedLabels = predict(classifier,testFeatures);
20  idx = [1 5 10 15];
21  figure
22  for i = 1:numel(idx)
23      subplot(2,2,i)
24      I = readimage(testImages,idx(i));
25      label = predictedLabels(idx(i));
26      imshow(I)
27  title(char(label))
28  end
```

（5）分类准确度计算

我们采用 SVM 正确预测出标签的图像数量占全体图像数量的比例并将其作为分类的准确度指标，代码如下：

```
29  accuracy = mean(predictedLabels == testLabels)
30  accuracy =
     1
```

可以看到，SVM 已经具有极高的预测准确度，本例中达到了 100%。如果使用本例中的方法做其他分类实验效果并不理想，可以采用我们即将讲解的迁移学习。

7.5.3　用 AlexNet 做迁移学习

迁移学习可以把为一个任务开发的模型重新用在另一个不同的任务中，作为另一个任务模型的起点，并节约训练神经网络模型需要的大量计算和时间资源，因此，采用预训练的模型通常会被重新用作加速训练过程和提高深度学习模型的性能。同时，迁移学习被视为是一种优化方法，是节省时间或获得更好性能的捷径。

使用在大量图像上训练出来的强大的模型来帮助提升在小数据集上的精度，这种在源数据上训练，然后将学到的知识应用到目标数据集上的技术通常被叫作迁移学习。其训练方法一般采用微调（fine-tuning），主要步骤包括：

（1）在源数据 s 上训练一个神经网络。

（2）砍掉它的"头"，将它的输出层改成适合目标数据 s 的大小。

（3）将输出层的权重初始化成随机值，但其他层保持跟原先训练好的权重一致。

（4）然后在目标数据集开始训练。

如图 7-23 所示，迁移学习具有 3 个显著优势：

（1）更高的起点使得源模型中的初始性能（在调节模型之前）比其他方法要高；

（2）更大的坡度使得在训练源模型期间性能的提高速度比其他情况下更陡峭；

（3）更高的渐近线使得训练好的模型的融合性能要好于其他情况。

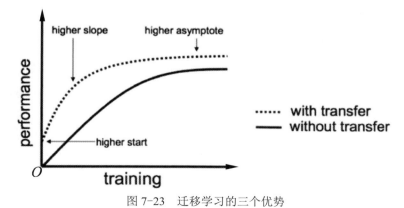

图 7-23　迁移学习的三个优势

本案例可以在 MATLAB 文件"nnet/TransferLearningUsingAlexNetExample"中找到，或者可以通过如下命令打开

```
openExample('nnet/TransferLearningUsingAlexNetExample')
```

迁移学习在深学习中应用广泛，前面讲过，迁移学习就是"移花接木"，可以把一个预训练好的网络中一部分融合到新模型中，然后用迁移学习思想进行模型参数微调，这种训练策略通常比从头开始训练模型效率高很多，从而实现用少量的训练图像就可以快速地将之前学习的数据特性转移到新的任务中。接下来让我们来看看如何利用 AlexNet 网络进行"乾坤大挪移"，实现对图像的"迁移"分类，具体操作步骤如下：

（1）加载数据

解压并加载图像数据，同时将数据存储为 imageDatastore 结构，该结构可以在卷积神经网络的训练过程中有效地分批读入图像，然后将数据划分为 70%的训练数据和 30%的测试数据。

```
01  unzip('MerchData.zip');
02  images = imageDatastore('MerchData',...
    'IncludeSubfolders',true,...
    'LabelSource','foldernames');
03  [trainingImages,testImages] = splitEachLabel(images,0.7,'randomized');
```

本例中相当于有 55 个训练图像和 20 个验证图像，首先展示前 16 个训练数据图像，然后将 AlexNet 网络模型实例化。

```
04  numTrainImages = numel(trainingImages.Labels);
05  idx = randperm(numTrainImages,16);
06  figure
07  for i = 1:16
08      subplot(4,4,i)
09      I = readimage(trainingImages,idx(i));
10  imshow(I)
11  end
12  net = alexnet;%加载网络
```

（2）迁移学习网络构建

我们新加载的数据并不需要作 1 000 个类别的分类任务，因此，AlexNet 的最后这三层必须针对性的按照新的分类问题重新调整。首先需要从原始网络中提取除最后三层外的所有层。

```
13  layersTransfer = net.Layers(1:end-3);
```

把提取的层迁移到新的分类任务中，并用一个全连接层、一个 softmax 层和一个分

类输出层代替原来的最后三层。根据我们的新数据配置新的全连接层参数，并且将新的全连接层大小设置成与新数据类数相同。此外，为加速训练过程，可以提高全连接层中权重（WeightLeaRnrateFactor）和偏置参数（BiasLeaRnrateFactor）的值。

首先，需要得到训练数据的类别数。

```
14  numClasses = numel(categories(merchImagesTrain.Labels))
```

然后用迁移的层和新建的层共同构建新的迁移学习网络。

```
15  layers = [...
    layersTransfer
    fullyConnectedLayer(numClasses,'WeightLearnRateFactor',20,'BiasLearn
                                              ateFactor',20)
    softmaxLayer
    classificationLayer];
```

接下来，设置模型训练的超参数。对于迁移学习，需要保持之前训练网络的特征参数，所以要降低初始学习率 InitialLearnRate 的值，这样可以减缓迁移层的学习。容易理解，我们之前将全连接层学习速率提高是为了加速最后三层训练速度，并保持其他层的状态。为提高训练效率，不需要为迁移学习设置过多的迭代训练次数，因此可以设置较低的 MaxEpochs。同时，为降低内存使用率，可以减小批 MiniBatchSize 的大小，这个策略就是我们在前面讲过的模型训练中涉及的"中庸之道"。

```
16  options = trainingOptions('sgdm',...
    'MiniBatchSize',5,...
    'MaxEpochs',10,...
'InitialLearnRate',0.0001);
```

最终，新迁移学习的网络参数设置如图 7-24 所示。

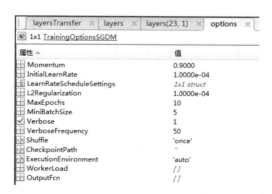

图 7-24　参数设置

（3）网络参数训练

用 trainNetwork 函数在单 CPU 上训练迁移网络。

```
17  netTransfer = trainNetwork(merchImagesTrain,layers,options);
```

（4）图片分类测试

用 classify 函数做图片分类测试。

```
18  predictedLabels = classify(netTransfer,merchImagesTest);
```

（5）结果可视化

```
19  idx = [1 4 7 10];
20  figure
21  for i = 1:numel(idx)
22      subplot(2,2,i)
23      I = readimage(merchImagesTest,idx(i));
24      label = predictedLabels(idx(i));
25      imshow(I)
26      title(char(label))
27      drawnow
28  end
```

（6）分类准确率计算

```
29  testLabels = merchImagesTest.Labels;
30  accuracy = sum(predictedLabels==testLabels)/numel(predictedLabels)
```

在这个案例中，我们训练的迁移学习模型具有很高的准确率，如果认为迁移学习准确率还不够高，可以尝试使用其他的特征提取方法。

利用预先训练好的模型即使在较小的数据集上训练依然可以得到很好的分类器，这就是迁移学习的优势，这是因为这两个任务里面的数据表示有很多共通性，例如都有纹理、形状、边等等，你需要做的工作就是在新数据集上微调。

7.5.4 卷积神经网络的特征可视化

我们之前讲过，卷积神经网络中经过卷积得到的特征映射输出数量与所使用的卷积核个数相等，与图像的通道数个数无关。其实，在真正在深度神经网络中，卷积核（filter）都是三维的，只因为第三个维度一般都等于输入层的第三个维度，所以就省略了。例如，3×3 的 filter 对 RGB 三个通道分别卷积再相加，等效为一个 3×3×3 的 filter 卷积操作。

日本科学家 K.Fukushima 在 1980 年提出的新识别机是卷积神经网络的第一个实现，该网络中每个特征映射都是一个平面，平面上所有神经元的权值相等，采用 sigmoid 函数作为卷积神经网络的激活函数，这样使得特征映射具有位移不变性。此外，由于同一映射平面上的神经元共享权值，因而这样可以减少网络中待优化参数的总量。

1．可视化卷积层和全连接层

本案例继续在 AlexNet 的基础上，通过将卷积神经网络所学到的特性映射进行可视化，来剖析卷积神经网络的特性。其中，主要采用 deepdreamimage 函数对卷积神经网络训练过程中学习到的特征进行可视化，具体操作步骤如下：

（1）载入预训练网络

```
01  net = alexnet;
```

（2）可视化卷积层

通过 net.Layers 命令可以查看 AlexNet 网络中所有层的详细信息，由 AlexNet 的网络结构可知，卷积层在网络结构中的第 2、6、10、12 和 14 层。

```
02  net.Layers
    ans =
        25x1 Layer array with layers:
```

可视化第一个卷积层的特征映射，并展示前 56 个特征，效果如图 7-26 所示，其中，函数 montage 可以同时显示多帧图像，其用法与 imshow 类似。

```
03  layer = 2;
04  name = net.Layers(layer).Name
    name =
    'conv1'
05  channels = 1:56;%展示前56个特征
06  I = deepDreamImage(net,layer,channels, ...
    'PyramidLevels',1);
07  figure
08  montage(I)
09  title(['Layer ',name,' Features'])
```

图 7-25 中的这些图片大多含有边缘和颜色信息，这表明在卷积层 conv1 中，卷积核的作用是边缘检测和颜色过滤。

Layer conv1 Features

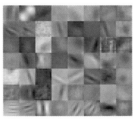

图 7-25　第一个卷积层可视化

接下来可视化第二个卷积层的特征映射，由 AlexNet 网络结构可知，这些特征映射是在第一个卷积层 conv1 输出的特征映射基础上而创建的，相当于整个网络的第 6 层，我们显示其特征映射的前 30 个特征，效果如图 7-26 所示。

```
10  layer = 6;
11  channels = 1:30;
12  I = deepDreamImage(net,layer,channels,...
    'PyramidLevels',1);
13  figure
14  montage(I)
15  name = net.Layers(layer).Name;
16  title(['Layer ',name,' Features'])
```

图 7-26　第二个卷积层可视化

接下来可视化第三、四、五个卷积层的特征，并用 montage() 函数展示前 30 个特征，效果如图 7-27 所示。

```
17  layers = [10 12 14];
18  channels = 1:30;
19  for layer = layers
20      I = deepDreamImage(net,layer,channels,...
        'Verbose',false, ...
        'PyramidLevels',1);
21      figure
22      montage(I)
23      name = net.Layers(layer).Name;
24      title(['Layer ',name,' Features'])
25  end
```

（a）第三个卷积层可视化　　（b）第四个卷积层可视化　　（c）第五个卷积层可视化

图 7-27　多个卷积层可视化

（3）可视化全连接层

在 AlexNet 模型中，共有三个全连接层，它们最接近整个网络的末端，可以得到早期网络层所学到特征的高级组合，即更高层次的抽象。用 deepdreamimage 可视化前两个全连接层（第 17 层和第 20 层）的前 6 个特征，效果如图 7-28 所示。

```
26  layers = [17 20];
27  channels = 1:6;
28  for layer = layers
29      I = deepDreamImage(net,layer,channels, ...
        'Verbose',false, ...
        'NumIterations',50);
30      figure
31      montage(I)
32      name = net.Layers(layer).Name;
33      title(['Layer ',name,' Features'])
34  end
```

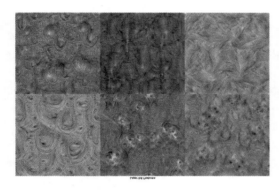 

（a）第一个全连接层可视化　　　　　　　　　　　　（b）第二个全连接层可视化

图 7-28　全连接层可视化

（4）可视化分类输出层

可视化分类输出层，即整个网络的第 23 层，并输出类别信息。

```
35  layer = 23;
36  channels = [9 188 231 563 855 975];
37  net.Layers(end).ClassNames(channels)
    ans =
      1×6 cell array
      Columns 1 through 4
        'hen'    'Yorkshire terrier'   'Shetland sheepdog'    'fountain'
      Columns 5 through 6
        'theater curtain'    'geyser'
```

下面是可以生成类别的细节图像代码。

```
38  I = deepDreamImage(net,layer,channels, ...
        'Verbose',false, ...
        'NumIterations',50);
39  figure
40  montage(I)
41  name = net.Layers(layer).Name;
42  title(['Layer ',name,' Features'])
```

2. 可视化激活层

本案例通过对比激活区域和原始图像来研究深度神经网络在学习图像特征时所蕴含的规律，可以发现早期层可以学习到诸如颜色和边缘等简单功能，而更深层次的网络可以学习到像眼睛这样复杂的特性。希望本例有助于读者对网络结构及功能的理解。

所需要的工具包括神经网络工具箱和图像处理工具箱，具体操作步骤如下：

（1）加载网络

首先加载 AlexNet 网络模型。

```
01  net = alexnet;
```

调整输入图像尺寸，以适应 AlexNet 的图像输入尺寸要求，样例图像如图 7-29 所示。

```
02  im = imread(fullfile(matlabroot,'examples',
                          'nnet','face.jpg'));
03  imshow(im)
04  imgSize = size(im);
05  imgSize = imgSize(1:2);
```

图 7-29　样例图像

（2）查看网络结构

卷积层中每一个特征映射就对应一个通道，例如，第一个卷积层有 96 个通道，也就是有 96 个特征映射，其中，通道数就是特征映射数，这里的通道与图像 RGB 等三通道概念不同。（卷积神经网络的每一层包含很多的二维阵列，叫作通道，几个卷积核就得到几个通道，也就是特征映射。）

```
06  net.Layers
    ans =
      25x1 Layer array with layers:
```

（3）可视化第一个卷积层的激活图像

观察卷积层的激活图像，并与原始图像中相应区域进行比较，进而研究图像和网络结构特征。首先检查第一个卷积层 conv1 的输出激活。

```
06  act1 = activations(net,im,'conv1','OutputAs','channels');
```

其中，激活是一个多维数组，第三个维度表示图像的颜色信息，因为激活输出没有颜色，所以设置第三个维度大小为 1，第四个维度为索引通道。

```
08  sz = size(act1);
09  act1 = reshape(act1,[sz(1) sz(2) 1 sz(3)]);
```

根据激活函数特性，所有激活都被挤压到最小激活度为 0，最大激活值为 1 的区间。在一个 8×12 的网格中显示第一个激活的 96 个特征映射（通道）图像，如图 7-30 所示。

```
10  montage(mat2gray(act1),'Size',[8 12])
```

图 7-30　激活输出图像

（4）查看特定通道中的激活

容易理解，白色像素表示高强度的正激活，黑色像素表示高强度的负激活，而大部分灰色像素是强度不大的普通激活。像素在激活特征映射中的位置对应于原始图像中的相同位置。通道中白色像素位置表示通道在该位置被强烈激活。

我们调整第一个卷积层的第 32 个通道中的激活，使其与原始图像大小相同，如图 7-31 所示。

```
11  act1ch32 = act1(:,:,:,32);
12  act1ch32 = mat2gray(act1ch32);
13  act1ch32 = imresize(act1ch32,imgSize);
14  imshowpair(im,act1ch32,'montage')
```

图 7-31　第 31 个通道的激活

通过对比可以发现，此通道中红色像素被激活，因为通道中较白的像素对应于原始图像中的红色区域，例如红色的嘴唇和衣领。

（5）寻找最强激活通道

可以通过编程，寻找具有大激活的通道或者有趣的通道，其中会用到我们之前讲过的 max()函数，我们找到的激活如图 7-32 所示。

```
15  [maxValue,maxValueIndex] = max(max(max(act1)));
16  act1chMax = act1(:,:,:,maxValueIndex);
17  act1chMax = mat2gray(act1chMax);
18  act1chMax = imresize(act1chMax,imgSize);
19  imshowpair(im,act1chMax,'montage')
```

图 7-32　寻找最大激活

与原始图像比较，注意这个通道的侧重在边缘激活，其左侧边缘被积极地激活，右侧边缘呈现暗色调。

（6）更深层次的卷积层

在大多数卷积神经网络中，第一个卷积层都可以学习颜色和边缘等简单特征，而在较深层次的卷积层中，深度网络可以学习到更加复杂的特性映射，这主要是因为深层次网络是通过对浅层次网络提取的特征进行再次抽象和建模。这里我们用与前面同样的方式研究第五个卷积层 conv5，其效果如图 7-33 所示。

图 7-33　第五个卷积层的激活

```
20  act5 = activations(net,im,'conv5','OutputAs','channels');
21  sz = size(act5);
22  act5 = reshape(act5,[sz(1) sz(2) 1 sz(3)]);
23  montage(imresize(mat2gray(act5),[48 48]))
```

显示第五个卷积层中的最强激活，如图 7-34 所示。

```
24  [maxValue5,maxValueIndex5] = max(max(max(act5)));
25  act5chMax = act5(:,:,:,maxValueIndex5);
26  imshow(imresi ze(mat2gray(act5chMax),imgSize))
```

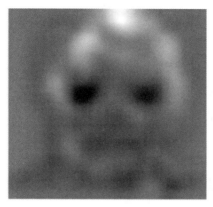

图 7-34　第五个卷积层的最强激活

在这种情况下，最大激活通道不像其他的通道那样对细节特征感兴趣，这里表现出强的负（暗）激活和正（光）激活，可以推测这个通道可能聚焦在人脸上。我们现在想找到眼睛所在的激活通道，下面进一步查看通道 3 和 5，如图 7-35 所示。

```
27  montage(imresize(mat2gray(act5(:,:,:,[3 5])),imgSize))
```

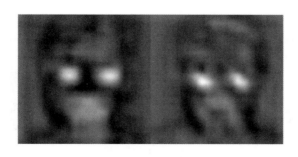

图 7-35　通道 3 和 5 的激活

接下来可视化第五层中 ReLU 激活函数产生的激活，其可视化如图 7-36 所示。

```
28  act5relu = activations(net,im,'relu5','OutputAs','channels');
29  sz = size(act5relu);
30  act5relu = reshape(act5relu,[sz(1) sz(2) 1 sz(3)]);
31  montage(imresize(mat2gray(act5relu(:,:,:,[3 5])),imgSize))
```

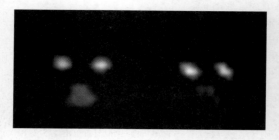

图 7-36　ReLU 产生的激活

与第五个卷积层的激活相比，ReLU 层的激活输出可以清晰地展示具有面部特征的图像区域。

（7）测试特征映射是否识别眼睛

我们将一张新的闭上眼睛的图像输入刚才的网络中，检查通道 3 和 5 的 ReLU 激活的眼睛，得到的激活与原始图像的激活对比结果如图 7-38 所示。其中，读取和显示闭一只眼睛的图像及生成 ReLU 层激活的代码如下：

```
32  imClosed = imread(fullfile(matlabroot,'examples','nnet','face-eye
                                                    -closed.jpg'));
33  imshow(imClosed)
34  act5Closed = activations(net,imClosed,'relu5','OutputAs','channels');
35  sz = size(act5Closed);
36  act5Closed = reshape(act5Closed,[sz(1),sz(2),1,sz(3)]);
37  channelsClosed = repmat(imresize(mat2gray(act5Closed(:,:,:,[3 5])),
                                                imgSize),[1 1 3]);
38  channelsOpen = repmat(imresize(mat2gray(act5relu(:,:,:,[3 5])),imgSize),
                                                      [1 1 3]);
39  montage(cat(4,im,channelsOpen*255,imClosed,channelsClosed*255));
40  title('Input Image, Channel 3, Channel 5');
```

我们可以从图 7-37 中的激活看到，两个通道 3 和 5 在图像的眼睛上激活，并且在一定程度上也在嘴周围区域激活。

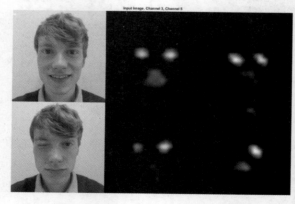

图 7-37　通道 3 和通道 5 的激活输出

虽然从来没有要求训练的网络模型要学习眼睛的特征，但它已经认识到眼睛是区分图像类别的一个有用的特征，因此，可以认为这就是深度网络具有一定"自学习"能力的一种体现。传统的机器学习方法通常更注重于手工在特征工程中的作用，而我们看到深层的卷积网络可以为自己学习有用的特性。例如，学习识别眼睛可以帮助神经网络模型区分美洲豹和豹纹地毯。

7.6　温故知新

本章以 2012 年的深度卷积神经网络 AlexNet 为例，分析了深度卷积神经网络的结构、关键技术，并以静态图像识别为例对 AlexNet 基本功能进行展示，此外，通过与 SVM 结合实现了新的特征分类方法，并进行了卷积神经网络卷积层、全连接层、激活层的可视化。

本章内容涉及内容广、知识点多，为便于读者理解，总结如下：

（1）AlexNet 采用非线性激活函数 ReLU 代替 sigmoid 激活函数，加入了 dropout 层和标准化层，在整体性能上大大提高。

（2）AlexNet 网络的训练方式依然是通过链式求导法则逐层反向调整网络权重及偏置。

（3）ReLU 激活函数，克服了 Sigmoid 函数的梯度弥散问题，而且使 SGD 的收敛速度更快。

（4）标准化与 ReLU 在功能上类似，可以增强网络的泛化能力，对输出做平滑处理，可以防止激活函数饱和。

（5）卷积核个数=卷积后输出的通道总数=特征映射数，池化也可以理解为是一种卷积操作，与图像的通道数无关。

（6）在卷积神经网络中，每一层的卷积操作都是在做特征映射，这就是深度神经网络的分布式表征能力，也可以看作最简单和最快的特征提取方式。

（7）网络的逐层映射就是输入图像特征被逐层特征表征，而且由前面的浅层次结构获得的特征映射构建更高层的特性映射。

（8）在迁移学习中，对于迁移层的训练要降低 InitialLearnRate 来保持之前训练网络的特征参数，对于新加的全连接层要提高学习速率来加速新加层的训练速度。此外，可以降低迭代次数、减小 MiniBatchSize 大小来提高训练效果。

（9）卷积核（filter）都是三维的。每个特征映射平面上所有神经元的权值相等，也就是，神经元共享权值，进而减少了网络中待优化参数的个数。

（10）前面的卷积层更侧重于边缘和颜色信息，而后面的全连接层可以学习到早期层所学到的特性的高级组合。

在下一章中，读者会了解到：

深度学习的在手写体识别中的实战案例。

7.7 停下来，思考一下

习题 7-1 卷积神经网络是受生物的视觉系统启发而抽象出来的一种人工智能工具，因此，科技进步的灵感很重要的一个来源就是生物与自然。

为什么几乎所有低级动物的双眼都是长在头部两侧，而人的双眼就只在前面？

有这样一个观点：

从进化论的角度来看，"物竞天择，适者生存"。双眼长在头部两侧能够同时看到各个方向，从而减少了视觉盲区。这种安全配置可以增强这些低级生物的安全感。然而，人的双眼只在前面，造成了人类视觉中存在很多盲区的劣势，但也正是因为此，人类更加专注地观察前方，从而能深刻洞察事物，进化出深入思考的"高级"能力。也就是说，人类的直立行走只是一种行为表象，其"高级"的能力体现在大脑皮层的进化上。这也许在告诉我们，与其肤浅地"面面俱到"，不如深入地"全神贯注"。请结合所学习的卷积神经网络及相关知识，谈谈对这段话的理解？

习题 7-2 深度学习，属于可统计不可推理的范畴，是一种的非线性状态的复杂系统，需要从全局的角度研究深度学习这个复杂系统。具体到卷积神经网络，就是通过不断地逐层抽象，不断化繁为简，因此在不断抽象高层次的特征，其实者就是一种逆向的累积过程！而计算机科学中最核心的算法思想之一——"Divide and Conquer（分而治之）"就是追本溯源，即将一个复杂问题分解直到其最小子问题。也许这就是一种"坚持"，而这种"坚持"似乎可以引发认知上的蝴蝶效应（The Butterfly Effect），抑或是"久居兰室不闻其香"。

请结合所学，任选角度，谈谈对这段话的理解。

习题 7-3 2017 年 12 月 13 日，在上海举行的谷歌开发者大会（Google Developer Day）上，谷歌云人工智能和机器学习团队首席科学家李飞飞宣布：谷歌 AI 中心正式成立。

该中心将会从北京开始发展，由李飞飞和谷歌云研发负责人李佳共同领导。李飞飞将会负责中心的研究工作，也会统筹谷歌云 AI（Google Cloud AI）、谷歌大脑（Google Brian）以及中国本土团队的工作。李飞飞总结道："我和我的团队今天回到中国，希望开始一段长久、真诚的合作"，"在 AI 的世界里，中国早已觉醒"，谷歌 AI 中国中心的重点将是基础 AI 研究。对中国 AI 领域取得的成就，李飞飞展示了一张狮子的照片，并引用"中国是一只沉睡中的狮子，它一旦被惊醒，世界会为之震动。"李飞飞说，在 AI 的世界里，中国早已觉醒，成为世界的领导者之一。请结合你的认识，谈谈 AI 在中国的机遇与挑战。

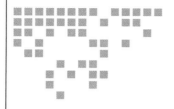

Chapter 8 第 8 章

将手写体识别进行到底

本章在卷积神经网络的基础上,将其关键技术应用到手写数字识别、手写汉字识别、变化的手写数字识别中,让读者全方位了解手写体识别的关键技术与解决方案,将"手写体识别进行到底"。

本章主要涉及的知识点有:

- 手写体识别的意义:了解手写体数据集的概况,理解手写字体在卷积神经网络发展历史中的重要作用。
- 手写数字识别:掌握手写数字识别中的无监督学习方法、监督学习方法,理解不同方法间的异同及性能优劣。
- 手写汉字识别:学会手写汉字识别网络的构建,掌握用 TensorBoard 进行深度神经网络建模可视化的方法。
- 手写数字旋转角度识别:学会构建具有角度识别功能的网络结构,掌握角度矫正及可视化的关键技术。

注意:本章案例实现基于 TensorFlow、Caffe 及 MATLAB。

8.1 手写体识别"江湖地位"

金庸先生在《鹿鼎记》中讲过:"平生不见陈近南,便称英雄也枉然。"而在手写字领域,由美国国家标准与技术研究院(National Institute of Standards and Technology,NIST)建立的手写体数字的数据库子集 MNIST 数据集(Mixed National Institute of Standards and Technology Database)就是"陈近南",手写数字数集一直是大家做深度学习的练习数据，可以被理解为深度学习的"Hello World"，是初学者征服深度学习的第一步。

MNIST 数据库（http://yann.lecun.com/exdb/mnist/）中包含了 0~9 的 10 类数字图像，由 250 个不同人的手写数字构成，其中 50% 来自高中学生，50% 来自人口普查局工作人员。MNIST 数据分为训练图像和标签以及测试图像和标签四个部分，具体情况如下：

（1）训练图像：train-images-idx3-ubyte.gz（60 000 个样本）。

（2）训练标签：train-labels-idx1-ubyte.gz（60 000 个标签）。

（3）测试图像：t10k-images-idx3-ubyte.gz（10 000 个样本）。

（4）测试标签：t10k-labels-idx1-ubyte.gz（10 000 个标签）。

其中，MNIST 训练样本 60 000 个，测试样本 10 000 个，所有样本图像均以灰度值的形式储存在样本矩阵中，尺寸为 28×28 的单张图像按像素展成一维的行向量，每行 784 个值，即每行代表一张图像。其实识别 0~9 数字或者英文字母还是比较容易的，因为，数字和字母大小写总共 62 个分类（10+26×2）。而识别手写汉字任务需要面对 5 万多个中文汉字，其中 3 000 多个常用字，而且，汉字笔体多，写法丰富，识别难度非常大。

常用的公开手写体数据集包括哈尔滨工业大学深圳研究生院的联机手写数据集 HIT-OR3C、华南理工大学手写数据集 SCUT-COUCH 和中科院自动化所手写数据集 CASIA-OLHWDB。三套数据集都包含 3 755 个国标一级汉字汉字，其中，数据集 HIT-OR3C 采集了较多的点信息，中科院自动化所数据集 CASIA-OLHWDB 的点信息十分稀少，华南理工大学的 SCUT-COUCH 数据集相对清晰。本章的手写字识别采用的数据来自于中科院自动化研究所的手写汉字数据集。

手写体文字如图 8-1 所示。

（a）手写数字　　　　　　　　　（b）手写英文字母　　　　　　　　　（c）手写汉字

图 8-1　手写体文字

8.2　手写数字识别

本节的手写数字识别主要涉及利用自动编码器实现手写数字的无监督学习，用浅层神经网络实现手写数字识别，以及分别用 Caffe、TensorFlow、MATLAB 平台实现基于卷积神经网络的手写数字识别。

8.2.1　手写数字的无监督学习

手写数字的无监督学习主要是利用自动编码器（auto-encoder）实现特征提取，是特征工程的重要补充手段。其重要优势是无须大量有标签数据即可实现无监督学习，同时，模仿人类的认知层次结构，逐层提取特征，逐层抽象，利用稀疏编码的思想，实现用少量的高层次特征编码原始数据的功能。自动编码器与生成式对抗网络原理相通，其输入和输出是同构的。

【应知应会】稀疏表示

信号表示是信息处理中的核心问题。稀疏表示是继小波分析、多尺度分析后，一种新的信号表示方法，它通过基或字典中很少量的原子的线性组合来表示信号。稀疏表示与卷积神经网络一样都是源于 1959 年生物视觉认知中的感受野，简单细胞可以产生自然图像的稀疏表示。神经元的稀疏性和自然环境的统计特性之间存在着某种联系。而 1993 年法国数学家 Mallat 等人基于小波分析利用过完备字典表示信号开启了稀疏表示的先河。

自动编码器是一种无监督的特征学习网络，它利用反向传播算法，让目标输出值等于输入值。对于一个输入，首先将其通过一个特征映射得到对应的隐藏层表示，接着被投影到输出层，并且希望输出与原始输入尽可能相等。自动编码器试图学习一个恒等函数，当隐藏层的数目小于输入层的数目时可以实现对信号的压缩表示，获得对输入数据有意义的特征表示。通常隐层权值矩阵和输出层权值矩阵互为转置，这样大大减少了网络的参数个数。

1. 双隐藏层自动编码器

自动编码器的本质就是神经网络，接下来我们就建立一个具有双隐层的自动编码器。

具体操作步骤如下：

（1）工具库导入

```
01  import tensorflow as tf
02  import numpy as np
03  import matplotlib.pyplot as plt
04  from tensorflow.examples.tutorials.mnist import input_data
```

需要导入 numpy 工具库、图像可视化工具 matplotlib，同时需要导入 MNIST 数据加载模块。

（2）载入数据集

```
05  mnist=input_data.read_data_sets('MNIST_data',one_hot=False)
```

本例中训练集大小为 55 000，测试集大小为 10 000，图像大小为 28×28，由于本例不需要做分类，因此标签数据集不需要进行 one-hot 编码，即 one_hot=False。需要注意，我们训练的数据是把 784 维的一维向量拉直作为数据输入，而不是直接将 28×28 的二维矩阵作为输入数据。

（3）参数设置

自动编码器的超参数包括学习率、迭代次数、训练批大小，同时需要设置输入数据的维度。

```
06  learning_rate=0.001
07  training_epochs=40
08  batch_size=256%训练时batch大小为256
09  display_step=1
10  examples_to_show=10
11  n_input=784%输入数据大小
12  X=tf.placeholder("float",[None,n_input])%注意是X，不是x
```

其中，第 12 行的 placeholder 是输入数据容器，None 表示输入数据量不限，n_input 是数据的维数，这里是 784。接下来设置两个隐藏层神经元的个数，分别为 256 和 128。

```
13  n_hidden_1=256
14  n_hidden_2=128
```

利用 random_normal()函数随机初始化网络权重和偏置参数，对于自动编码器的随机权重，编码层的尺寸是 784×256 和 256×128，而解码层相当于编码层的逆向过程，尺寸为 128×256 和 256×784，各层次的偏置维度分别为 256、128、256、784。

```
15  weights={
        'encoder_h1':tf.Variable(tf.random_normal([n_input,n_hidden_1])),
        'encoder_h2':tf.Variable(tf.random_normal([n_hidden_1,n_hidden
                                                  _2])),
        'decoder_h1':tf.Variable(tf.random_normal([n_hidden_2,n_hidden
                                                  _1])),
        'decoder_h2':tf.Variable(tf.random_normal([n_hidden_1,n_input]))
    }
16  biases={
        'encoder_b1':tf.Variable(tf.random_normal([n_hidden_1])),
        'encoder_b2':tf.Variable(tf.random_normal([n_hidden_2])),
        'decoder_b1':tf.Variable(tf.random_normal([n_hidden_1])),
        'decoder_b2':tf.Variable(tf.random_normal([n_input]))
    }
```

（4）定义编、解码函数

编码函数，也就是将权重和偏置用 sigmoid 激活函数编码，注意参数不一样，由输入与各层神经元个数决定，其中 matmul() 是矩阵乘法函数。

```
17  def encoder(x):
18      layer_1=tf.nn.sigmoid (tf.add(tf.matmul(x,weights['encoder_h1']),
                                           biases['encoder_b1']))
        %用sigmoid作激活函数，tf.matmul()生成权重和偏置矩阵
19      layer_2=tf.nn.sigmoid (tf.add (tf.matmul (layer_1,weights ['encoder
                               _h2']),Biases['encoder_b2'] ))
20  return layer_2
    %定义解码函数
21  def decoder(x):
22      layer_1=tf.nn.sigmoid( tf.add (tf.matmul (x, weights ['decoder_h1']),
                                      biases ['decoder_b1'] ))
23      layer_2=tf.nn.sigmoid( tf.add (tf.matmul(layer_1, weights ['decoder
                                _h2']), biase['decoder_b2']))
24      return layer_2
```

解码函数与编码函数的输入刚好相反，但同样采用 sigmoid 激活函数进行解码。

（5）调用编、解码函数

```
25  encoder_op=encoder(X)
26  decoder_op=decoder(encoder_op)
```

可以看出，编码函数与解码函数在形式上互逆，在使用上紧密相关。

（6）输出预测与最小二乘误差

```
27  y_pred=decoder_op
28  y_true=X
    %定义最小二乘误差
29  cost=tf.reduce_mean(tf.pow(y_true-y_pred,2))
30  optimizer=tf.train.AdamOptimizer(learning_rate).minimize(cost)
31  init=tf.initialize_all_variables()
```

其中，训练优化器选用自适应方式并初始化全局参数，学习率设置为 0.001。

（7）创建 session 及训练自动编码器

```
32  with tf.Session() as sess:
33      sess.run(init)
34      total_batch=int(mnist.train.num_examples/batch_size)%分批次
35      for epoch in range(training_epochs):%训练40次
36          for i in range(total_batch):
37              batch_xs,batch_ys=mnist.train.next_batch(batch_size)
            %batch大小256
38              _,c =sess.run([optimizer,cost],feed_dict={X:batch_xs})
```

```
39          if epoch % display_step==0:
40              print("Epoch:",'%04d'%(epoch+1),
41                  "cost=","{:.9f}".format(c))
42      print("Optimization Finished!")
```

创建 session 可以保证不同 session 之间数据与运算相互独立。我们用 GeForce GTX 1080Ti 训练自动编码器，其终止条件是达预设最大训练次数 40。其中损失 cost 的度量使用均方误差，即输入与输出差的平方。最终训练结果如下：

```
    ......
43  Extracting MNIST_data\train-images-idx3-ubyte.gz
44  Extracting MNIST_data\train-labels-idx1-ubyte.gz
45  Extracting MNIST_data\t10k-images-idx3-ubyte.gz
46  Extracting MNIST_data\t10k-labels-idx1-ubyte.gz
    ......
47  name: GeForce GTX 1080
48  major: 6 minor: 1 memoryClockRate (GHz) 1.8475
49  pciBusID 0000:22:00.0
50  Total memory: 8.00GiB
51  Free memory: 6.61GiB
    ......
52  Epoch: 0001 cost= 0.102437347
53  Epoch: 0002 cost= 0.091590725
    ......
54  Epoch: 0040 cost= 0.044171296
55  Optimization Finished!
56  Process finished with exit code 0
```

我们可以看到最终的训练误差 cost 降为 0.044。接下来是对训练好的自动编码器进行可视化，最终输出图像如图 8-2 所示，其中，第一行为输入图像，第二行为经过编码得到的图像。

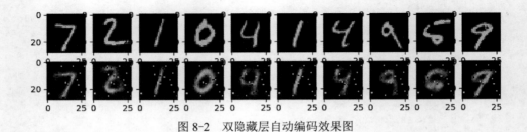

图 8-2　双隐藏层自动编码效果图

```
57  encode_decode=sess.run(y_pred,feed_dict={X:mnist.test.images
                                        [:examples_to_show]})
58      f,a=plt.subplots(2,10,figsize=(10,2))
59      for i in range(examples_to_show):%展示10个
60          a[0][i].imshow(np.reshape(mnist.test.images[i],(28,28)))
```

```
%图像有784的向量编码为28*28图像矩阵
61          a[1][i].imshow(np.reshape(encode_decode[i],(28,28)))
62      plt.show()
```

2. 多隐藏层自动编码器

多隐藏层自动编码器的前面步骤包括函数库和模块导入、数据加载、参数设置等，具体方式与 8.2.1.1 节的设置相同，主要差别是本案例中设置了 6 个隐藏层，各层神经元个数分别为 128、64、32、24、10、2 个。因为，这个自动编码器最后一层具有 2 个神经元，相当于将输入大小为 784 维的向量编码为 2 维，因此，最终结果可以用二维平面展示，这个编码过程可以理解为特征提取和降维过程，代码如下。

```
01  n_hidden_1=128
02  n_hidden_2=64
03  n_hidden_3=32
04  n_hidden_4=24
05  n_hidden_5=10
06  n_hidden_6=2
```

编码层与解码层的网络权重设置如下。

```
07  weights={
        'encoder_h1'tf.Variable(tf.truncated_normal([n_input,n_hidden1])),
       'encoder_h2'tf.Variable(tf.truncated_normal([n_hidden_1,n_hidden_2])),
     'encoder_h3' tf.Variable(tf.truncated_normal([n_hidden_2,n_hidden_3])),
     'encoder_h4' tf.Variable(tf.truncated_normal([n_hidden_3,n_hidden_4])),
       'encoder_h5' tf.Variable(tf.truncated_normal([n_hidden_4,n_hidden_5])),
     'encoder_h6' tf.Variable(tf.truncated_normal([n_hidden_5,n_hidden_6])),
        'decoder_h1'tf.Variable(tf.truncated_normal([n_hidden_6,n_hidden_5])),
       'decoder_h2'tf.Variable(tf.truncated_normal([n_hidden_5,n_hidden_4])),
       'decoder_h3'tf.Variable(tf.truncated_normal([n_hidden_4,n_hidden_3])),
       'decoder_h4'tf.Variable(tf.truncated_normal([n_hidden_3,n_hidden_2])),
08  biases={
        'encoder_b1'tf.Variable(tf.random_normal([n_hidden_1])),
        'encoder_b2'tf.Variable(tf.random_normal([n_hidden_2])),
        'encoder_b3'tf.Variable(tf.random_normal([n_hidden_3])),
        'encoder_b4'tf.Variable(tf.random_normal([n_hidden_4])),
        'encoder_b5'tf.Variable(tf.random_normal([n_hidden_5])),
        'encoder_b6'tf.Variable(tf.random_normal([n_hidden_6])),
        'decoder_b1'tf.Variable(tf.random_normal([n_hidden_5])),
        'decoder_b2'tf.Variable(tf.random_normal([n_hidden_4])),
        'decoder_b3' tf.Variable(tf.random_normal([n_hidden_3])),
        'decoder_b4' tf.Variable(tf.random_normal([n_hidden_2])),
        'decoder_b5' tf.Variable(tf.random_normal([n_hidden_1])),
        'decoder_b6' tf.Variable(tf.random_normal([n_input]))
    }
```

编码函数与解码函数分别定义如下，激活函数依然选用 sigmoid，读者也可以尝试其他激活函数的效果。

```
09  def encoder(x)
10     layer_1 = tf.nn.sigmoid(tf.add(tf.matmul(x, weights['encoder_h1']),
                                biases['encoder_b1']))
11     layer_2 = tf.nn.sigmoid(tf.add(tf.matmul(layer_1,
                        weights['encoder_h2']),biases['encoder_b2']))
12     layer_3 = tf.nn.sigmoid(tf.add(tf.matmul(layer_2, weights['encoder
                                _h3']),Biases['encoder_b3']))
13     layer_4 = tf.nn.sigmoid(tf.add(tf.matmul(layer_3, weights['encoder
                                _h4']),Biases['encoder_b4']))
14     layer_5 = tf.nn.sigmoid(tf.add(tf.matmul(layer_4, weights['encoder
                                _h5']), Biases['encoder_b5']))
15     layer_6 = tf.add(tf.matmul(layer_5, weights['encoder_h6']), biases
                                ['encoder_b6'])
16  return layer_6
%解码函数
17  def decoder(x)
18     layer_1 = tf.nn.sigmoid(tf.add(tf.matmul(x, weights['decoder_h1']),
                                biases['decoder_b1']))
19     layer_2 = tf.nn.sigmoid(tf.add(tf.matmul(layer_1, weights['decoder
                                _h2']),Biases['decoder_b2']))
20     layer_3 = tf.nn.sigmoid(tf.add(tf.matmul(layer_2, weights['decoder
                                _h3']), Biases['decoder_b3']))
21     layer_4 = tf.nn.sigmoid(tf.add(tf.matmul(layer_3, weights['decoder
                                _h4']),Biases['decoder_b4']))
22     layer_5 = tf.nn.sigmoid(tf.add(tf.matmul(layer_4, weights['decoder
                                _h5']),Biases['decoder_b5']))
23     layer_6 = tf.nn.sigmoid(tf.add(tf.matmul(layer_5, weights['decoder
                                _h6']),Biases['decoder_b6']))
24  return layer_6
```

最后定义最小二乘误差和优化函数，最终输出的多层自动编码器效果如图 8-3 所示，具体代码如下。

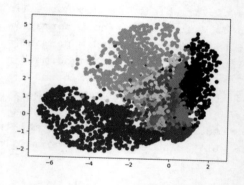

图 8-3　多层自动编码器效果

```
25  encoder_result=sess.run(encoder_op,feed_dict={Xmnist.test.images})
26  plt.scatter(encoder_result[,0],encoder_result[,1],c=mnist.test.labels)
27  plt.show()
```

由图 8-3 我们可以看到，自动编码器可以将 784 维的手写数字图像数据压缩为二维平面特征，因此，自动编码器是一种很好的特征提取和降维工具。

【应知应会】无监督学习中的自动编码器

如图 8-4 所示，将 input 输入 encoder 编码器，可以得到一个编码 code，然后加一个 decoder 解码器，得到的解码输出与输入信号 input 进行比较，通过不断调整编码器和解码器的参数，直至重构误差最小，这时就得到了输入信号特征表示。刚才我们训练的是第一层，接下来采用同样的方式训练第二层网络的参数，这样不同的网络层都会得到原始输入的不同的表达，而且越来越抽象。这就是自动编码器的无监督逐层训练方式。此外，为了实现传统的分类任务，可以在自动编码器最后添加一个分类器即可。

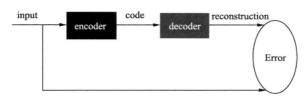

图 8-4　自动编码器流程

8.2.2　手写数字的全连接神经网络识别

用全连接神经网络去识别手写数字，主要包括：

（1）超参数设置，即设置网络层数和节点数。对于全连接网络的隐藏层不超过三层，输入层节点数是 784，即每个像素对应一个输入节点。输出层节点数是 10，对应 10 个分类。

（2）模型的训练和评估。

具体的操作步骤如下：

（1）首先需要导入 TensorFlow 框架和手写数字模块，并导入手写数字数集，与 8.2.1 节中自动编码器不同，本案例手写数字的标签需要用 one-hot 编码方式，因为神经网络采用的是监督学习方式，必须使用具有标签的数据进行训练。

```
01  import tensorflow as tf
02  from tensorflow.examples.tutorials.mnist import input_data
03  mnist=input_data.read_data_sets('MNIST_data',one_hot=True)
```

（2）定义隐藏层添加函数，设置网络权重和偏置，其中第 09 行表示无激活函数直接将权重与偏置相加作为激活函数的输出。接下来定义预测精度函数。

```
04  def add_layer(inputs,in_size,out_size,activation_function=None):
05      Weights=tf.Variable(tf.random_normal([in_size,out_size]),name='w')
06      biases=tf.Variable(tf.zeros([1,out_size])+0.1,name='b')%偏置
07      Wx_plus_b=tf.matmul(inputs,Weights)+biases
08      if activation_function is None:
09          outputs=Wx_plus_b%无激活函数情况
10      else:
11          outputs=activation_function(Wx_plus_b)
12  return outputs
    %定义精度计算函数
13  def compute_accuracy(v_xs,v_ys):
14      global prediction
15      y_pre=sess.run(prediction,feed_dict={xs:v_xs})
16      correct_prediction=tf.equal(tf.argmax(y_pre,1),tf.argmax(v_ys,1))
17      accuracy=tf.reduce_mean(tf.cast(correct_prediction,tf.float32))
18      result=sess.run(accuracy,feed_dict={xs:v_xs,ys:v_ys})
19  return result
```

（3）定义输入数据结构，其中输入为 784 维的行向量，数据个数不限，输出为 10 维的行向量，数据个数不限。接着第 22～24 行定义激活函数为 softmax，并采用交叉熵作为损失函数，训练过程中，采用随机梯度下降算法（stochastic gradient decent）训练网络参数，学习率设为 0.6。

```
20  xs=tf.placeholder(tf.float32,[None,784])%784维
21  ys=tf.placeholder(tf.float32,[None,10])
22  prediction=add_layer(xs,784,10,activation_function=tf.nn.softmax)
23  cross_entropy=tf.reduce_mean(-tf.reduce_sum(ys*tf.log(prediction),
                                          reduction_indices=[1]))
24  train_steps=tf.train.GradientDescentOptimizer(0.6).minimize(cross
                                          _entropy)
```

【应知应会】softmax 函数介绍

softmax 函数可以将向量的所有维度进行指数函数处理，然后使所有维度的输出概率和为 1，即标准化，如式(8-1)所示，每一个具体维度的输出概率如式(8-2)所示。

$$\mathrm{softmax}(x) = \mathrm{norm}(\exp(x)) \tag{8-1}$$

$$\mathrm{softmax}(x)_i = \frac{\exp(x_i)}{\sum_i \exp(x_i)} \tag{8-2}$$

可以看到，softmax 函数与激活函数类似，可以把线性输出转换为各个维度的概率分布，但 sigmoid 适合做二分类，而 softmax 适合做多分类。在手写数字识别案例中，softmax 模型可以给 0~9 每个数字对象分配概率值，概率值最大的输出分类即为最终的分类结果。

【认知提升】熵

1865 年克劳修斯（T.Clausius）首次提出熵的概念，常用来度量体系混乱程度。熵

最初是热力学第二定律中反映自发过程不可逆性的物质状态参量。在孤立系统中，系统与环境没有能量交换，体系总是自发地向混乱程度增大的方向变化，使整个系统的熵值增大，即熵增原理。摩擦使部分机械能不可逆地转变为热，使熵增加，即整个宇宙是朝着熵增加的方向演变。而在信息论中的熵是信息不确定程度的度量。熵越大表示某个事物的信息量就越多。

在本案例中采用的交叉熵（cross-entropy）计算如式(8-3)所示，其中 y 为预测输出的概率分布，因此该指标可以用来评价预测模型对真实分布估计的准确程度。

$$H(y) = \sum_i y_i \log(y_i) \tag{8-3}$$

（4）初始化全局参数和 session，训练 1 000 次，并输出预测结果。

```
25 init=tf.initialize_all_variables()
26 sess=tf.Session()
27 sess.run(init)
28 for i in range(1000):
29    batch_xs,batch_ys=mnist.train.next_batch(100)
30    sess.run(train_steps,feed_dict={xs:batch_xs,ys:batch_ys})
31    if i % 50==0:
32       print(compute_accuracy(mnist.test.images,mnist.test.labels))
```

最终训练及预测输出结果如下：

```
   ……
33 Extracting MNIST_data\train-images-idx3-ubyte.gz
34 Extracting MNIST_data\train-labels-idx1-ubyte.gz
35 Extracting MNIST_data\t10k-images-idx3-ubyte.gz
36 Extracting MNIST_data\t10k-labels-idx1-ubyte.gz
   ……
37 name: GeForce GTX 1080
38 major: 6 minor: 1 memoryClockRate (GHz) 1.8475
   ……
   0.116
   0.6766
   ……
   0.8832
   Process finished with exit code 0
```

可以看到迭代 1 000 次以后，基于单隐层神经网络的最终预测准确率为 88.32%。

8.2.3 手写数字的卷积神经网络识别

本小节分别利用开源框架 Caffe 和 TensorFlow 实现手写数字识别，帮助读者从不同角度理解卷积神经网络的实现方式及一般使用方法。

1．Caffe 实现卷积神经网络

Caffe 框架的配置安装在前面章节已讲过，其标志如图 8-5 所示，这里不再赘述，需要强调我们是在 Ubuntu 系统中实现的。具体操作步骤如下：

（1）下载 MNIST 数据集

MNIST 数据集可以在 Caffe 源码的 data/mnist 目录中用 get_mnist.sh 脚本下载，命令如下：

```
cd data/mnist/
./get_mnist.sh
```

图 8-5　Caffe2 标志

打开 get_mnist.sh 脚本，我们可以看到：

```
01  #!/usr/bin/env sh
    # This scripts downloads the mnist data and unzips it.这个脚本用于下载
    mnist数据集并解压
    ......
02      wget --no-check-certificate http://yann.lecun.com/exdb/mnist
                                                          /${fname}.gz
03      gunzip ${fname}.gz
    ......
```

（2）转换数据格式

下载的原始数据集为二进制文件，需要转换为 LEVELDB 或 LMDB 格式（这两种格式都是非关系型数据库 key-value 格式）才能被识别。只需要在 Caffe 目录下执行 create_mnist.sh 脚本

```
./examples/mnist/create_mnist.sh
```

我们再来看一下 create_mnist.sh 脚本文件：

```
#!/usr/bin/env sh
# This script converts the mnist data into lmdb/leveldb format,
# depending on the value assigned to $BACKEND.这个脚本把mnist数据转换成
为lmdb或者leveldb数据格式
set -e
# lmdb/leveldb生成路径
```

```
EXAMPLE=examples/mnist
# 原始数据路径
DATA=data/mnist
# 二进制文件路径
BUILD=build/examples/mnist
# 后端类型，可选lmdb或者leveldb
BACKEND="lmdb"
echo "Creating ${BACKEND}..."
# 如果已经存在lmdb/leveldb，则先删除
rm -rf $EXAMPLE/mnist_train_${BACKEND}
rm -rf $EXAMPLE/mnist_test_${BACKEND}
# 创建训练集
$BUILD/convert_mnist_data.bin $DATA/train-images-idx3-ubyte \
  $DATA/train-labels-idx1-ubyte $EXAMPLE/mnist_train_${BACKEND} -ba
                                                 ckend=${BACKEND}
# 创建测试集
$BUILD/convert_mnist_data.bin $DATA/t10k-images-idx3-ubyte \
  $DATA/t10k-labels-idx1-ubyte $EXAMPLE/mnist_test_${BACKEND} -backend
                                                 =${BACKEND}
……
```

（3）模型构建

本模型以 LeNet-5 为蓝本进行网络构造，其中，输入层是大小为 28×28 的图像数据，经过 20 个 5×5 的卷积核，最大池化模板为 2×2，50 个 5×5 的卷积核和模板为 2×2 的最大池化层，进入具有 1 000 个神经元的全连接层，经 ReLU 激活函数进入具有 10 个输出的全连接层，最后用 softmax 函数进行分类预测，网络模型结构如图 8-6 所示。

图 8-6　网络模型结构

基于 Caffe 框架的网络模型的描述如下：

```
01  name: "LeNet"                    //网络名称为LeNet
02  layer {                          //定义一个层（layer）
      name: "mnist"                  //层的名称为mnist
      type: "Data"                   //层的类型为数据
      top: "data"                    //层的输出有两个：data和label
      top: "label"
      include {
        phase: TRAIN                 //该层参数只在训练层有效
      }
    ……
```

```
03  data_param {                      //数据层参数
        source: "examples/mnist/mnist_train_lmdb"        //lmdb的路径
    batch_size: 64                 //批量数目，一次读取64张图
        backend: LMDB                 //数据格式为LMDB
    }
  }
```

以上为网络的整体结构部分，接下来是对 MNIST 数据输入层、卷积层、池化层的具体参数配置。

```
04  layer {  //一个新数据层，名字也叫mnist，输出blob也是data和label，但是这里定
    义的参数只在分类阶段有效
05    name: "mnist"
……
06    data_param {
        source: "examples/mnist/mnist_test_lmdb"
        batch_size: 100
        backend: LMDB
    }
  }
07  layer {  //定义一个新的卷积层conv1,输入blob为data,输出blob为conv1
08    name: "conv1"
……
09    param {
        lr_mult: 1  //权值学习速率倍乘因子，1表示与全局参数一直
    }
10    param {
        lr_mult: 2  //bias学习速率倍乘因子，是全局参数的2倍
    }
11    convolution_param {  //卷积计算参数
        num_output: 20    //输出feature map数目为20
        kernel_size: 5    //卷积核尺寸，5×5
        stride: 1         //卷积输出跳跃间隔，1表示连续输出，无跳跃
        weight_filler {   //权值使用xavier填充器
          type: "xavier"
        }
12    bias_filler {        //bias使用常数填充器，默认为0
          type: "constant"
        }
    }
  }
13  layer {          //定义新的下池化层pool1，输入blob为conv1，输出blob为pool1
    name: "pool1"
……
    }
14  layer {          //新的卷集层，和conv1相似
    name: "conv2"
……
15    convolution_param {
```

```
            num_output: 50
            kernel_size: 5
            stride: 1
        ......
        }
16  layer {                    新的下采样层，和pool2相似
        name: "pool2"
        ......
17      pooling_param {
            pool: MAX
            kernel_size: 2
            stride: 2
        }
    }
```

接下来定义具有 1 000 个神经元的全连接层、ReLU 激活层、具有 10 个神经元的全连接层和 softmax 函数，还有在测试阶段使用的分类精度层。

```
18  layer {                //新的全连接层，输入blob为pool2，输出blob为ip1
        name: "ip1"
        type: "InnerProduct"
        ......
19      inner_product_param {    //全连接层参数
20      num_output: 500          //该层输出元素为500个
        ......
    }
21  layer {     //新的非线性层，用ReLU方法
        name: "relu1"
        ......
22      inner_product_param {
23      num_output: 10
        ......
            }
        }
24  layer {  //分类精确层，只在Testing阶段有效，输入blob为ip2和label，输出blob
        为accuracy，该层用于计算分类准确率
        name: "accuracy"
        ......
        }
25  layer {     //损失层，损失函数采用SoftmaxLoss，输入blob为ip2和label，输出blob
        为loss
        name: "loss"
        type: "SoftmaxWithLoss"
        ......
        }
```

（4）模型训练

对于上一步构建好的模型，主要靠 train_lenet.sh 脚本进行训练，其中调用了文件 lenet_solver.prototxt 中指定的训练超参数，具体参数如下：

```
# The train/test net protocol buffer definition用来训练、预测的网络描述文件
net: "examples/mnist/lenet_train_test.prototxt"
# test_iter specifies how many forward passes the test should carry out.
# In the case of MNIST, we have test batch size 100 and 100 test iterations,
# covering the full 10,000 testing images.
test_iter: 100
# Carry out testing every 500 training iterations. 训练每迭代500次进行一次
预测
test_interval: 500
# The base learning rate, momentum and the weight decay of the networr
网络的基础学习率、冲量和权衰量
base_lr: 0.01
momentum: 0.9
weight_decay: 0.0005
# The learning rate policy 学习速率的衰减策略
lr_policy: "inv"
gamma: 0.0001
power: 0.75
# Display every 100 iterations 每迭代100次在屏幕上打印一次log
display: 100
# The maximum number of iterations 最大迭代次数
max_iter: 10000
# snapshot intermediate results 每5000次迭代打印出一次快照
snapshot: 5000
snapshot_prefix: "examples/mnist/lenet"
# solver mode: CPU or GPU 求解模式为cpu
solver_mode: CPU
```

（5）模型预测

对于训练好的模型，只需运行如下命令即可对数据进行预测。此外，可以通过分析输出日志得到关于网络训练和预测时的信息。

```
./build/tools/caffe.bin test \
-modle examples/mnist/lenet_train_test.prototxt \
-weights examples/mnist/lenet_iter_10000.caffemodel \
-iterations 100
```

2. TensorFlow 实现卷积神经网络

我们即将实现的这个卷积神经网络由 2 个卷积层、2 个池化层、1 个 ReLU 激活层、1 个 Dropout 层、两个全连接层，最后由 softmax 进行分类输出。其实现具体操作如下：

（1）首先导入 numpy 工具库、图像可视化工具 matplotlib 及 MNIST 数据加载模块，具体方法参见 8.2.1.1 节。然后分别定义预测输出的精度计算函数，以及网络权重、偏

置参数的构造函数。

具体代码如下：

```
%定义输出预测
01  def compute_accuracy(v_xs,v_ys):
02      global prediction
03      y_pre=sess.run(prediction,feed_dict={xs:v_xs})
04      correct_prediction=tf.equal(tf.argmax(y_pre,1),tf.argmax(v_ys,1))
05      accuracy=tf.reduce_mean(tf.cast(correct_prediction,tf.float32))
06      result=sess.run(accuracy,feed_dict={xs:v_xs,ys:v_ys})
07  return result
%定义创建权重函数
01  def weight_variable(shape):
02      initial=tf.truncated_normal(shape,stddev=0.1)
03      return tf.Variable(initial)
%定义创建偏置函数
01  def bias_variable(shape):
02      initial=tf.constant(0.1,shape=shape)
03  return tf.Variable(initial)
```

（2）定义卷积函数。

其中，步长为 1，padding 的参数为 SAME 表示填充像素使卷积得到的特征映射与输入数据尺寸一样。

```
01  def conv2d(x,W):
02      #stride[1,x_movement,y_movement,1]
03      # must have stride[0]=stride[4]=1
04  return tf.nn.conv2d(x,W,strides=[1,1,1,1],padding='SAME')
```

在池化函数中，采用 tf.nn.max_pool 最大池化函数，模板为 2×2，移动步长为 2，这样可以输出映射降为原来的 1/4。

```
01  def max_pool_2x2(x):
02      return tf.nn.max_pool(x,ksize=[1,2,2,1],strides=[1,2,2,1],padding=
'SAME')
```

（3）建立输入输出数据容器，同时将输入数据从 1×784 重构为 28×28 的矩阵。

其中 tf.reshape 函数的参数-1 表示数据数量不固定，1 表示图像数据为单通道。

```
    #define placeholder for inputs to network
01  xs=tf.placeholder(tf.float32,[None,784])
02  ys=tf.placeholder(tf.float32,[None,10])
03  keep_prob=tf.placeholder(tf.float32)
    #图像从784向量重构为28*28大小
04  x_image=tf.reshape(xs,[-1,28,28,1])  #1:channal
    #print(x_image.shape)#n_samples
```

构建具有 32 个 5×5 卷积核的第一个卷积层，采用 ReLU 作为激活函数，池化层具有 2×2 的模板，第二个卷积层具有 64 个 5×5 卷积核，经过第二个池化层可以得到 64 个 7×7 的特征映射。

```
    ##conv1 layer
05  W_conv1=weight_variable([5,5,1,32]) #patch 5*5,in size 1,out size 32
06  biases_conv1=bias_variable([32])
    #使用ReLU激活函数，输出32个28*28特征映射
07  h_conv1=tf.nn.relu(conv2d(x_image,W_conv1)+biases_conv1)#output size
                                                            28*28*32
08  h_pool1=max_poo*2(h_conv1)  #output size 14*14*32
    #2*2池化，生成32个14*14映射
    #第二层卷积，64个5*5权重矩阵，卷积核依然5*5，
    ##conv2 layer
09  W_conv2=weight_variable([5,5,32,64]) #patch 5*5,in size 32,out size 64
10  biases_conv2=bias_variable([64])
    #64个偏置
11  h_conv2=tf.nn.relu(conv2d(h_pool1,W_conv2)+biases_conv2)#output size
14*14*64
    #卷积层用ReLU激活，输出64个14*14特征，应该是加pad了吧，大小没变啊
12  h_pool2=max_pool_2*2(h_conv2)  #output size 7*7*64
    #经过2*2池化，生成64个7*7特征映射
```

第一个全连接层具有 1024 个神经元，即具有 1024 个特征输出，激活函数为 ReLU，并添加了 Dropout 层，然后进入具有 10 个输出的第二个全连接层，输出预测采用 softmax 函数做分类预测，最后采用自适应优化器优化交叉熵来调整网络权重，其中的学习率设置为 0.0001。

```
    ##func1 layer
    #全连接层1024个输出神经元
13  W_fc1=weight_variable([7*7*64,1024])
14  b_fc1=bias_variable([1024])
    #[n_sample,7,7,64]---[n_sample,7*7*64]
15  h_pool2_flat=tf.reshape(h_pool2,[-1,7*7*64])
16  h_fc1=tf.nn.relu(tf.matmul(h_pool2_flat,W_fc1)+b_fc1)
17  h_fc1_drop=tf.nn.dropout(h_fc1,keep_prob=1.0)
    ##func2 layer
    #输出神经元为10
    W_fc2=weight_variable([1024,10])
    b_fc2=bias_variable([10])
    #分类softmax
18  prediction=tf.nn.softmax(tf.matmul(h_fc1_drop,W_fc2)+b_fc2)
    #最小二乘误差作为交叉熵
    #the error between prediction and real data
19  cross_entropy=tf.reduce_mean(-tf.reduce_sum(ys*tf.log(prediction),
reduction_indices=[1]))
20  train_steps=tf.train.AdamOptimizer(1e-4).minimize(cross_entropy)
```

（4）建立 session，开始迭代 1 000 次训练网络参数，并计算最终的分类精度。

```
21  sess=tf.Session()
22  sess.run(tf.global_variables_initializer())
    #迭代1000次
23  for i in range(1000):
24     batch_xs,batch_ys=mnist.train.next_batch(100)
25     sess.run(train_steps,feed_dict={xs:batch_xs,ys:batch_ys})
26     if i % 50==0:
    #每50次计算一次精度
27        print(compute_accuracy(mnist.test.images,mnist.test.labels))
```

我们的这个 TensorFlow 实现的卷积神经网络识别手写数字可以得到 99%以上的识别准确率，明显好于单隐藏层的神经网络分类效果。

此外，在前面的章节我们用 MATLAB 和循环神经网络实现过手写数字的识别，在此不再重复，但强调一点，选用何种框架、何种开发工具请结合个人需求及对相应平台的掌握情况。

8.3　手写汉字识别

相比于手写数字及英文字母识别，手写汉字的识别难度更大。汉字数量大、种类多、笔体丰富、书写风格多样，这都大大增加了手写汉字识别的难度。本案例使用 TensorFlow 设计具有手写汉字分类功能的卷积神经网络，网络中包含两个卷积层，一个全连接层，通过训练、验证和预测等步骤，完成手写汉字识别任务。

8.3.1　数据读取及预处理

实验数据 CASIA-OLHWDB 来自于中科院自动化研究所（http://www.ia.cas.cn/），由于数据量比较大，我们采用异步处理方式，利用缓存（cache）技术从而降低 mini-batch 的读取与训练的时延，如图 8-7 所示。

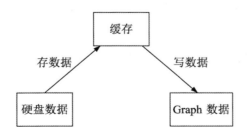

图 8-7　TensorFlow 的异步数据操作

（1）首先导入相关库文件及 TensorFlow 框架。

```
01  import os
02  import numpy as np
03  import struct
04  from PIL import Image
05  import scipy.misc
06  from sklearn.utils import shuffle
07  import tensorflow as tf
```

（2）进行数据载入。

需要注意，路径是文件名，而且此文件是解压后的文件夹，而不是压缩包。

```
01  train_data_dir = "C:\HWDB1.1tst_gnt"
02  test_data_dir = "C:\HWDB1.1tst_gnt"
    # 读取图像和对应的汉字，输入数据大小为64*64
01  def read_from_gnt_dir(gnt_dir=train_data_dir):
02      def one_file(f):%主要作用数据重构
03          header_size = 10
04          while True:
05              header = np.fromfile(f, dtype='uint8', count=header_size)
    ……
              width = header[6] + (header[7] << 8)%获得图像的宽
              height = header[8] + (header[9] << 8)%获得图像的高
    ……
06              yield image, tagcode%%用宽和高重构图像数据
07      for file_name in os.listdir(gnt_dir):%图像数据读取
08          if file_name.endswith('.gnt'):
09              file_path = os.path.join(gnt_dir, file_name)
10              with open(file_path, 'rb') as f:
11                  for image, tagcode in one_file(f):%从文件中读图像
12                      yield image, tagcode
```

（3）读取完数据，对数据图像进行翻转和亮度调整。下面代码为对图像进行裁剪与标准化。

```
01  def resize_and_normalize_image(img):
02      pad_size = abs(img.shape[0] - img.shape[1]) // 2
    # 补方即周加几圈像素
    ……
03      img = np.lib.pad(img, pad_dims, mode='constant',nstant_values=255)
04      img = scipy.misc.imresize(img, (64 - 4 * 2, 64 - 4 * 2))    # 缩放
    ……
05      img = img.flatten()%扁平
    # 像素值范围为-1到1
06      img = (img - 128) / 128
07  return img
```

（4）用独热码进行标签编码，便于进行监督学习。

```
    # one hot
```

```
01  def convert_to_one_hot(char):
02      vector = np.zeros(len(char_set))
03      vector[char_set.index(char)] = 1%特点是一个1和多个0
04  return vector
```

（5）数据异步读取步骤，包括训练数据和测试数据读取，输入数据大小为 64×64。

```
    # 由于数据量不大，可一次全部加载到RAM
01  train_data_x = []%训练数据
02  train_data_y = []
03  for image, tagcode in read_from_gnt_dir(gnt_dir=train_data_dir):
04      tagcode_unicode = struct.pack('>H', tagcode).decode('gb2312')
05      if tagcode_unicode in char_set:
06          train_data_x.append(resize_and_normalize_image(image))
07          train_data_y.append(convert_to_one_hot(tagcode_unicode))
```

（6）训练数据置乱，避免过拟合。

```
    # shuffle样本
08  train_data_x, train_data_y = shuffle(train_data_x, train_data_y, random
                                          _state=0)
09  batch_size = 128%训练批大小为128
10  num_batch = len(train_data_x) // batch_size
11  test_data_x = []%测试数据
12  test_data_y = []
13  for image, tagcode in read_from_gnt_dir(gnt_dir=test_data_dir):
14      tagcode_unicode = struct.pack('>H', tagcode).decode('gb2312')
15      if tagcode_unicode in char_set:
16          test_data_x.append(resize_and_normalize_image(image))
17          test_data_y.append(convert_to_one_hot(tagcode_unicode))
                                                    %标签变为独热码
    # shuffle样本
18  test_data_x, text_data_y = shuffle(text_data_x, text_data_y, random_
                                        state=0)
```

【最佳实践】数据读取

训练数据不要一次性全部读到内存中，这样太"暴殄天物"了。一般可以采用异步读取方式，TensorFlow 提供异步读取数据接口。例如，二进制文件 TFRecords 可以很好地利用内存，方便复制和移动等操作。因此，要记住，即使你的硬件配置再好，也不要一次性把所有数据都读入内存，这是一种很不好的编程习惯，无论你使用那种框架，一定要先学习一下如何异步读取数据。

8.3.2 卷积神经网络构建

首先定义可以识别手写汉字的卷积神经网络构建函数，输入数据大小为 64×64，我们搭建的网络具有 3 个卷积层，其卷积核大小为 3×3，池化层采用最大池化函数，模板为 2×2，之后加了 ReLU 激活函数和 Dropout 层来减少网络连接权重。

```
01  def chinese_hand_write_cnn():
02      x = tf.reshape(X, shape=[-1, 64, 64, 1])%数据大小为64*64
    # 3 conv layers处理数据大小是64*64，三个卷积层、网络权重32个3*3、偏置32
        个第一层
03      w_c1 = tf.Variable(tf.random_normal([3, 3, 1, 32], stddev=0.01))
04      b_c1 = tf.Variable(tf.zeros([32]))%偏置为0，下面接ReLU激活函数
05  conv1 = tf.nn.relu(tf.nn.bias_add(tf.nn.conv2d(x, w_c1, strides=[1,1,
        1, 1], padding='SAME'),b_c1))
    %池化才能够步长为2，模板和2*2
06      conv1_ = tf.nn.max_pool(conv1, ksize=[1, 2, 2, 1], strides=[1, 2,
                                        2, 1], padding='SAME')
07      w_c2 = tf.Variable(tf.random_normal([3, 3, 32, 64], stddev=0.01))
                            %64个3*3，卷积核，权重、偏置为0
08      b_c2 = tf.Variable(tf.zeros([64]))
    %ReLU激活函数，步长1，紧接着为最大池化层
09  conv2 = tf.nn.relu(tf.nn.bias_add(tf.nn.conv2d(conv1_, w_c2, stride
                    =[1, 1, 1, 1], padding='SAME'),b_c2))
10      conv2_ = tf.nn.max_pool(conv2, ksize=[1, 2, 2, 1], strides=[1, 2,
                                        2, 1], padding='SAME')
11      w_c3 = tf.Variable(tf.random_normal([3, 3, 64, 128], stddev=0.01))
12      b_c3 = tf.Variable(tf.zeros([128]))
13  conv3 = tf.nn.relu(tf.nn.bias_add(tf.nn.conv2d(conv2, w_c3, strides
                    =[1, 1, 1, 1],padding='SAME'), b_c3))
14      conv3 = tf.nn.max_pool(conv3, ksize=[1, 2, 2, 1], strides=[1, 2,
                                        2, 1], padding='SAME')
15      conv3 = tf.nn.dropout(conv3, keep_prob)
    %第三层128个3*3卷积，权重是正态分布随机数，偏置为0
```

全连接层具有 1024 个输出，同时采用 ReLU 激活函数和 Dropout 层

```
    # fully connect layer全连接层1024个神经元
16  w_d = tf.Variable(tf.random_normal([8 * 32 * 64, 1024], stddev=0.01))
17      b_d = tf.Variable(tf.zeros([1024]))
18      dense = tf.reshape(conv2_, [-1, w_d.get_shape().as_list()[0]])
19      dense_ = tf.nn.relu(tf.add(tf.matmul(dense, w_d), b_d))
20      dense__ = tf.nn.dropout(dense_, keep_prob)%采用ReLU激活和Dropout
21      w_out = tf.Variable(tf.random_normal([1024, 115], stddev=0.01))
    %输入1024，输出115个分类
22      b_out = tf.Variable(tf.zeros([115]))
23      out = tf.add(tf.matmul(dense__, w_out), b_out)
    %输出115个，从1024个特征到115个分类预测
24  return out
```

8.3.3　网络模型训练及结果可视化

首先定义网络模型训练函数，采用自适应优化器来优化交叉熵，学习率设置为 0.001，同时启用 TensorBoard 对基于 TensorFlow 框架网络模型的训练结果进行可视化。

```
%测试数据为
01  char_set = "卷积神经网络是由生物学、数学，还有计算机科学构成的一个奇怪组合，然
而正是这个神奇的组合，才创造出了其在人工智能领域非凡的影响力。为了便于读者更加深入的理解卷
积神经网络的基础理论和最新的前沿动态，相关参考资源列举如下，希望对您的进一步学习有所帮助。"
其中，char_set具有115个汉字，我们的目标就是对这115个汉字进行分类预测。
02  def train_hand_write_cnn():
03      output = chinese_hand_write_cnn()
04  loss=tf.reduce_mean(-tf.reduce_sum(Y*tf.log(output),reduction
                                    _indices=[1]))%交叉熵
05      optimizer = tf.train.AdamOptimizer(learning_rate=0.001).minimize(loss)
06      accuracy = tf.reduce_mean(tf.cast(tf.equal(tf.argmax(output, 1),
                              tf.argmax(Y, 1)), tf.float32))

    # 启动TensorBoard
07      tf.summary.scalar("loss", loss)
08      tf.summary.scalar("accuracy", accuracy)
09      merged_summary_op = tf.summary.merge_all()
10      saver = tf.train.Saver()
11      with tf.Session() as sess:
12          sess.run(tf.global_variables_initializer())
13          save_path=saver.save(sess,"my_net/save_net.ckpt")
14          print("Save to path",save_path)
        # 命令行执行 tensorboard --logdir=./log  打开浏览器访问http://0.0.
                                    0.0:6006
15          summary_writer = tf.summary.FileWriter('./log', graph=tf.get_
                                    default_graph())
```

网络模型训练中最大循环次数设置为 50 次，并将训练结果存于 TensorBoard 的日志文件中。

```
16          for e in range(50):
17              for i in range(num_batch):
18                  batch_x = train_data_x[i * batch_size: (i + 1) * batch
                                                _size]
19                  batch_y = train_data_y[i * batch_size: (i + 1) * batch
                                                _size]
20                  _, loss_, summary = sess.run([optimizer, loss, merged
                    _summary_op],feed_dict={X: batch_x, Y: batch_y, keep_
                                                prob: 0.5})
                # 每次迭代都保存日志
21                  summary_writer.add_summary(summary, e * num_batch + i)
22                  print(e * num_batch + i, loss_)
```

```
23                    if (e * num_batch + i) % 100 == 0:# 计算准确率
24  acc = accuracy.eval({X: text_data_x[:500], Y: text_data
                                    _y[:500], keep_prob: 1.})
25                    print(e * num_batch + i, acc)
26  train_hand_write_cnn()
```

打开浏览器，在 TensorBoard 中查看训练结果的可视化情况，如图 8-8 所示。

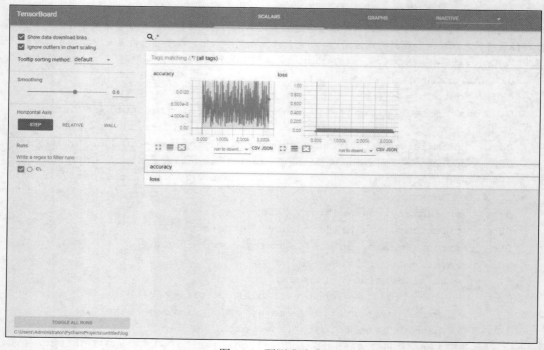

图 8-8　预测准确度

8.4　综合案例：手写数字旋转角度识别

本案例通过训练卷积神经网络模型来解决一个回归分类问题，也就是用卷积神经网络识别手写数字的旋转角度。我们在前面讲过回归属于监督学习的范畴，而且回归是一种适合连续数据分类的方法，而传统的分类方法，例如手写数字识别问题等都是针对识别输出是离散类型的情况。

本案例主要功能就是用卷积神经网络拟合一个回归模型来预测手写数字的旋转角度，以实现用卷积神经网络预测连续数据，例如角度和距离。可以在网络的最后一层添加一个回归层，利用卷积神经网络预测被旋转的手写数字角度，对光学字符识别有重大意义。在识别结果的基础上，我们采用使用图像处理工具箱中的 imrotate() 函数来旋转图像，并利用统计和机器学习的工具箱创建结果的可视化残余箱图。

8.4.1　数据载入

案例中使用的训练数据集为四维数组数据 digitTrain4DArrayData，其第四维是数据的个数，其中包含 5 000 个具有相应旋转角度的数字图像。首先展示 20 个样本数据，如图 8-9 所示。

```
01 [trainImages,~,trainAngles] = digitTrain4DArrayData;
02 numTrainImages = size(trainImages,4);%第四维表示数据个数
03 figure
04 idx = randperm(numTrainImages,20);%随机展示20个随机样本
05 for i = 1:numel(idx)
06     subplot(4,5,i)
07     imshow(trainImages(:,:,:,idx(i)))
08 drawnow
09 end
```

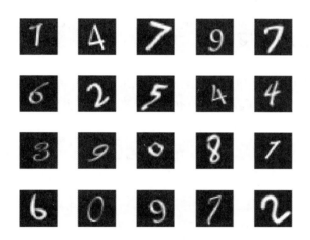

图 8-9　随机展示 20 个样本数据

8.4.2　网络构建

为识别数字的旋转角度，我们搭建一个五层网络，并在网络的最后添加回归层来解决回归问题，其中，第一层定义输入数据的大小和类型，图像为单通道的 28×28 矩阵，输入层与训练图像大小相同。网络的中间层定义了网络的核心体系结构，二维卷积层包含 25 个大小为 12×12 的卷积核，用 ReLU 做激活函数。最后输出层定义输出数据的大小和类型，尤其对于回归问题，全连接层必须位于网络最后的回归层之前。因此，最后部分包括一个全连接的输出层和一个回归层。

```
10 layers = [ ...
       imageInputLayer([28 28 1])%输入单通道28*28
       convolution2dLayer(12,25)%25个12*12的卷积核
```

```
            reluLayer%ReLU激活层
            fullyConnectedLayer(1)%全连接层
regressionLayer];%回归层
```

8.4.3　网络训练

初始学习速率设置为 0.001，为了减少训练时间，可以将最大迭代次数 maxepochs 降为 15 次。

```
11  options = trainingOptions('sgdm','InitialLearnRate',0.001, 'MaxEpochs',15);
12  net = trainNetwork(trainImages,trainAngles,layers,options)
    Training on single CPU.
    %输出为
    net =
      SeriesNetwork with properties:
        Layers: [5x1 nnet.cnn.layer.Layer]
```

8.4.4　测试预测精度

对测试集数据图像进行角度预测，并评估预测效果，用预测精度测试性能，用均方根误差（root-mean-square error，RMSE）计算预测错误率。

```
13  [testImages,~,testAngles] = digitTest4DArrayData;
14  predictedTestAngles = predict(net,testImages);%预测角度
15  predictionError = testAngles - predictedTestAngles;%评估
16  thr = 10;
17  numCorrect = sum(abs(predictionError) < thr);
18  numTestImages = size(testImages,4);
19  accuracy = numCorrect/numTestImages
    %输出为
    accuracy =
        0.8484
20  squares = predictionError.^2;
%用root-mean-square error (RMSE)度量预测值和真实值差异
21  rmse = sqrt(mean(squares))
    %输出为
    rmse =
      single
        7.3450
```

可以看到，预测的精度为 84.84%，预测的均方根误差为 7.3450，本例中只进行了 15 次迭代，一般通过增加迭代次数可以提高预测性能。

8.4.5　残差展示

预测的残差是预测角度与真实角度的差值，调用 boxplot()函数进行结果可视化。预测准确率越高，意味着均值趋于 0，方差也相应越小，如图 8-10 所示。

```
22  residuals = testAngles - predictedTestAngles;%每一列是一类的残差
23  residualMatrix = reshape(residuals,500,10);
24  figure
25  boxplot(residualMatrix, 'Labels',{'0','1','2','3','4','5','6','7','8','9'})
26  xlabel('Digit Class')
27  ylabel('Degrees Error')
28  title('Residuals')
```

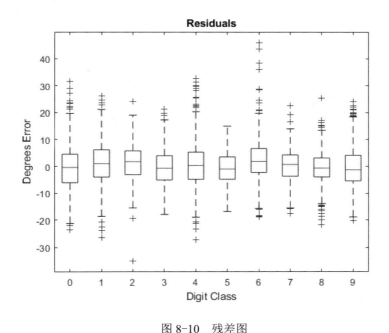

图 8-10　残差图

8.4.6　偏转角度矫正及可视化

根据预测的偏转角度，利用 imrotate 函数纠正图片。

```
29  idx = randperm(numTestImages,49);
30  for i = 1:numel(idx)
31      image = testImages(:,:,:,idx(i));
32      predictedAngle = predictedTestAngles(idx(i));
33  imagesRotated(:,:,:,i) = imrotate(image,predictedAngle,'bicubic',
                                                        'crop');
34  end
```

角度矫正效果如图 8-11 所示。

```
35  figure
36  subplot(1,2,1)
37  montage(testImages(:,:,:,idx))
38  title('Original')
39  subplot(1,2,2)
40  montage(imagesRotated)
41  title('Corrected')
```

（a）Original

（b）Corrected

图 8-11　角度矫正效果

8.5　温故知新

本章在利用卷积神经网络、单隐层神经网络、自动编码器等模型对手写数字识别、手写汉字识别、带角度的手写数字识别进行介绍，做了大量的案例讲解展示工作，将"手写体识别进行到底"。

为便于理解，学完本章，读者需要掌握如下知识点：

（1）MNIST 训练图像由 28×28 的矩阵展成一维行向量，每行 784 个值，即每行代表一张图像。

（2）自动编码器利用无监督的稀疏编码思想，实现用少量的高层次特征编码原始数据的功能，逐层提取特征，逐层抽象。

（3）softmax 函数可以把线性输出转换为各个维度的概率分布，适合解决多分类问题。

（4）交叉熵可以用来评价预测模型对真实分布估计的准确程度。

在下一章中，读者会了解到：

深度学习在视频监控中的应用。

8.6　停下来，思考一下

　　习题 8-1　对于手写数字的识别问题，本书以 MATLAB、Caffe、TensorFlow 框架为基础，实现了自动编码器、卷积神经网络、循环神经网络、单隐层神经网络的手写体识别，请结合相关深度学习框架特点及相应深度网络的技术特点，对各个解决方案的性能进行对比分析。

　　习题 8-2　对于数据预处理或是分析数据结果，可视化的工作是更清晰地认识数据内部规律的一个重要手段，请结合本章 MATLAB、Python 等编程知识及在手写体识别中的应用背景，总结出深度学习领域的可视化技术与方法要点。

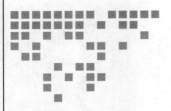

第 9 章

基于深度学习的视频检测

本章以人物视频检测为突破口,介绍深度学习在视频检测中的应用,然后通过人脸视频检测和物体视频检测两个案例进行实战。

本章主要涉及的知识点有:

- 人物视频监控检测关键技术:了解人物监控视频问题的研究现状及意义,理解目前主流的检测技术。
- 人脸视频检测:了解人脸视频检测的研究现状,掌握 OpenCV 等工具的使用方法,学会基于深度学习实现人脸视频检测的关键技术。
- 物体视频检测:了解物体视频检测的主要方法,掌握用预训练网络做物体视频检测的流程,为下一步迁移学习打下基础。

注意:本章案例基于 Keras 和 MATLAB 实现。

9.1 人物监控视频问题研究意义及现状

随着社会的发展,视频图像采集技术和数据存储技术不断提升,大量的监控摄像头安装在医院、社区、校园、地铁站、火车站等大型公共场所,形成了大型分布式摄像机网络,本节简要介绍了人物监控视频问题的研究意义及现状。

9.1.1 研究意义

随着社会的发展,视频图像采集技术和数据存储技术不断提升,大量的监控摄像头安装在医院、社区、校园、地铁站、火车站等大型公共场所,形成了大型分布式摄像机网络。监控视频现在已经成为公安部门侦破诸如商场盗窃、入室抢劫、打架斗殴、恐怖袭击等刑事案件的重要线索。

图 9-1 为数字视频监控系统结构示意图，包括监控中心平台、前端编码器、网络摄像机、解码器、存储系统以及配套软件，并可提供成套的视频监控解决方案。

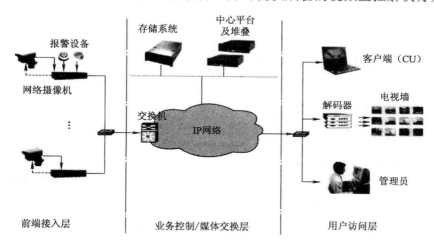

图 9-1　数字视频监控系统结构示意图

数字视频监控系统有两种典型模式：

第一种是网络视频服务器+模拟摄像机模式，通过网络视频服务器对前端视频信息进行编码处理，将模拟视频信号转化为数字信号并上网传输。

第二种是网络摄像机模式，此种模式又可称为 IP 智能视频监控、分布式视频监控等。现场采用网络监控产品，如网络摄像机等全数字摄像机。它们输出的即为全数字视频信号，并能直接上网传输与控制。

视频监控网络的快速发展所带来的海量视频给传统人工视频监控分析方法带来了巨大的挑战。怎样能使监控视频的分析和利用更加智能化是一个亟待解决的问题。传统的视频监控系统大多采用实时摄像头加人工检查的方式进行，它存在着以下的问题：

（1）对于负责看录像屏幕的人员来说是一个极大的挑战。普通人注意力很难长久集中，且监控视频的场景会突然变得嘈杂，所以在大型分布式摄像机网络下使用人工监察方式的视频监控系统的劣势尤为突出。

（2）由于系统的存储资源有限，视频内容会被定期删除而其中可能就会有后来需要的重要信息。由此可见，传统的监控系统越来越不能适应现在监控系统需要长时间记录视频图像信息和摄像头网络化的发展趋势。

（3）传统利用摄像头网络的视频监控进行刑事侦查的过程中，侦查人员需要查看案发地点和案发时间前后大量的视频监控，以便排查、锁定和追踪嫌疑目标，由于没有智能化的目标行人自动匹配识别系统，这些工作只能依赖人工进行浏览判别的方式进行，需要消耗很大的人力和物力，并且不能准确判别出嫌疑目标。

（4）摄像头捕捉到的行人照片往往是不够清楚的，这就需要通过多张低分辨率的照片生成一张清晰的行人照片，以利于后续处理。

针对以上问题，我们认为，视频监控系统时刻都在产生大量的数据，其中的关键因素是其中的行人。系统产生的数据需要大量的存储空间，同时，监控视频包含了大量的无效信息，因此，面对具体的侦查任务，需要耗费大量的人力物力。对于每一个视频监控系统，我们可以对其中的行人制作一份摘要，这份摘要包括：

- 行人的清晰照片一张。
- 行人在视频中的停留时间记录。
- 行人运动轨迹记录。

如果每一个视频数据都有这样的一份行人摘要数据，那么，就可以随时了解该时间段内有什么人经过该地，有什么人多次经过该地，有什么人长时间在此逗留。对于特定的查询对象，无须查看视频，就可以直接得到该对象是否在此地出现过，具体是什么时间。这样做既可以节省存储空间，又保留了重要信息，即使后面该视频被删除，也不会损失重要信息。有了这些信息后，就可以有针对性地查看相关视频细节，大大减轻人力负担。

9.1.2　国内外研究现状

近年来物联网得到高速发展，视频监控作为安防领域的一个重要的研究方向得到了高度重视。大量计算机视觉领域的工作在于对智能视频监控中关键技术的研究。研究的重点有目标检测、跟踪、多目标、多摄像机跟踪等。

对视频的研究是一个分析视频序列的过程，目标检测是视频监控的研究重点，其分为运动目标检测和静态图像目标检测。运动目标检测有背景差分法、光流法和帧差法。当前被广泛使用的是背景差分法，其关键是建立背景模型，其中混合高斯模型是该类研究中的经典模型。在特征提取中，受 SIFT 算法的启发，Dalal 和 Triggs 提出了著名的梯度方向直方图 HOG 特征，该特征是基于强度的特征提取的研究重要成果。

行人检测是目标检测的一个重点问题，同时也是视频监控的一个主要应用方面。在针对行人检测的特征中，HOG 是目前性能最好的特征，其与支持向量机 SVM 分类器结合在 MIT 的行人检测库上得到了近乎 100%的检测率，可以说是一个重大进展。尽管没有哪一个单独的特征性能好于 HOG，但是可以通过给特征补充一些额外的信息来获取更好的性能。

深度学习是从人工神经网络发展出来的机器学习技术的新领域。早期所谓的"深度"是指超过一层的神经网络，但随着深度学习的快速发展，其内涵已经超出了传统的多层神经网络，甚至机器学习的范畴。

深度学习是机器学习的一个新的研究阶段，它通过建立类似于人脑分层次学习的机制，对输入数据逐级提取从底层到高层的特征，从而建立从底层信号到高层语义的映射关系。同时，深度学习通过逐层构建的多层网络使其能学习隐藏在数据内部的关系，从而使学习到的特征更加具有推广性和表达力。

对于识别任务，人脑并不会对获得的原始信息进行某一特定的预处理，而是直接将其在大脑复杂的层次结构中传播，通过每一层对输入信号进行重新提取和表达，最终让人脑识别出输入信号想要传达的信息。这种分层次处理信息、提取特征的过程正是深度学习网络模型的构建基础。目前，深度学习技术在图像处理、视频分析方面取得了广泛的成功，获得了学术界和工业界广泛认可。

人脸识别具有巨大的理论意义和应用价值。人脸识别的研究对于图像处理、模式识别、计算机视觉、计算机图形学等领域的发展具有巨大的推动作用，同时在生物特征认证、视频监控、安全等各个领域也有着广泛的应用。

经过多年研究，人脸识别技术已取得了长足的进步和发展。随着视频监控、信息安全、访问控制等应用领域的发展需求，基于视频的人脸识别已成为人脸识别领域最为活跃的研究方向之一。如何充分利用视频中人脸的时间和空间信息克服视频中人脸分辨率低，尺度变化范围大，光照、姿态变化剧烈以及时常发生遮挡等问题是研究的重点。国内外众多的大学和研究机构，如美国的 MIT、CMU、UIUC、Maryland 大学，英国的剑桥大学和国内的中科院自动化研究所都对基于视频的人脸识别进行了广泛而深入的研究。

行人重识别（person re-identification）是指在非重叠视角域多摄像头网络下进行的行人匹配，即如何确认不同位置的摄视频监控或者重要摄像头在不同时刻发现的行人目标是否为同一人，与 person search 有些相同点。行人重识别研究涉及模式识别、机器学习、信息论等学科，在学术界是一个重要的研究热点。与传统生物识别系统，比如人脸识别相比，行人重识别面临着监控视频的环境复杂不可控和图像质量低的问题，要提取健壮生物特征较为困难。

2014 年，Layne 等人定义了 21 个关于服装风格、发型、是否携带物品、性别等二进制属性来表示行人，采用 SVM 对这些特征进行分类训练。2014 年，Li A 等人认为不同监控视频下受光照、背景、相机参数的影响，行人的衣服纹理和颜色发生变化，但是衣服类型往往是不变的，因此作者通过 Latent SVM 将衣服属性集成到行人重识别框架中来提升行人重识别的性能。

总之，当前随着硬件技术的进步，视频处理技术、人脸识别技术尤其是深度学习算法都有了长足的进步，这为我们开展基于深度学习的监控视频行人摘要系统的研发打下了良好的基础，为我们研究其中的关键算法开辟了路径。

9.2　研究情况介绍

监控视频行人摘要系统研究的主要内容包括身份识别、超分辨率分析和行人检测跟踪等，本节对此进行了详述。

9.2.1　研究内容

监控视频行人摘要系统面临着许多技术上的难题，主要包括：

（1）基于视频的身份识别问题。由于监控视频系统千差万别，需要考虑多生物特征融合来识别行人身份。具体可能包括着装特征识别、人脸识别、步态识别等。

（2）基于视频的行人清晰照片生成问题。由于监控视频中的行人通常并不会配合摄像头来生成清晰照片，因此行人的清晰照片的生成，更多是依靠多张视频图片来生成，需要依靠超分辨率分析技术。

（3）基于视频的行人检测跟踪问题。监控视频中，正确监测行人是第一步，行人通常都有一个运动过程，在这个过程中，通过跟踪可以确定一个人，从而避免把同一个人当成两个不同的人来看待。

（4）不同场景下行人身份的匹配问题也就是行人重识别问题。对于不同场景下同一个人，后续的视频行人摘要生成，只需要对图像进行细化，加入该对象的出现时间。

总之，我们的研究内容主要包括以下 4 个方面：

（1）基于深度学习的监控视频中行人检测算法。

（2）基于深度学习的监控视频中行人跟踪算法。

（3）基于深度学习的监控视频中行人人脸超分辨率重建。

（4）基于深度学习的行人重识别算法。

9.2.2　研究目标及关键科学问题

我们的研究目标主要有两个方面：

（1）研发一个基于深度学习的监控视频行人摘要生成系统

基于监控视频，实现行人检测和跟踪，对于不同场景行人进行重识别，进而建立行人摘要，构建一个高效的、高正确率的监控视频行人摘要系统。

（2）提出监控视频行人摘要生成系统中深度学习框架和算法

本项目基于深度学习算法研究监控视频行人摘要生成系统的关键技术，主要包括如何将深度学习框架应用于系统，将重点研究行人检测算法和重识别算法研究和视频中行人跟踪算法。

针对研究目标，提炼出如下科学问题：

（1）通过对监控视频中行人人脸、步态、着装等特征的提取和分析，以深度学习算法为基础，进行行人检测。

（2）监控视频中，对同一场景下的行人是否为同一人，将基于深度学习的研究行人跟踪算法。

（3）通过多幅低质量行人图片，基于深度学习以超分辨率重建行人清晰照片。

（4）确定不同场景下的行人是否为同一人，利用深度学习研究行人重识别算法。

【案例 9-1】基于 Python 库的人脸识别

运行环境和工具需求，Ubuntu17.10（见图 9-2）及 Python2.7.14（见图 9-3），工具包括 git、cmake、python-pip。

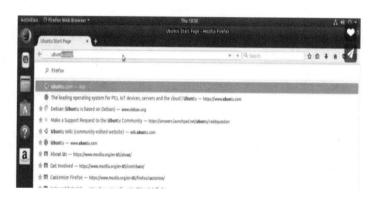

图 9-2　Ubuntu17.10

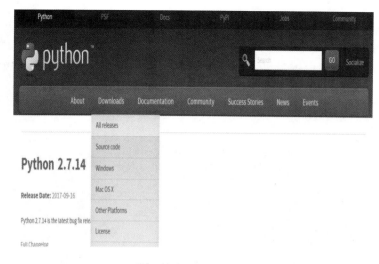

图 9-3　Python2.7.14

安装命令为：

```
# 安装 git
$ sudo apt-get install -y git
# 安装 cmake
$ sudo apt-get install -y cmake
# 安装 python-pip
$ sudo apt-get install -y python-pip
```

安装 face_recognition 之前需要先安装编译 Dlib（http://dlib.net/，见图 9-4）。

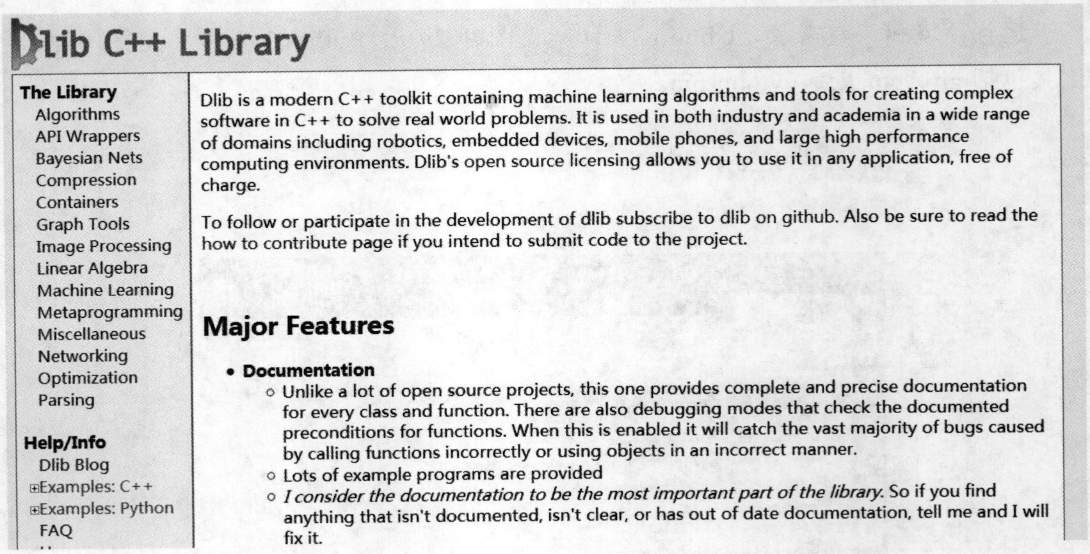

图 9-4　Dlib 库

```
# 编译dlib前先安装 boost
$ sudo apt-get install libboost-all-dev
# 开始编译dlib
# 克隆dlib源代码
$ git clone https://github.com/davisking/dlib.git$ cd dlib$ mkdir build$ cd
build$ cmake .. -DDLIB_USE_CUDA=0 -DUSE_AVX_INSTRUCTIONS=1
$ cmake --build .（注意中间有个空格）$ cd ..$ python setup.py install --yes
USE_AVX_INSTRUCTIONS --no DLIB_USE_CUDA
# 安装 face_recognition
$ pip install face_recognition
# 安装face_recognition过程中会自动安装 numpy、scipy 等
```

输入 face_recognition 命令，查看是否安装成功

```
face_recognition --help
```

接下来，准备一个文件夹包含已知人物的图片，并以人物的名字命名，相当于训

练样本，例如，文件夹名字为 known，另一个名字为 unknown 文件夹包含待识别图片，最后输入一行代码即可实现人脸识别。

```
face_recognition /known /unknown
```

9.3 综合案例：基于深度学习的人脸视频检测

本小节针对实时人物视频监控，利用深度学习方法和人脸识别方法训练深度神经网络模型，并对特定人脸识别进行实战。

9.3.1 环境准备

实验环境以 Keras 为基础，由前面章节的讲解可知，Keras 就是一个 Python 库，可以支持 Theano 和 TensorFlow 等多个深度学习后端（backend）框架。为实现视频检测，我们需要有一个网络摄像头 WebCamera，采用的 Python 的版本为 Python3.6.2（见图 9-5），人脸识别库为 OpenCV3.0（见图 9-6），模型运行在搭有 Python 科学计算库 Anaconda3.4.2 的 Windows10 操作系统上，接下来只需要通过大量具有标签的图像数据，即可训练基于 Keras 框架的具有视频监控功能的深度神经网络。

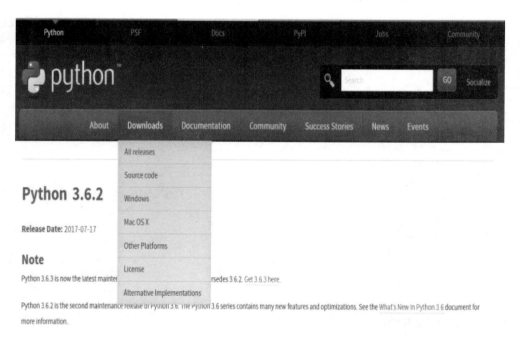

图 9-5 Python 3.6.2 界面

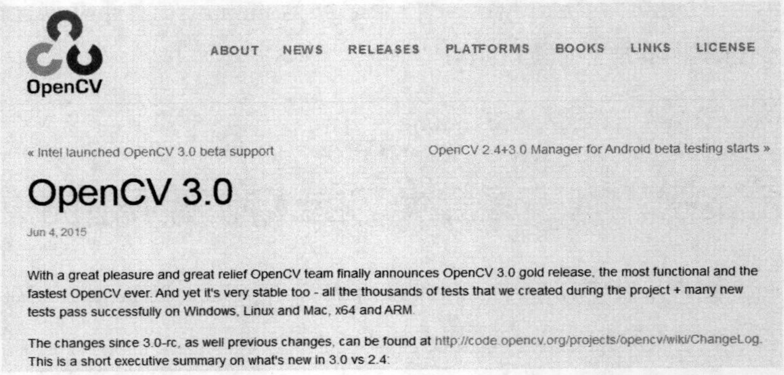

图 9-6　OpenCV 3.0 界面

实验环境的具体安装配置步骤代码如下（01~06 为 6 个步骤）：

```
01  install OpenCV, Anaconda.%安装OpenCV和Anaconda
02  conda create -n venv python=3.6%创建python3.6虚拟环境
03  source activate venv
04  conda install -c https://conda.anaconda.org/menpo opencv3
05  conda install -c conda-forge tensorflow%安装TensorFlow
06  pip install -r requirements.txt
```

步骤 05 中将 Keras 的后台支撑由 Theano 改为 TensorFlow。步骤 06 中，requirement.txt 中的要求配置内容及其版本如下：

```
01  h5py==2.6.0
02  Keras==1.1.0
03  mock==2.0.0
04  numpy==1.11.1
05  pbr==1.10.0
06  protobuf==3.0.0b2
07  PyYAML==3.12
08  scikit-learn==0.17.1
09  scipy==0.18.1
10  six==1.10.0
11  sklearn==0.0
12  tensorflow==0.10.0
13  Theano==0.8.2
```

9.3.2　数据处理

在搭建好的开发环境上，首先需要利用图像处理工具程序库 OpenCV 和 numpy 对图像进行预处理，代码如下：

```
01  import os
```

```
02  import numpy as np
03  import cv2
```

从图 9-7 中可以看出，图像的标签是通过文件的命名规则标记的，这样可以方便在图像数据读取的同时进行数据标签存储。

🖼 1boss.JPG	2017/11/25 14:54
🖼 11boss.JPG	2017/11/25 14:54
🖼 21boss.JPG	2017/11/25 14:54
🖼 31boss.JPG	2017/11/25 14:54

图 9-7　数据图像命名及标签

我们在程序中设置的可以处理的图像大小为 64×64，也就是说深度神经网络需要的数据格式是 64×64 的训练数据，因此定义如下剪裁函数，将视频获取或者其他训练数据的尺寸规整为 64×64 的要求。

```
01  def resize_with_pad(image, height=IMAGE_SIZE, width=IMAGE_SIZE):

    %用边距裁剪图像
02    def get_padding_size(image):
03        h, w, _ = image.shape%原始图像长与宽
04        longest_edge = max(h, w)%最长边
05        top, bottom, left, right = (0, 0, 0, 0)
06        if h < longest_edge:
07            dh = longest_edge - h%差值为最大边与高的差
08            top = dh // 2
09            bottom = dh - top
10        elseif w < longest_edge:
11            dw = longest_edge - w%边缘裁剪
12            left = dw // 2
13            right = dw - left
14        else:
15            pass
16        return top, bottom, left, right%得到上下左右边距
17    top, bottom, left, right = get_padding_size(image)%得到四个边距
18    BLACK = [0, 0, 0]
19    constant = cv2.copyMakeBorder(image, top , bottom, left, right,
                                   cv2.BORDER_CONSTANT, value=BLACK)
20    resized_image = cv2.resize(constant, (height, width))%重新定义图像大小
21    return resized_image
```

接下来定义图像数据读取中的遍历函数，其重要作用之一就是返回图像数据的标签并将图像数据读入内存。

```
01  def traverse_dir(path):%path为图像的存储路径
```

```
02     for file_or_dir in os.listdir(path):
03         abs_path = os.path.abspath(os.path.join(path, file_or_dir))
04         print(abs_path)%打印绝对路径
05         if os.path.isdir(abs_path): # dir绝对路径
06             traverse_dir(abs_path)
07         else:                      # file
08             if file_or_dir.endswith('.jpg'):
09                 image = read_image(abs_path)%从绝对路径中读取图形
10                 images.append(image)%图像
11                 labels.append(path)%标签
12  return images, labels%返回图像和标签
```

在图像数据遍历函数代码的第 09 行，调用图像读取函数，利用图像数据的路径将图像数据读入，并调用 resize_with_pad() 函数将图像规整为 64×64 的规定尺寸。

```
01  def read_image(file_path):
02      image = cv2.imread(file_path)
03      image = resize_with_pad(image, IMAGE_SIZE, IMAGE_SIZE)%裁剪
04  return image
```

很容易理解，图像视频监控采用监督学习方式，那么训练数据的标签就是关键的先验知识，因此定义数据及标签提取函数，其代码第 04 行的****表示特定的图像数据名称中的标记，例如本案例中我们采用"****"命名，此时其标签为 0，否则标签为 1。

```
01  def extract_data(path):%标签及数据提取函数
02      images, labels = traverse_dir(path)
03      images = np.array(images)
04      labels = np.array([0 if label.endswith('****') else 1 for label in
                                        labels])%以设定的标志名称结尾
05  return images, labels
```

9.3.3　模型训练

处理好用来训练的图像数据，接下来就需要构建深度网络模型并进行模型训练，在编写好的程序的基础上，只需执行如下命令即可开始网络的训练，其中****代表你所命名的功能名称。

代码运行命令：

```
$ python ****_train.py
```

接下来解读****_train.py 中的 Python 代码具体含义。首先，导入函数工具库，包括随机库、交叉验证、Keras 深度学习的函数库等，其中第 13 行导入****_input 包含 9.3.2 节中数据预处理的相关函数。

```
01  from __future__ import print_function
02  import random
03  import numpy as np
04  from sklearn.cross_validation import train_test_split
05  from keras.preprocessing.image import ImageDataGenerator
06  from keras.models import Sequential
07  from keras.layers import Dense, Dropout, Activation, Flatten
08  from keras.layers import Convolution2D, MaxPooling2D
09  from keras.optimizers import SGD
10  from keras.utils import np_utils
11  from keras.models import load_model
12  from keras import backend as K
13  from ****_input import extract_data, resize_with_pad, IMAGE_SIZE
```

在定义的数据集类中，包括训练、验证、测试数据集的初始化、数据的读取，其中，训练数据和测试数据是通过随机分配的方式进行划分的。

```
01  class Dataset(object):
02      def __init__(self):%定义构造函数，包括训练集、验证集、测试集
03          self.X_train = None
04          self.X_valid = None
05          self.X_test = None
06          self.Y_train = None
07          self.Y_valid = None
08          self.Y_test = None
    %定义数据读取函数
09      def read(self, img_rows=IMAGE_SIZE, img_cols=IMAGE_SIZE, img_channels=3,
                                                      nb_classes=2):
10          images, labels = extract_data('./data/')%数据路径
11          labels = np.reshape(labels, [-1])# numpy.reshape，随机分割数据集
12          X_train, X_test, y_train, y_test = train_test_split(images,
              labels, test_size=0.3, random_state=random.randint(0, 100))
13          X_valid, X_test, y_valid, y_test = train_test_split(images,
          labels, test_size=0.5,random_state=random.randint(0, 100))
14          if K.image_dim_ordering() == 'th':%这是theano的数据格式
15              X_train = X_train.reshape(X_train.shape[0], 3, img_rows,
                                                      img_cols)
16              X_valid = X_valid.reshape(X_valid.shape[0], 3, img_rows,
                                                      img_cols)
17              X_test = X_test.reshape(X_test.shape[0], 3, img_rows, img_cols)
18              input_shape = (3, img_rows, img_cols)
19          else:
20              X_train = X_train.reshape(X_train.shape[0], img_rows,
                                                      img_cols, 3)
21              X_valid = X_valid.reshape(X_valid.shape[0], img_rows,
                                                      img_cols, 3)
22              X_test = X_test.reshape(X_test.shape[0], img_rows, img_cols, 3)
23              input_shape = (img_rows, img_cols, 3)
```

```
              # 数据随机分为测试和训练集
24            print('X_train shape:', X_train.shape)
25            print(X_train.shape[0], 'train samples')
26            print(X_valid.shape[0], 'valid samples')
27            print(X_test.shape[0], 'test samples')
28            #转变为二进制矩阵
29            Y_train = np_utils.to_categorical(y_train, nb_classes)
30            Y_valid = np_utils.to_categorical(y_valid, nb_classes)
31            Y_test = np_utils.to_categorical(y_test, nb_classes)
32            X_train = X_train.astype('float32')
33            X_valid = X_valid.astype('float32')
34            X_test = X_test.astype('float32')
35            X_train /= 255
36            X_valid /= 255
37            X_test /= 255
38            self.X_train = X_train
39            self.X_valid = X_valid
40            self.X_test = X_test
41            self.Y_train = Y_train
42            self.Y_valid = Y_valid
43            self.Y_test = Y_test
```

接下来定义深度卷积神经网络模型，我们需要实现的功能比较简单，相当于二分类问题，只需给出出现在实时视频监控的人物是否为我们想找的目标即可，因此输出标签为 0 或 1。我们的网络中，输入数据尺寸为 64×64，因此设计具有 4 个 3×3 卷积核的卷积层、2 个采用模板为 2×2 的最大池化层、多个 ReLU 激活函数层、多个 Dropout 层，其丢弃比例参数设置为 0.25，全连接层具有 512 个神经元，最后采用 softmax 层进行分类识别输出。

```
01   class Model(object):
02       FILE_PATH = './store/model.h5'
03       def __init__(self):%构造函数
04           self.model = None
05       def build_model(self, dataset, nb_classes=2):%构建网络
06           self.model = Sequential()%添加卷积层，32个3*3卷积核，pad=1
07           self.model.add(Convolution2D(32, 3, 3, border_mode='same',
                                      input_shape=dataset.X_train.shape[1:]))
08           self.model.add(Activation('relu'))%激活函数为ReLU
09           self.model.add(Convolution2D(32, 3, 3))%卷积层32个3*3卷积核
10           self.model.add(Activation('relu'))%ReLU激活函数
11           self.model.add(MaxPooling2D(pool_size=(2, 2)))%最大池化2*2模板
12           self.model.add(Dropout(0.25))%Dropout层，比例为0.25
13           self.model.add(Convolution2D(64, 3, 3, border_mode='same'))
       %卷积层64个3*3卷积核，pad=1
14           self.model.add(Activation('relu'))%激活函数ReLU
15           self.model.add(Convolution2D(64, 3, 3))%64个3*3卷积核
```

```
16          self.model.add(Activation('relu'))%激活函数ReLU
17          self.model.add(MaxPooling2D(pool_size=(2, 2)))%最大池化2*2模板
18          self.model.add(Dropout(0.25))%Dropout层，比例为0.25
19          self.model.add(Flatten())%拉直
20          self.model.add(Dense(512))%全连接层512个神经元
21          self.model.add(Activation('relu'))
22          self.model.add(Dropout(0.5))
23          self.model.add(Dense(nb_classes))
24          self.model.add(Activation('softmax'))%softmax分类
25          self.model.summary()
```

在模型训练函数中，训练批的大小为 32，迭代次数设置为 40 次，采用 SGD 随机梯度下降算法进行网络参数训练。

```
01      def train(self, dataset, batch_size=32, nb_epoch=40, data_augmentation
                                                              =True):
        #用SGD训练
02      sgd = SGD(lr=0.01, decay=1e-6, momentum=0.9, nesterov=True)
03      self.model.compile(loss='categorical_crossentropy', optimizer=sgd,
                                                metrics=['accuracy'])
        %采用交叉熵及SGD训练网络，学习率lr为0.01
04      if not data_augmentation:
05          print('Not using data augmentation.')
06          self.model.fit(dataset.X_train, dataset.Y_train,
07                      batch_size=batch_size,
08                      nb_epoch=nb_epoch,
09                  validation_data=(dataset.X_valid, dataset.Y_valid),
10                      shuffle=True)
11      else:
12          print('Using real-time data augmentation.')
        # 预处理和实时数据增强
14          datagen = ImageDataGenerator(
15              featurewise_center=False,              # 数据的均值
16              samplewise_center=False,
17              featurewise_std_normalization=False,   # 用方差划分
18              samplewise_std_normalization=False,    #
19              zca_whitening=False,                   # ZCA增白
20              rotation_range=20,                     # 旋转0° ~180°
21              width_shift_range=0.2,                 #变换比例
22              height_shift_range=0.2,
23              horizontal_flip=True,                  # 随机爱翻转
24              vertical_flip=False)                   #
        # 计算标准化
25              datagen.fit(dataset.X_train)
26  self.model.fit_generator(datagen.flow(dataset.X_train,dataset.Y_
train,batch_size=batch_size),samples_per_epoch=dataset.X_train.
shape[0],nb_epoch=nb_epoch, validation_data=(dataset.X_valid, dataset
                                                .Y_valid))
```

训练好的模型需要保存和载入，以便于对模型的多次调用和迁移学习等，下面定义了模型保存函数和模型定义函数。

```
01  def save(self, file_path=FILE_PATH):
02      print('Model Saved.')
03      self.model.save(file_path)
%模型载入函数
01  def load(self, file_path=FILE_PATH):
02      print('Model Loaded.')
03      self.model = load_model(file_path)
```

训练完模型后，其最终目的就是利用训练好的网络模型进行视频图像数据预测，也就是上面所称的二分类问题，即判断视频中出现人物是否为锁定的目标。

```
01  def predict(self, image):
02      if K.image_dim_ordering() == 'th' and image.shape != (1, 3,
                                IMAGE_SIZE,IMAGE_SIZE):
03          image = resize_with_pad(image)%重定义图像大小
04          image = image.reshape((1, 3, IMAGE_SIZE, IMAGE_SIZE))
05      elseif K.image_dim_ordering() == 'tf' and image.shape != (1,
                                IMAGE_SIZE,IMAGE_SIZE, 3):
06          image = resize_with_pad(image)%重定义图像大小
07          image = image.reshape((1, IMAGE_SIZE, IMAGE_SIZE, 3))
08      image = image.astype('float32')
09      image /= 255
10      result = self.model.predict_proba(image)%预测
11      print(result)
12      result = self.model.predict_classes(image)%分类
13  return result[0]
%评估函数
01  def evaluate(self, dataset):
02      score = self.model.evaluate(dataset.X_test, dataset.Y_test,
verbose=0)
03      print("%s: %.2f%%" % (self.model.metrics_names[1], score[1] * 100))
```

函数预测结束后，利用评估函数进行预测结果性能的评估，以预测准确率为评价模型优劣的标准，最终输出视频检测的结果分类及准确率。

综上所述，结合上面介绍的数据集定义、模型构建、模型训练、模型存储、模型载入、模型评估等子函数，我们可以得到一个完整的数据载入、网络构建、训练的执行流程。

```
01  dataset = Dataset()%数据集构建
02  dataset.read()%数据集读取
03  model = Model()%网络模型构建
04  model.build_model(dataset)
```

```
05  model.train(dataset, nb_epoch=10)%网络模型训练
06  model.save()%保存
07  model = Model()
08  model.load()%载入
09  model.evaluate(dataset)%评估
```

9.3.4　监控代码

构建好深度神经网络之后，通过数据驱动网络模型的训练，我们就可以拥有一个具有视频监控检测功能的深度神经网络，因此，在训练好的模型基础上，只需运行监控程序就可以实现实时视频人物监控检测，运行代码如下：

```
$ python camera_reader.py
```

下面讲解上述代码中所涉及的具体技术细节及关键实现技术，首先需要导入相应的工具库，包括人脸识别中关键的 OpenCV 库，还有上一节构建的 ****_train 中包含的函数模型，以及图像展示需要的可视化函数。

```
01  import cv2
02  from ****_train import Model
03  from image_show import show_image
```

如果你的实验环境不具备网络摄像头，你也可以通过读入一段具体的视频文件来进行测试。调用 OpenCV 中的 cv2. VideoCapture (0)函数是直接用摄像头作实时视频数据源。而调用 cv2. VideoCapture ('./1.AVI')函数，可以用 AVI 格式视频做性能测试，同时只需设置视频文件的存储路径，可以看出上述两种功能的区别在于调用视频读取函数 cv2. VideoCapture()的参数不同，其中的人脸识别功能调用的是 haar cascade 模型。

```
04      #cap = cv2.VideoCapture(0)
05       cap = cv2.VideoCapture('./1.AVI')%人脸识别模型位置路径
06  cascade_path = " C:/Users\Administrator/Desktop/haarcascade_frontalface
                                                _default.xml"
07      model = Model()
08      model.load()%模型载入
09      while True:
10          _, frame = cap.read()
11        frame_gray = cv2.cvtColor(frame, cv2.COLOR_BGR2GRAY)%图像变为灰度
12          cascade = cv2.CascadeClassifier(cascade_path)%调用人脸识别函数
13          facerect = cascade.detectMultiScale(frame_gray, scaleFactor=
                            1.2, minNeighbors=3,minSize=(10, 10))
    #facerect = cascade.detectMultiScale(frame_gray, scaleFactor=1.01,
                      minNeighbors=3, minSize=(3, 3))
```

```
14              if len(facerect) > 0:
15                  print('detected')%标签为0，表示找到目标
16                  color = (255, 255, 255)  #   for rect in facerect:
    #cv2.rectangle(frame, tuple(rect[0:2]), tuple(rect[0:2] + rect[2:4]),
    color, thickness=2)
17                      x, y = rect[0:2]
18                      width, height = rect[2:4]
19                      image = frame[y - 10: y + height, x: x + width]
20                      result = model.predict(image)
21                      if result == 0:   #识别分类
22                          print('找到')
23                          show_image()
24                      else:
25                          print('没找到')
26              k = cv2.waitKey(100)
27              if k == 27:
28                  break
29          cap.release()%OpenCV操作
30          cv2.destroyAllWindows()
```

利用深度神经网络模型和 haar cascade 人脸识别模型，可以实现一个简单的视频监控检测系统，最终可以采用 QtGui 库进行结果展示，主要实现上面第 23 行 show_image() 函数功能，代码如下：

```
01 def show_image(image_path='****'):%展示的路径
02     app = QtGui.QApplication(sys.argv)
03     pixmap = QtGui.QPixmap(image_path)
04     screen = QtGui.QLabel()%标签
05     screen.setPixmap(pixmap)
06     screen.showFullScreen()%全屏展示
07     sys.exit(app.exec_())%退出
08     show_image()
09     cv2.destroyAllWindows()%关闭窗口
```

9.4　综合案例：基于深度学习的物体视频检测

本小节利用预训练网络 AlexNet 进行实时物体视频检测，通过对摄像头中的物体进行识别实现实时物体视频检测，按照循序渐进的方式，实战步骤主要分为入门版、初级版、加强版、升级版和豪华版，为读者全方位展示如何实现实时物体视频检测与识别。

9.4.1　AlexNet 回顾

在第 7 章中，我们将解过用 MATLAB 实现预训练网络 AlexNet 的静态物体识别，

需要的环境为 MATLAB2016b 或更高版本，并且安装 Neural Network Toolbox 和 Parallel Computing Toolbox，打开 alexnet.mlpkginstall 文件即可完成 AlexNet 网络模型的安装过程。

下面就来看看我们讲了这么久的 AlexNet 的庐山真面目。

```
01  net= alexnet
02  net.Layers
```

为 AlexNet 模型实例化，查看网络结构的详细信息。

```
25x1 Layer array with layers:
```

只需用一行代码，调用 classify()函数就可以实现图像分类。

```
01  label = classify(net, I) %用AlexNet 对图像进行分类
```

9.4.2　入门版

做视频物体检测识别，首先要给计算机安装一个摄像头，这个摄像头不需要有很高的配置（我们尝试了用手机当电脑摄像头的解决方案）。假定你的摄像头已安装完毕，那么第一件事就是摄像头实例化。

```
01  camera = webcam; % 连接摄像头
```

你看，简单吧，只要摄像头驱动等安装好，无须调试，直接实例化。接下来就和上个例子一样，对 AlexNet 实例化。

```
02  net = alexnet;    % 载入预训练神经网络
```

下面运行代码，通过 while 循环来实时来显示和分类图像。具体操作为将摄像头指向一个待识别对象，训练好的 AlexNet 网络会给出摄像头中对象的分类，按【Ctrl＋C】组合键可以退出循环，并结束识别任务。

```
03  while true
04      im = snapshot(camera);        %图像实时抓取
05      image(im);                    % 显示图像
06      im = imresize(im,[227 227]);  % 针对alexnet输入格式，调整图像的大小
07      label = classify(net,im);     % 图像分类
08      title(char(label));           % 展示标签
09  drawnow
10  end
```

其中第 06 行依旧为裁剪图像函数，目的满足 AlexNet 的输入格式要求，主要实现

实时视频读取的代码体现在第 04 行，用 snapshot 函数进行实时视频截取，最终的识别
结果如图 9-8 所示，控制台输出提示语句如下：

```
警告: Support for GPU devices with Compute Capability 2.1 will be removed
in a future
MATLAB release. To learn more about supported GPU devices, see
www.mathworks.com/gpudevice.
> In parallel.internal.gpu.selectDevice
  In parallel.gpu.GPUDevice.current (line 44)
  In gpuDevice (line 23)
  In nnet.internal.cnn.util.isGPUCompatible (line 10)
  In nnet.internal.cnn.util.GPUShouldBeUsed (line 17)
  In SeriesNetwork/predict (line 174)
  In SeriesNetwork/classify (line 250)
  In cam_dp (line 7)
```

其中，用手机充当计算机 Webcam 摄像头，手机要设置成 debug 模式，用 USB 线
与计算机连接。图 9-8 所示为摄像头识别结果。

图 9-8　摄像头识别结果

9.4.3　初级版

初级版加入了用 AlexNet 实时显示分类物体的概率，也就是说让 AlexNet 告诉使用
者摄像头中物体与识别结果之间的相似度。依然首先需要实例化摄像头和 AlexNet 网
络模型。

```
01  camera = webcam;
```

```
02  net = alexnet;
03  inputSize = net.Layers(1).InputSize(1:2)%显示输入图像大小
04  inputSize =
        227   227
05  figure
06  im = snapshot(camera);
07  image(im)
08  im = imresize(im,inputSize);
09  [label,score] = classify(net,im);
10  title({char(label),num2str(max(score),2)});
```

相当于只需在第 09 行调用 classify 函数，并输出打分参数 score，用预测标签和概率显示摄像头的图像效果如图 9-9 所示。

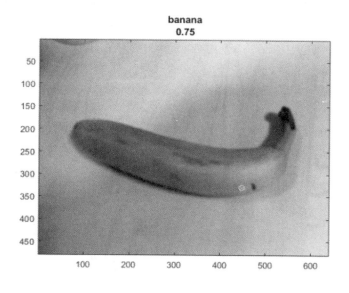

图 9-9　识别结果及打分

9.4.4　加强版

加强版的功能就是连续对摄像头中的图像进行分类，主要通过设置循环变量 keeprolling 来控制，并且通过设置 closerequestfcn 参数来接收停止循环命令，代码如下：

```
01  figure
02  keepRolling = true;
03  set(gcf,'CloseRequestFcn','keepRolling = false; closereq');
04  while keepRolling
05      im = snapshot(camera);
06      image(im)
```

```
07      im = imresize(im,inputSize);
08      [label,score] = classify(net,im);
09      title({char(label), num2str(max(score),2)});
10 drawnow
11 end
```

其中，第 09 行 title({char(label), num2str(max(score),2)})中，max(score)显示输出打分最高的分类概率值。

9.4.5　升级版

升级版可以用直方图的形式显示前五种（Top-5）具有最高预测分数的识别分类以及它们相应的概率，同时输出摄像头中的图像的预测标签和最大概率值，代码如下：

```
01 h = figure;
02 h.Position(3) = 2*h.Position(3);
03 ax1 = subplot(1,2,1);
04 ax2 = subplot(1,2,2);
%左侧子图展示图像和分类
05 im = snapshot(camera);
06 image(ax1,im)
07 im = imresize(im,inputSize);
08 [label,score] = classify(net,im);
09 title(ax1,{char(label),num2str(max(score),2)});
%选择前五个预测中分数最高的展示
10 [~,idx] = sort(score,'descend');
11 idx = idx(5:-1:1);
12 classNames = net.Layers(end).ClassNames;
13 classNamesTop = classNames(idx);
14 scoreTop = score(idx);
15 barh(ax2,scoreTop)
16 xlim(ax2,[0 1])
17 title(ax2,'Top 5')
18 xlabel(ax2,'Probability')
19 yticklabels(ax2,classNamesTop)
20 ax2.YAxisLocation = 'right';
```

其中第 15 行调用 barh 函数，显示前五种输出预测的数据直方图，第 02、03 行是将 figure 分成两个子区域进行展示，最终效果如图 9-10 所示。

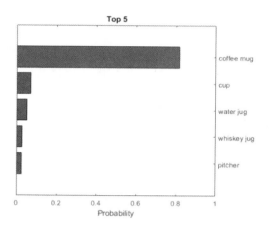

图 9-10　升级版识别结果

9.4.6　豪华版

豪华版相当于上述各个版本的融合，实现了实时输出前五种具有最高预测分数的直方图并显示相应的概率，具体代码如下：

```
01  h = figure;
02  h.Position(3) = 2*h.Position(3);
03  ax1 = subplot(1,2,1);
04  ax2 = subplot(1,2,2);
05  ax2.ActivePositionProperty = 'position';
%连续展示分类图像和前五个的直方图
06  keepRolling = true;
07  set(gcf,'CloseRequestFcn','keepRolling = false; closereq');
08  while keepRolling
    % Display and classify the image
09      im = snapshot(camera);
10      image(ax1,im)
11      im = imresize(im,inputSize);
12      [label,score] = classify(net,im);
13      title(ax1,{char(label),num2str(max(score),2)});
    % Select the top five predictions
14      [~,idx] = sort(score,'descend');
15      idx = idx(5:-1:1);
16      scoreTop = score(idx);
17      classNamesTop = classNames(idx);
    % Plot the histogram
18      barh(ax2,scoreTop)
19      title(ax2,'Top 5')
20      xlabel(ax2,'Probability')
21      xlim(ax2,[0 1])
22      yticklabels(ax2,classNamesTop)
```

```
23      ax2.YAxisLocation = 'right';
24 drawnow
25 end
```

【案例 9-2】让手机当网络摄像头

我们利用 DroidCam 软件来实现手机摄像头变身计算机摄像头的"小目标"，该软件支持多种连接方式，支持 USB 数据线连接、Wi-Fi 无线连接以及蓝牙连接三种模式，其网站为 https://droidcam.en.softonic.com/，只需如下操作即可让计算机通过手机拥有摄像头的功能：

（1）下载解压 DroidCam 软件（如图 9-11）。

（2）在手机中安装 APK。

（3）在计算机上安装 EXE 程序。

（4）连接计算机与手机摄像头。

其中，我们采用的是 USB 连接，这种方式稍微麻烦一些，需要在连接前建立一个 BAT 文件，内容为 adb forward tcp:4747 tcp:4747，执行完 BAT 文件，就可以运行 DroidCam 客户端，然后选择"ADB（由 USB）"连接方式即可完成。此外 Wi-Fi 方式要保证计算机和手机在同一个网段，其他设置与 USB 方式相同。蓝牙连接方式就要保证计算机和手机都有蓝牙功能，并且保证可以连接上即可，其他设置项目相同。

图 9-11　DroidCam

9.5　温故知新

本章以 AlexNet 和具有人脸识别功能的卷积神经网络为例，实现了人脸视频检测和物体视频检测，通过对人物监控视频问题的研究现状、研究意义、研究内容的介绍，使读者了解基于深度学习的视频监控的发展趋势及前沿技术。

为便于理解，学完本章，读者需要掌握如下知识点：

本章内容涉及内容广、知识点多，为便于读者理解，总结如下：

（1）OpenCV 中的 haar cascade 人脸识别模型与深度神经网络的结合可以解决人脸识别问题。

（2）采用 AlexNet 网络加网络摄像头的架构，可以实现对物体的实时检测识别。

（3）行人重识别是指在非重叠视角域多摄像头网络下进行的行人匹配，即如何确认不同位置的摄视频监控或者重要摄像头在不同时刻发现的行人目标是否为同一人。

在下一章中，读者会了解到：

深度学习的在信息隐藏领域的实战案例。

9.6　停下来，思考一下

习题 9-1 视频摘要，即以自动或半自动的方式，通过分析视频的结构和内容存在的时空冗余，从原始视频中提取有意义的片段（帧）。现在视频信息越来越多，用户在看完整视频之前，更想知道视频主题是什么、精华信息是哪些，这就是视频摘要的价值。请你结合本章所学，尝试将视频摘要与文本摘要相结合，探索生成监控视频摘要的解决方案。

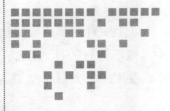

Chapter 10 | 第 10 章

基于深度学习的信息隐藏

传统的信息隐藏方法通过修改载体来嵌入秘密信息，难以从根本上抵抗基于统计的信息隐藏分析算法的检测，本章主要讲解深度学习在信息隐藏领域的应用，介绍一种基于生成对抗网络的无载体信息隐藏方法。

本章主要涉及的知识点有：

- 数字图像隐写分析：了解数字图像隐写分析的研究现状和意义，理解数字图像隐写分析的潜在应用场景。
- 数字图像隐写分析的流程：结合 ACGAN 网络，理解码表字典构建、信息隐藏算法、信息提取算法等关键技术。
- 数字图像隐写分析评价指标：学会用容量、可靠性、安全性等指标评价数字图像隐写分析方案的性能。

注意：本章案例实现基于 TensorFlow。

10.1 数字图像隐写分析研究现状及意义

隐写分析技术是与数字隐写技术相对的一种技术，隐写分析技术一般来说有三个目标：

（1）检测隐密载体中秘密信息的存在性。

（2）确定隐写图像的算法。

（3）对隐藏信息提取。

由于隐密载体中信息的嵌入位置不固定，在隐写算法和起始位置未知的情况下，不能准确确定隐密载体中信息嵌入位置，因此，对隐藏信息进行提取是存在较大困难的。在目前的技术条件下，从隐密载体中提取隐藏信息一般都是针对一些早期的隐写算法，对于其它的隐写算法最主要还是检测图像中隐写信息的存在性。

一般来说隐写分析可分为专用隐写分析法和通用隐写分析法两种。专用隐写分析法是专门针对某种特定隐写算法的隐写分析方法。而通用隐写分析法是针对多种隐写算法的隐写分析方法，并且，对隐写分析的范围有一定的前瞻性。只要能够保证隐写痕迹的正常提取，就能够检测到隐写信息的存在。

隐写分析技术是对于隐藏在载体中的秘密信息检测的一种技术，隐写分析技术的初级目的是能够判断载体中隐密信息的存在性，更高级目的是能够隐藏内容进行提取，并对秘密信息进行破译。对隐藏内容的提取在现有技术上实现起来较为的困难，到目前为止，对于隐写信息的估计和提取的研究一般只集中在一些简单的隐写算法上，例如：LSB 替换算法、LSB 匹配算法等，国内外大多数学者还是将重点关注于如何将隐密信息的存在性检测。隐写分析技术发展到今天，其方法总结起来可以分为两类，一类是专用隐写分析技术，第二类是通用隐写分析技术。

专用隐写分析技术上，最早出现的是针对 LSB 隐写算法和±K 隐写算法的是直方图检测和卡方检测，由于该类算法隐写之间会使得相邻像素之间的直方图趋于一致，因此，直方图检测、卡方检测就是利用这一特点对 LSB 隐写算法和±K 算法隐写的图像进行检测。RS (Regularand Singular groups method)分析法是由 Firdrich 等人提出了一种利用图像空间相关性设计的隐写分析方法，该方法是将图像在原来的基础之上进行翻转，然后，利用差别函数将图像划分为常规组、奇异组和不可用组，由于隐写后的图像这三个组元素个数会发生变化，利用这一特点对隐写图像检测。Ker 等利用采样校准技术，提出了一种邻接直方图特征函数质心(Adjacency Histogram Characteristic Function Center of Mass, AHCF-COM)方法，实现了对 LSB 匹配隐写算法的分析。Li 等在 Ker 的基础上，仅对图像的平滑区和原始图像的差分图像进行降采样，提出了一种针对 LSB 匹配隐写算法的特征。除此之外，还有 Zhang 等提出的直方图局部极值(Amplitude of Local Extrema, ALE)方法，张涛等基于像素差分分布统计模型的检测方法，Cai 等提出的关于多方向差分图像归一化直方图的峰值和二次归一化直方图的局部系数作为特征都实现了对 LSB 匹配算法的分析。

在频域的隐写算法的检测上，Firdrich 先后提出了针对 Outguess 和 Jsteg、F5 的两种专用隐写分析方法。其中，针对 Outguess 的隐写分析方法是利用 Outguess 隐写后会对图像分布直方图进行补偿，会使得图像的块效应更明显的特点的缺陷实现对算法的分析。针对 Jsteg 和 F5 算法是估计出原始的 DCT 系数的直方图分布来实现对隐密图像的检测。

通用隐写分析技术上，Firdrich 等 2004 年首次提出了一种 23 维的特征用于对 JPEG 格式的隐密图像的分析，从此之后，利用机器学习的思想所构建的"特征+分类器"模式的隐写分析方法，成为了隐写分析的主流，各种各样的特征先后被提出。Shi 等人利用 Markov 转移概率矩阵在 JPEG 图像的 DCT 平面上提取出了 324 维 Markov 特征。然后，Firdrich 结合了 Shi 提出的计算 Markov 特征的方法。将他们原来的 23 维的特征提高到了 193 维，同时合并四个方面上的 Markov 特征取其平均值得到 274 维扩展 DCT 特征。2010 年 Pevny 等人在空域中计算一阶二阶的像素差分条件概率分别提取了 578 和 686 维的一阶和二阶的 SPAM 特征。2012 年 Firdrich 利用 Fisher 线性分类器作为基分类器设计出了集成分类器（Ensemble classifier），并且，利用共生矩阵生成了 7850 维的 CFstar 特征，从此开始隐写分析开始了高维特征的发展，空域富模型特征 SRM（Sparital Rich Model）的提出使特征维数达到 34671 维，对 HUGO 等算法隐写的图像进行检测时，表现出了优越的性能，目前所出现的维数最高的特征，之后，Firdrich 又利用随机投影代替共生矩阵提出了 12870 维投影空域空域富模型特征 PSRM（projection spatial rich model），2015 年 Firdrich 又提出一个针对 JPEG 图像的 8000 维低计算复杂度的特征，实现了较好的分类效果。

目前在隐写分析方面，对 HUGO、WOW、S-UNWARD 等安全隐写算法的分析是目前所关注的热点，隐写分析主要集中在"特征提取与分类器设计"两个方面。

传统意义上，机器学习在隐写分析上的应用常分两步实施：首先采用富模型（Rich Models，RM）等方法提取图像特征，然后采用支持向量机（Support Vector Machines ,SVM）或集成分类器（Ensemble Classifier ,EC）等分类器区分载体图像与隐写图像。但是，这两步从图像库的生成、隐写、特征提取，到检测分析，时间复杂度都较高。

Qian 等提出用深度学习来代替传统的两步法。深度学习可以自动提取隐写分析特征，能有效减少时间复杂度，提高效率。他们在 BOSSBase 数据集上测试 HUGO，WOW，S-UNIWARD 算法，虽然能减少训练时间，但是其检测准确率比空域富模型（Spatial Rich Models,SRM）+集成分类器（EC）的组合模型低 3%~4%。

Xu 等提出从噪声残余中学习隐写特征，他们测试了 S-UNIWARD 和 HILL 两种算法。就 S-UNIWARD 算法而言，在嵌入率分别为 0.1bpp 与 0.4bpp 时，他们得到的准确率为 57.33% 与 80.24%，而 SRM+EC 模型相应的准确率分别为 59.25% 与 79.53%。其结果表明，一个五层 CNN 模型就可得到与 SRM+EC 模型相近的检测准确率。

以上方法虽然将深度学习引入到隐写分析领域，且取得较好的分类检测效果。但是，由于卷积层数、全连接层数过多，卷积核数、全连接层神经元数较少，及应用池化层等原因造成其检测准确率不高，并没有体现出基于深度学习的隐写分析方法相对于 SRM+EC 模型的优势。

10.1.1　研究意义

2014 年 2 月，中央网络安全和信息化领导小组的成立，标志着我国已正式将网络信息安全提升至国家安全的高度。现代信息隐藏技术自 20 世纪 90 年代提出以来，已经成为网络信息安全领域的研究热点，引起了学术界和安全部门的广泛关注。作为信息隐藏技术的重要分支，数字隐写将常见的数字媒体作为载体，通过公开的信道传递秘密信息，不但掩盖了通信内容，还隐藏了秘密信息"正在通信"这一事实，大大提高了网络环境下信息传输的保密性和安全性，在政治、军事、经济等领域具有广泛的应用前景。

然而，隐写技术作为一把"双刃剑"，也可以被不法分子恶意利用。恐怖分子和非法团体多次使用隐写技术在互联网等公开信道上进行秘密通信。此外，互联网环境下的各种隐写软件和工具为不法分子实施网络犯罪提供了便利条件。数字图像由于具有容易获得、使用广泛、数据量大等特点，已成为隐藏秘密信息的主要载体。图像隐写分析技术作为与图像隐写技术相对抗的逆向分析技术，可以检测出图像中秘密信息的存在性，进而提取或者破坏秘密信息，具有重要的研究价值。传统信息隐藏与可逆信息隐藏分别如图 10-1 和图 10-2 所示。

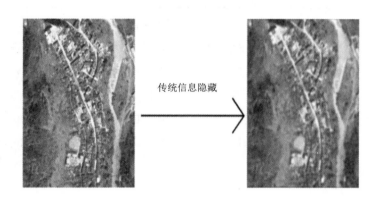

图 10-1　传统信息隐藏

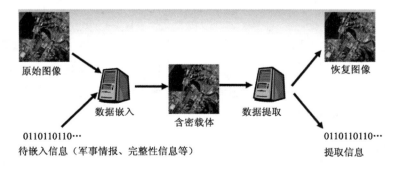

图 10-2　可逆信息隐藏

10.1.2　研究现状

当前，图像隐写分析技术主要通过具有监督功能的分类器实现，随着隐写分析所需要提取的特征维数越来越高，传统分类器由于时间消耗过大已不再适用，集成分类器由于在处理高维特征和大规模样本等方面的优势得到了广泛应用，但仍有许多亟待解决的问题：

（1）现有方法未充分考虑隐写分析问题在样本制备等方面的特殊性，且集成策略简单，在检测准确性、泛化能力、计算复杂度、存储空间等方面有待改进。

（2）现有方法照搬机器学习领域的集成分类器，集成分类框架有待优化。

（3）集成分类隐写分析方法缺乏理论依据。

隐写技术和隐写分析技术是信息隐藏领域的重要分支。类似于密码学和密码分析学，隐写技术和隐写分析技术之间是相互对立但又相互促进的关系。隐写分析技术的发展趋势是特征维数的高维化，作为解决高维特征问题的最有效方法之一，集成分类器已经在隐写分析领域中得到了广泛应用。但是，现有方法基于随机森林算法，采样方法上未充分考虑隐写分析样本的特殊性，集成策略上也较为简单，算法的计算复杂度、检测准确性、泛化能力、存储消耗等性能有待提高，而且缺乏集成分类隐写分析方法的理论模型。当前基于集成分类隐写分析领域有以下主要问题：

（1）现有集成分类隐写分析算法在样本集采样方法上有待改进。隐写分析问题中的载体图像和经过隐写嵌入后的隐写图像存在着对应关系，但如何充分利用隐写分析样本的这一特殊性设计出检测性能更好的隐写分析方法值得研究。此外，增强不同基分类器间的样本差异性是提高集成分类器泛化能力的关键，但如何借助样本成对信息提高基分类器间的差异性以及探究成对采样对隐写分析算法性能提升的理论依据都有待进一步研究。

（2）现有方法在基分类器集成策略上有待优化。基分类器集成阶段采取简单多数投票的方法，未充分考虑不同基分类器在检测性能上的差异性，集成分类器的检测准确性、泛化能力和预测阶段的计算复杂度均有待提高，基分类器的集成策略有待进一步优化。

（3）当前基于高维特征的隐写分析算法大多直接利用机器学习领域现有的集成分类器，且集成分类隐写分析方法缺乏理论依据，对集成分类隐写分析系统的统计建模研究较少。集成分类器已经在隐写分析领域中得到了广泛应用，但集成分类隐写分析系统的作用机理和理论模型有待进一步研究。

10.1.3　潜在的应用

图像信息隐藏是信息安全领域研究的热点之一，它可以将秘密信息隐藏在正常图像中，达到隐蔽通信的目的，但是一些不法分子也会利用信息隐藏技术传递非法的秘密信息，给社会的安全稳定带来严重威胁，因此，研究图像隐写分析技术，及时准确地对隐写信息进行有效检测具有重要意义。随着隐写技术的不断发展，隐写分析特征的维数越来越高。传统分类器由于时间消耗过大已经不再适用，如何设计出检测性能更好的隐写分析分类器是亟待解决的问题。集成分类器由于能更好地解决特征维数较高和样本数量较大的问题，已经在隐写分析领域得到了广泛应用，但在检测精度、泛化能力、计算复杂度等方面仍有待改进。

在多媒体技术和网络技术被大力发展和广泛普及的时代背景下，互联网上数字媒体资料（如图形、动画、视频、音频、图像等）的应用呈现迅速增长态势。人们的工作学习、生活娱乐由于共享了信息资源而得到了诸多的快捷与便利。

与此同时，媒体的传输方式和发布过程也随之发生了变动，各种秘密信息如个人秘密、军事和商业机密等都通过互联网来进行传送。那么如何保证通信安全，防止秘密信息被偷取、被恶意更改，就成为了一个迫切需要解决的问题。

传统的密码技术有自己的欠缺之处：如加密后的信息有可能无法通过网络传输中的一些网络节点，会造成信息传送失败；一堆看似杂乱无章的密文必然会招致第三方或者敌对势力的格外关注，更能激起信息破译者的破译激情。重要信息被干扰、破译、截获等的可能性会大大增加。作为一种新的信息安全技术，信息隐藏很快引起了人们的广泛关注和重视，并成为了信息安全技术研究的热点和重点。

对数字隐写的攻击称为隐写分析，主要研究如何检测、提取、还原、破坏隐藏的秘密信息，在新的信息技术条件下，隐写分析技术已成为保障网络安全的重要技术手段，也是信息安全领域中的一个新的紧迫的研究领域，应用需求巨大。

以下是一些可逆信息隐藏技术在军事等领域中的应用场景。

（1）图像完整性保护：图像具有易传播、易复制、易篡改的特点。随着三级网建设和各级部分信息化程度的不断发展，由于图像恶意篡改或者复制造成数据泄密的风险大大提高。在图像可逆信息隐藏技术的支撑下，如果将保护图像完整性的信息嵌入原始图像中，将大大提高数字图像在网络环境中的安全性。

（2）特殊环境下的隐蔽通信：传统的以密码学为代表的隐蔽通信手段在保证信息安全的同时，密文形式本身容易引起敌方或者密码破译者的好奇，从而产生密文被破译的风险。信息隐藏技术可以将秘密信息嵌入原始图像中，在保护嵌入信息安全性的同时，也隐藏了双方"正在通信"这一事实。信息隐藏技术作为密码手段的重要补充手段，在军事等领域中的隐蔽通信中将起到不可替代的作用。然而，传统的信息隐藏技术不考虑载体图像的可恢复性，这在某些特殊场合是不允许的。例如，当载体图像为较为重要但清晰度不高的军事图像时，嵌入操作对原始图像带来的微小失真将会带来无法预料的后果。可逆信息隐藏技术可以应用在某些较为特殊的隐蔽通信场景中。

（3）军事远程医疗：现代化的军队需要现代化的军事医疗保障，军事远程医疗必将成为未来军事医疗保障中不可或缺的一环。可逆信息隐藏技术可以将医学病历、伤员基本信息、诊治情况等信息嵌入医学图像中，在方便图像管理的同时，可以起到在某些情况下隐私保护的要求。

综上所述，可逆信息隐藏技术在军事等领域中的应用前景十分广阔，图像可逆信息隐藏关键问题的相关研究具有较强的理论和现实意义。然而，目前可逆信息隐藏领域还存在许多技术难点需要解决，该技术在实际应用中的实用性亟待进一步提高。

10.2　数字图像隐写分析概述

信息隐藏是将秘密信息以不可见的方式隐藏在一个宿主信号中，并在需要的时候将秘密信息提取出来，以达到隐蔽通信和版权保护等目的，其基本框架如图 10-3 所示。

当前常用的图像信息隐藏方案主要包括空域和变换域的信息隐藏方法。

（1）空域隐藏方法包括图像最低有效位（least significant bit，LSB）隐藏方法、自适应 LSB 隐藏方法和空域自适应隐写算法 S-UNIWARD、HUGO、WOW 等。

（2）变换域方法，如 DFT 域隐藏方法、DCT 域隐藏方法和 DWT 域隐藏方法等。

这些传统的信息隐藏方法都是通过修改载体来嵌入秘密信息，含密载体总会留有修改的痕迹，导致含密载体难以从根本上抵抗基于统计的信息隐藏分析算法的检测。

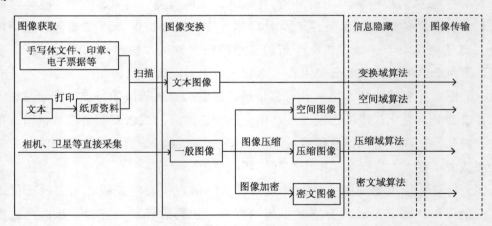

图 10-3　信息隐藏的基本框架

为从根本上抵抗各类隐写分析算法的检测，人们提出了"无载体信息隐藏"这一全新的概念。无载体信息隐藏与传统的信息隐藏方法相比，不再需要额外的载体，而是直接以秘密信息为驱动来"生成/获取"含密载体。

近年来无载体信息隐藏的文章主要有上海交通大学的周志立等人的文章，其在文本域的实现是比较成熟的，在图像上主要是实现了纹理图像的无载体信息隐藏；基于

LBP 编码的纹理合成隐写（2009），基于块排序的纹理合成隐写（2015），Marbling 信息隐藏，指纹构造信息隐藏等。周志立等提出基于图像 Bag-of-Words 模型的无载体信息隐藏，其思想是基于文本关键词与子图像视觉关键词的映射关系库，搜索出与待隐藏文本信息存在映射关系的子图像序列，将含有这些子图像的图像作为含密图像进行传递。但以上都是半构造式无载体信息隐藏，业界还没有实现直接以秘密信息为驱动来"生成/获取"含密载体的完全构造式无载体信息隐藏。

而近来研究火热的生成对抗网络的特点是由噪声驱动来生成图像样本，这非常符合无载体信息隐藏的思想。基于 ACGAN 的无载体信息隐藏方法，首先将文本进行编码，然后联合编码后的信息与噪声作为驱动来生成图像样本，把生成的图像样本作为含密图像进行传输，从而真正意义上实现了完全构造式无载体信息隐藏。由于没有对图像做任何改变，所以能从根本上抵抗各类隐写分析算法的检测。

【案例 10-1】基于四叉树编码的空间域高保真可逆信息隐藏

假设载体图像为 8 位灰度图像，将图像分割为不重叠的 2×2 大小的图像块。对于图像块 (x_1, x_2, x_3, x_4)，按照像素值大小升序排列为 $(x_{\sigma(1)}, x_{\sigma(2)}, x_{\sigma(3)}, x_{\sigma(4)})$，其中映射 $\sigma: \{1,2,3,4\} \to \{1,2,3,4\}$ 为一一映射，且满足 $x_{\sigma(1)} \leqslant x_{\sigma(2)} \leqslant x_{\sigma(3)} \leqslant x_{\sigma(4)}$），$\sigma(i) < \sigma(j)$ ，对于该图像块，计算以下差值：

$$PE_{max} = x_u - x_v \qquad (10\text{-}1)$$

式中，$u = \min(\sigma(3), \sigma(4))$，$v = \max(\sigma(3), \sigma(4))$，嵌入操作通过用以下方式对最大值 $x_{\sigma(4)}$ 进行修改来完成

$$x^*_{\sigma(4)} = \begin{cases} x_{\sigma(4)} + b & \text{当 } PE_{max} = 1 \\ x_{\sigma(4)} + 1 & \text{当 } PE_{max} > 1 \\ x_{\sigma(4)} + b & \text{当 } PE_{max} = 0 \\ x_{\sigma(4)} + 1 & \text{当 } PE_{max} < 0 \end{cases} \qquad (10\text{-}2)$$

以上公式中 $x^*_{\sigma(4)}$ 为嵌入后的像素值，$b \in \{0,1\}$ 为待嵌入的秘密信息比特。通过类似方法也可以利用最小值 $x_{\sigma(1)}$ 进行数据嵌入。为提高算法的高保真性，本课题拟通过不同像素块的平滑程度进行四叉树分割，优先选择平滑的像素块进行数据嵌入，四叉树分割通过编码作为边信息传输给接收方。四叉树分割示意图如图 10-4 所示。

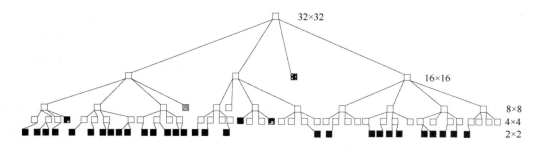

图 10-4　四叉树编码示意图（以 32×32 大小的图像块为例）

10.3 基于 ACGAN 的无载体信息隐藏

生成对抗网络 (Generative adversarial networks，GAN)的特点是由噪声驱动来生成图像样本，当前已实现输入噪声后输出随机的伪自然图像，假如把噪声替换为秘密信息后仍能输出伪自然图像，就可实现以秘密信息为驱动来生成含密载体的无载体信息隐藏。但在实验中发现，难以实现以秘密信息替换噪声来驱动生成伪自然图像，结合 ACGAN（auxiliary classifier GAN）联合类别标签与噪声作为驱动来生成图像样本的方法，把秘密信息编码成对应的类别标签后，使指定的类别标签表示某种秘密信息，再与随机噪声联合作为驱动来生成伪自然图像，实现秘密信息的隐藏。GAN 生成的是随机的伪自然图像，而 ACGAN 通过控制类别标签的输入来生成指定类别的图像样本，因此根据生成的图像样本能够提取出输入的原始类别标签，实现秘密信息的提取，由此实现无载体信息隐藏。

10.3.1 生成式对抗网络回顾

GAN 是 GoodFellow 等在 2014 年提出的一种非常有效的生成模型，GAN 的结构如图 10-7 所示。GAN 的思想来源于博弈论中的二人零和博弈，其主要结构由一个生成器和一个判别器组成，任意可微分的函数都可以用来表示 GAN 的生成器（G）和判别器（D）。

【应知应会】零和博弈

零和博弈（zero-sum game），又称零和游戏，与非零和博弈相对，是博弈论的一个概念，属非合作博弈。指参与博弈的各方，在严格竞争下，一方的收益必然意味着另一方的损失，博弈各方的收益和损失相加总和永远为 "零"，双方不存在合作的可能。也可以说，自己的幸福是建立在他人的痛苦之上的，两者的程度完全等同，因而双方都想尽一切办法以实现 "损人利己"。零和博弈的结果是一方吃掉另一方，一方的所得正是另一方的所失，整个社会的利益并不会因此而增加一分。

零和游戏又被称为游戏理论或零和博弈，源于博弈论（game theory）。是指一项游戏中，游戏者有输有赢，一方所赢正是另一方所输，而游戏的总成绩永远为零。早在 2000 多年前这种零和游戏就广泛用于有赢家必有输家的竞争与对抗。"零和游戏规则" 越来越受到重视，因为人类社会中有许多与 "零和游戏" 相类似的局面。与 "零和" 对应，"双赢" 的基本理论就是 "利己" 不 "损人"，通过谈判、合作达到皆大欢喜的结果。人与机器最大的不同就是，人有感情，所以人会犯错误。而这正是传统的博弈理论所忽视的。

GAN 从 2014 年提出后主要应用在无监督学习上，它能从输入数据动态的采样并生成新的样本。GAN 通过同时训练以下两个神经网络进行学习（设 GAN 的输入分别为真实数据 x 和随机变量 z，见图 10-5）：

- 生成模型（G）：以噪声 z 的先验分布 Pnoise(z)作为输入，生成一个近似于真实数据分布 Pdata(x)的样本分布 PG(z)。
- 判别模型（D）：判别目标是真实数据还是生成样本。如果判别器的输入来自真实数据，标注为 1；如果输入样本为 $G(z)$，标注为 0。

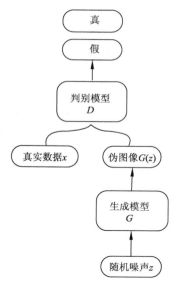

图 10-5　GAN 的结构

GAN 的优化过程是一个极小极大博弈（minimax game）问题：判别器 D 尽可能正确的判别输入的数据是来自真实样本（来源于真实数据 x 的分布）还是来自伪样本[来源于生成器的伪数据 $G(z)$]；而生成器 G 则尽量去学习真实数据集样本的数据分布，并尽可能使自己生成的伪数据 $G(z)$ 在 D 上的表现 $D(G(z))$ 和真实数据 x 在 D 上的表现 D(z) 一致，这两个过程相互对抗并迭代优化，使得 D 和 G 的性能不断提升，最终当 G 与 D 两者之间达到一个纳什平衡，D 无法正确判别数据来源时，可以认为这个生成器 G 已经学到了真实数据的分布。因此在 GAN 的训练过程中解决了以下优化问题：

$$\min_G \max_D L(D,G) = \min_G \max_D E_{x \sim P_{\text{data}}(x)}\left[\log D(x)\right] + E_{z \sim P_{\text{noise}}(z)}\left[\log\left(1 - D\left(G(z)\right)\right)\right] \quad （10\text{-}3）$$

其中，$D(x)$ 代表 x 是真实图像的概率，$G(z)$ 是从输入噪声 z 产生的生成图像。通过交替训练 G 与 D 实现联合优化问题：在每个 mini-batch 随机梯度优化的迭代过程中，首先对 D 进行梯度上升，然后对 G 做梯度下降。如果我们用 θ_M 表示神经网络 M 的参数，那么更新规则为：

保持 G 不变，通过 $\theta_D \leftarrow \theta_D + \gamma_D \nabla_D L$，更新 D：

$$\nabla_D L = \frac{\partial}{\partial \nabla_D}\left\{E_{x \sim P_{\text{data}}(x)}\left[\log D(x,\theta_D)\right] + E_{z \sim P_{\text{noise}}(z)}\left[\log\left(1 - D\left(G(z,\theta_G),\theta_D\right)\right)\right]\right\} \quad （10\text{-}4）$$

保持 D 不变，通过 $\theta_G \leftarrow \theta_G - \gamma_G \nabla_G L$，更新 G：

$$\nabla_G L = \frac{\partial}{\partial \theta_G} E_{z \sim P_{\text{noise}}(z)}\left[\log\left(1 - D\left(G(z,\theta_G),\theta_D\right)\right)\right] \quad （10\text{-}5）$$

原始的 GAN 模型存在着无约束、不可控、噪声信号 z 很难解释等问题。近年来，在原始 GAN 模型的基础上衍生出了很多 GAN 的变种模型：

DCGAN，将 GAN 的思想扩展到深度卷积网络中（DCGAN），将其专门用于图像生成。在文中论述了对抗训练在图像识别和生成方面的优点，并提出了构建和训练 DCGANs 的方法。

Conditional GAN，能生成指定类别的目标。InfoGAN，被 OPENAI 称为 2016 年的五大突破之一，其实现了对噪声 z 的有效利用，并将 z 的具体维度与数据的语义特征对应起来，由此得到一个可解释的表征。以及本文使用的 ACGAN 等。

ACGAN（auxiliary classifier GAN）是 GAN 的变种。在 GAN 的基础上，把类别标签同时输入给生成器和判别器，由此不仅可以在生成图像样本时生成指定类别的图像，同时该类别标签也能帮助判别器扩展损失函数，提升整个对抗网络的性能。

具体来讲，ACGAN 的判别器中额外添加了一个辅助译码网络（auxiliary decoder network），由此输出相应的类别标签的概率，然后更改损失函数，增加正确预测类别的概率。此处，这个辅助译码器能利用预训练好的判别器（如图像分类器）提升图像隐写分析器的性能。

在 ACGAN 中每一个生成样本都有相应的类别标签，ACGAN 的输入除 z 外还有潜在属性 $C \sim P_c$，生成器 G 同时使用 z 和 C 来生成图片 $X_{fake}=G(X,Z)$，判别器 D 输出为数据来源的概率分布 $P(S|X)$ 和类别标签的概率分布 $P(C|X)=D(x)$。目标函数由两部分构成正确来源的似然对数 L_s，正确类别的似然对数 L_c。训练判别器 D 的目的就是使得 L_s+L_c 最大，训练生成器 G 的目的就是使得 L_s-L_c 最小。ACGAN 对于 z 所学得的表征独立于类别标签 C，也就是两者独立。ACGAN 的结构与现有 GAN 的结构类似，但是该模型与标准 GAN 相比，训练过程更加稳定，且改善了早期训练时保持模型不变的条件下，增加类别数量会降低模型输出质量的情况，该模型能生成更多类别的指定图像。

10.3.2　基于 ACGAN 的信息隐藏关键技术

考虑到 ACGAN 的生成器能联合噪声 z 和类别标签 C 作为驱动，并由此生成图像样本，且类别标签 C 可为多个类别（C_1，C_2，C_3，…），结合无载体信息隐藏直接以秘密信息为驱动来生成含密载体的思想，基于 ACGAN 的无载体信息隐藏方法，将类别标签 C 替换为文本信息 K，由文本信息 K 驱动生成含密图像，真正意义上实现无载体信息隐藏。

基于 ACGAN 的无载体信息隐藏主要有以下几部分组成：

（1）码表字典，即构建汉字与类别标签的映射关系库。

（2）信息隐藏。

（3）信息提取。

其中，构建码表字典的作用是将待隐藏的文本信息转换为对应的类别标签序列，这样双方使用同样的码表字典就可以把文本信息与类别标签组合进行可逆变换。

10.3.2.1　码表字典构建

考虑到计算的复杂度，所构建的码表字典首先要能涵盖全部的常用汉字（即国家一级字库中的 3 755 个汉字），此外还需要尽量涵盖国家二级汉字和一些常用词组及标点符号，以提高信息隐藏的容量。基于 mnist 手写体数字集有 0～9 共 10 个类别标签，选定 10 000 个类别标签组合来构建码表字典，即每 4 个数字（可重复选取）为一组，共 10 000 组，每组对应一个汉字单字或词组，构建一个常用汉字（或词组）与类别标签组合一一对应的码表字典，同时应当定期更换码表字典，降低同一码表字典的使用频率，增加破译难度。

10.3.2.2　信息隐藏方案

在通信之前，发送方与接收方事先约定，采用相同的随机变量 z、相同的真实样本数据集 x、相同的类别标签 C 以及相同的训练步数训练 ACGAN，以得到相同的生成器与判别器，这些信息双方严格保密。

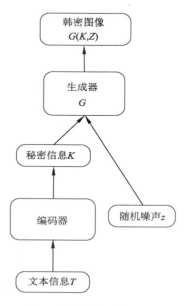

在隐藏时，首先对待隐藏的文本信息根据码表字典存在的词或单字进行分词，再连续选取 15 个词或单字组成一组，得到文本信息片段。然后根据码表字典将其编码成秘密信息片段，最后把秘密信息片段输入训练好的 ACGAN 中，通过生成器生成含密图像进行传递。

在提取时，将接收到的含密图像输入到判别器中，输出秘密信息片段，对各秘密信息片段根据构建好的码表字典，通过查表将其译码成对应的文本信息片段，按照顺序连接所有的文本信息片段，得到接收到的含密图像中隐藏的文本信息。

文本信息的隐藏和提取是信息隐藏算法的重点，如图 10-6 所示，具体隐藏方案为：

图 10-6　隐藏算法的结构

步骤 1：对需要隐藏的文本信息 T，根据码表字典，每 15 个汉字或词组为一组，并在每组头部添加一个序号标记，将文本信息 T 分成 n 个文本信息片段，即 $T=\{T_1,T_2,\cdots\}$。

步骤 2：根据构建好的码表字典，通过查表，将每个文本信息片段编码成 $4\times15+4=64$ 个对应的类别标签，构成一个新的秘密信息片段，记为 K。

步骤 3：将生成器中的类别标签 C 直接替换成秘密信息 K，把 K 输入事先训练好的 ACGAN 中，调用生成器已训练好的权重值，生成器通过 K、Z 的联合输入，经过一系列反卷积、正则化等操作生成含密图像 $G(K,Z)$进行传递。

10.3.2.3　信息提取方案

如图 10-7 所示，信息提取算法方案为：

步骤 1：接收方接收到含密图像 $G(K,z)$后，将 $G(K,z)$输入事先训练好的判别器中，经过卷积、正则化等操作，判别器输出图像类别的似然对数 logits。

步骤 2：使用 softmax 函数将图像类别的似然对数 logits 转变成图像属于各类别的概率。

步骤 3：利用 argmax 函数输出概率最大的类别，提取出类别标签，得到秘密信息 K。

步骤 4：由于存在网络延时以及其他有意或无意的置乱攻击，接收方接收到的图像顺序可能会与发送方隐藏文本信息片段的图像顺序不同，因此首先提取出接收图像对应的秘密信息 K 头部的序号标记。

步骤 5：将秘密信息 K 按序号排序，根据构建好的码表字典，通过查表，依次将秘密信息 K 译码成对应的文本信息片段，按照顺序连接所有的文本信息片段，得到接收到的含密图像中隐藏的文本信息 T，从而实现无载体信息隐藏。

10.4　综合案例：ACGAN 信息隐藏实战

本节主要讲解基于生成对抗网络的无载体信息隐藏方法，利用生成对抗网络联合噪声与类别标签作为驱动生成图像的原理，结合无载体信息隐藏直接以秘密信息为驱动来生成含密载体的思想，将生成对抗网络中的类别标签替换为秘密信息作为驱动，直接生成含密图像进行传递，再通过判别器将含密图像中的秘密信息提取出来，借助生成对抗网络实现了无载体信息隐藏。然后

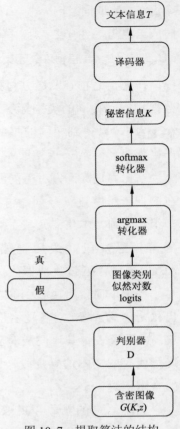

图 10-7　提取算法的结构

通过生成式对抗网络实现无载体信息隐藏的案例进行实战，实验结果和分析表明，该等方面隐藏方法在隐写容量、抗隐写分析、安全性、可靠性等方面均有良好的表现。

10.4.1　方案概述

假设双方通信之前事先约定采用的 ACGAN 网络的训练如下：

随机噪声 z 为 $(-1,1)$ 上的均匀分布，真实样本数据集为经典的手写体数字集 mnist（共包含 60 000 张 28×28 的手写体数字灰度图像），类别标签为 mnist 数据集中的数字标签 0 到 9，训练步数为 1 000 次。实验平台为谷歌的深度学习平台 Tensorflow v0.12，计算显卡为 nIDIA GTX 970。作为待隐藏的文本信息，随机选择了《**报》中的一篇文章。

以 C2D-BN-LR（Conv2d→Batch Normalization→Leaky ReLU）定义一个卷积神经网络，ACGAN 中图像判别网络（判别器 D）的结构为：4 个 C2D-BN-LR 层→一个全连接层（1 个神经元）→Sigmoid 函数（用来计算一个输出）。

ACGAN 中图像生成网络（生成器 G）的结构为：一个全连接层（8 192 个神经元）

→4 个 C2D-BN-LR 的反卷积层→tan(x)函数层（计算正则化输出），生成的含密图像为每张子图像含有 64 个类别标签。

ACGAN 中的优化器采用基于动量的优化算法,学习率为 0.000 2,更新变量 β_1=0.5, β_2=0.999,在每次训练中，先更新一次判别器 D 的权重，再更新两次生成器 G 的权重。

【认知提升】可逆信息隐藏

可逆信息隐藏，也被称为无损信息隐藏、可逆数字水印等，属于信息隐藏领域技术中具有特殊应用场景的研究方向。"可逆"指的是原始载体在数据嵌入前后的可逆性。实际上，大多数实际的信息隐藏系统都是基于载体修改的，即发送方或者秘密信息嵌入方通过修改特定的载体对象来达到嵌入数据的目的。该过程在嵌入秘密数据的同时，将不可避免地造成原始载体的失真。当接收方或者秘密信息提取方在正确提取秘密数据之后，如果能无失真地恢复出原始载体数据，则该信息隐藏系统被称之为"可逆"的；否则，被称之为"不可逆"的。

作为一种特殊类型的信息隐藏技术，可逆信息隐藏技术与传统的信息隐藏技术相比具有很多不同之处。隐写术、数字水印等传统的信息隐藏技术，往往更关注秘密信息是否能被正确提取，因此在接收方正确提取出嵌入的秘密信息后，往往无法完全恢复出原始载体，因此是"不可逆"的。具体而言，隐写术的目的是确保隐藏"正在通信"这一行为的前提下，隐秘地传输秘密数据，主要考虑秘密数据和通信行为的隐蔽性。其中，载体对象只是诱饵，与秘密信息没有任何关系，因此不用关心原始载体的可逆性；数字水印技术着重于提高嵌入信息的健壮性，即水印在数字文件中的生存能力，而几乎不考虑原始载体的无失真可恢复性。传统的隐写术、数字水印等技术与可逆信息隐藏技术有一些基本的共同点，比如它们都秘密地隐藏数据信息，但它们的应用场景有很大不同。

严格而言，可逆信息隐藏属于一种脆弱水印，即对于含密图像的任何修改或者攻击都会影响信息的准确提取和恢复。可逆信息隐藏技术具有特殊的应用场合，例如针对医学图像、司法证据图像等对图像质量要求较高的图像类型的完整性保护。该类图像由于适用范围的特殊性，图像在数据嵌入过程中不允许有任何修改，因为修改可能会引起诊断结果的失误或者法律证据的争论。这类特殊媒体的完整性保护可以通过嵌入完整性信息来实现，但是要求信息提取之后仍能无失真地恢复出原始载体。其他可以适用于可逆信息隐藏的特殊图像包括：卫星遥感图像、军事侦察图像、数字印章图像等。

经过仅 20 年的发展，可逆信息隐藏技术在取得许多优秀成果的同时，还有许多亟待解决的问题，其中包括：

（1）图像可逆信息隐藏领域在空间域算法中的保真性难以保证。现有的大多数算法虽然在可逆性和嵌入容量上取得了很大的进展,但是在一些仅仅需要嵌入少量完整性信息的应用场合，如何得到失真程度更低的载密图像仍是目前亟待解决的问题。

（2）现有方法大多集中在未被处理的图像上，针对压缩、加密等处理后的压缩图像或者加密图像的研究更具有实践意义。很多情况下，自然图像在传输前为安全起见需要加密、为高效起见需要压缩。然而，加密图像冗余信息较少，可逆算法的容量十分有限；压缩图像进行可逆嵌入容易影响文件压缩率。这些应用场景下的可逆算法性能有待提高。

（3）当前的可逆隐藏算法研究中，大多假设待嵌入信息为随机的二进制位，不考虑水印形式。针对经过扫描后的文本图像作为水印图像的研究较少。纸质材料经过扫描后得到的文本图像或者数字印章等二进制图像作为水印图像的应用场景越来越多，如何提高健壮性是值得研究的问题。

可逆信息隐藏技术按照嵌入载体划分可以分为图像可逆信息隐藏、视频可逆信息隐藏、音频可逆信息隐藏、文本可逆信息隐藏、三维网络模型可逆信息隐藏等。由于数字图像携带信息量大、应用广泛，基于数字图像的可逆信息隐藏技术是当前可逆信息隐藏研究的主流。目前，面向数字图像的可逆信息隐藏算法按嵌入原理划分，主要包括以下几种类型：空间域算法、变换域算法、压缩域算法、加密域算法。

10.4.2　隐藏算法与提取算法的实现

为便于后续实验中观察隐写效果，假设待隐藏的文本信息 T 经过编码后得到的秘密信息 K：

$$K = \begin{pmatrix} 0 & 0 & 0 & 0 & 0 & 0 & 0 & 0 \\ 1 & 1 & 1 & 1 & 1 & 1 & 1 & 1 \\ 2 & 2 & 2 & 2 & 2 & 2 & 2 & 2 \\ 3 & 3 & 3 & 3 & 3 & 3 & 3 & 3 \\ 4 & 4 & 4 & 4 & 4 & 4 & 4 & 4 \\ 5 & 5 & 5 & 5 & 5 & 5 & 5 & 5 \\ 6 & 6 & 6 & 6 & 6 & 6 & 6 & 6 \\ 7 & 7 & 7 & 7 & 7 & 7 & 7 & 7 \end{pmatrix} \tag{10-6}$$

实战中每训练 10 次 ACGAN 网络，就进行一次由秘密信息 K 生成含密图像以及从含密图像中提取秘密信息 K 的测试。

1. 环境准备

基于 TensorFlow 实现 GAN 的隐写方案，首先导入工具包 glob、math、numpy 、tensorflow、time、sys、cv2、confusion_matrix、matplotlib.pyplot，并且定义相关参数及图像数据读取函数。

```
01  IMAGE_SIZE = 512
02  NUM_CHANNELS = 1
```

```
03  PIXEL_DEPTH = 255.
04  NUM_LABELS = 2
05  NUM_EPOCHS = 2000
06  STEGO=50000
```

%定义读数据函数

```
01  def read_pgm(filename):
02      img1 = cv2.imread(filename, cv2.CV_LOAD_IMAGE_GRAYSCALE)
03      h, w = img1.shape[:2]
04      vis0 = np.zeros((h,w), np.float32)
05      vis0[:h, :w] = img1
06      return vis0
```

2．模型构建

本部分主要定义了构建模型需要的 6 个卷积层、1 个全连接层，以及权重和偏置的初始化函数等，代码如下：

%定义权重变量

```
01  def weight_variable(shape):
02      initial = tf.truncated_normal(shape, stddev=0.1)
03      return tf.Variable(initial)
```

%定义偏置

```
04  def bias_variable(shape):
05      initial = tf.constant(0.1, shape=shape)
06      return tf.Variable(initial)
```

%定义卷积函数

```
07  def conv2d(x, W):
08      return tf.nn.conv2d(input=x, filter=W, strides=[1,1,1,1], padding='SAME')
```

%设置随机种子

```
09  tf.set_random_seed(seed)
10  sess = tf.InteractiveSession()
```

定义输入图像

```
11  x = tf.placeholder(tf.float32, shape=(BATCH_SIZE,IMAGE_SIZE,IMAGE_SIZE,1))
12  x_image = x
```

定义输出图像

```
13  y = tf.placeholder(tf.float32, shape=(BATCH_SIZE,2))
14  y_image = y
```

定义卷积神经网络结构CNN

%批正则化（Batch-Normalization）参数

```
15  epsilon = 1e-4
16  F_0=tf.cast(tf.constant([[[[-1/12.]],[[ 2/12.]], [[-2/12.]], [[2/12.]],
    [[-1/12.]],[[[2/12.]],[[-6/12.]][[8/12.]],[[-6/12.]], [[2/12.]]],[[[-2/1
    2.]],[[8/12.]],[[-12/12.]],[[8/12.]],[[-2/12.]]],[[[2/12.]],[[-6/12.]
    ],[[8/12.]], [[-6/12.]], [[2/12.]]],[[[-1/12.]],[[2/12.]], [[-2/12.]],
                                [[2/12.]], [[-1/12.]]]]),"float")
```

%卷积层1

```
17  z_c = tf.nn.conv2d(tf.cast(x_image, "float"), F_0, strides=[1, 1, 1,
                                1], padding='SAME')
```

```
18    phase_train = tf.placeholder(tf.bool, name='phase_train')
```
%卷积后函数
```
19 def my_conv_laye r( in1, filter_height, filter_width, size_in, size_out,
                  pooling_size, stride_size, active, fabs, padding_type):
```
   %卷积参数
```
20      W_conv = weight_variable([filter_height,filter_width,size_in,size_out])
21      z_conv=conv2d(in1, W_conv)
22      if fabs==1:
```
%激活
```
23          z_conv=tf.abs(z_conv)
```
%批正则参数
```
24      beta = tf.Variable(tf.constant(0.0, shape=[size_out]), name='beta',
                                                    trainable=True)
25      gamma = tf.Variable(tf.constant(1.0, shape=[size_out]), name='gamma',
                                                    trainable=True)
26      batch_mean, batch_var = tf.nn.moments(z_conv, [0, 1, 2]  )
27      ema = tf.train.ExponentialMovingAverage(decay=0.1)
```
%批正则卷积
```
28      if active==1:
        # TanH激活函数
29          f_conv = tf.nn.tanh(BN_conv)
30      else:
        # ReLU激活
31          f_conv = tf.nn.relu(BN_conv)
    # 平均池化
32      out = tf.nn.avg_pool(f_conv,ksize=[ 1, pooling_size, pooling_size, 1],
        strides= [1,stride_size, stride_size, 1], padding=padding_type) return out
```
%第二个卷积层convolutional layer（1到8）
```
33  f_conv2 = my_conv_layer(z_c,5,5,1,8,5,2,1,1,'SAME')
34  f_conv2_shape = f_conv2.get_shape().as_list()
35  print(f_conv2_shape)
```
%第三个卷积层8到16个特征映射
```
36  f_conv3 = my_conv_layer(f_conv2,5,5,8,16,5,2,1,0,'SAME')
37  f_conv3_shape = f_conv3.get_shape().as_list()
```
%第四个卷积层16到32个特征映射
```
38  f_conv4 = my_conv_layer(f_conv3,1,1,16,32,5,2,0,0,'SAME')
39  f_conv4_shape = f_conv4.get_shape().as_list()
```
%第五个卷积层32到64个特征映射
```
40  f_conv5 = my_conv_layer(f_conv4,1,1,32,64,5,2,0,0,'SAME')
41  f_conv5_shape = f_conv5.get_shape().as_list()
42  print( f_conv5_shape)
```
%第六个卷积层64到128个特征映射
```
43  f_conv6 = my_conv_layer(f_conv5,1,1,64,128,5,2,0,0,'SAME')
44  f_conv6_shape = f_conv6.get_shape().as_list()
```
%第七个卷积层128到256个特征映射
```
45  f_conv7 = my_conv_layer(f_conv6,1,1,128,256,16,1,0,0,'VALID')
46  f_conv7_shape = f_conv7.get_shape().as_list()
```

```
%全连接层
47  def my_fullcon_layer(in1,size_in,neurons):
48      W_full = weight_variable([size_in,neurons])
49      b_full = bias_variable([neurons])
50      out = tf.nn.tanh(tf.matmul(in1,W_full)+b_full)
51      return out
```
%无隐层，从输入128个特征映射到输出2个最大概率
```
52  W_fc = weight_variable([256,2])
53  b_fc = bias_variable([2])
54  y_pred = tf.nn.softmax(tf.matmul(f_conv,W_fc)+b_fc)
```
%定义优化方法、误差
```
55  cross_entropy = -tf.reduce_sum(y_image*tf.log(y_pred+1e-4))
```

3. 隐藏与提取

定义载体（cover）和隐写图像（stego images）的读取函数。

%定义提取函数
```
01  def extract_data(indexes):
02      cover_dir=FLAGS.cover_dir%载体路径
03      stego_dir=FLAGS.stego_dir%隐写图像路径
04      nbImages = len(indexes)
05      data = np.ndarray(
06          shape=(nbImages,IMAGE_SIZE,IMAGE_SIZE,NUM_CHANNELS),
07          dtype=np.float64)
08      labels = []
09      for i in xrange(nbImages):
10          if indexes[i]<STEGO:
            # 载入载体
11              filename = cover_dir+str(random_images[indexes[i]]+1)+".pgm"
            #打印输出文件
12              image = read_pgm(filename)
13              data[i,:,:,0]= (image/PIXEL_DEPTH)-0.5
14              labels = labels + [[1.0, 0.0]]
15          else:
            #载入隐写图像
16              new_index=indexes[i]-STEGO
17              filename = stego_dir+str(random_images[new_index]+1)+"_"+
                                          str(k_key)+".pgm"
            #打印输出文件名
18              image = read_pgm(filename)
19              data[i,:,:,0]= (image/PIXEL_DEPTH)-0.5
20              labels = labels + [[0.0, 1.0]]
21      labels = np.array(labels)
22      return (data, labels)
```
%定义单一提取函数
```
01  def extract_data_single(indexes):
02      cover_dir=FLAGS.cover_dir
03      stego_dir=FLAGS.stego_dir
04      nbImages = len(indexes)
```

```
05      data = np.ndarray(
06          shape=(nbImages,IMAGE_SIZE,IMAGE_SIZE,NUM_CHANNELS),
07          dtype=np.float64)
08      labels = []
09      for i in xrange(nbImages):
10          if indexes[i]<STEGO:
        # 载入载体
11              filename = cover_dir+str(random_images[indexes[i]]+1)+".pgm"
12              #输出文件名
13              image = read_pgm(filename)
14              data[i,:,:,0]= (image/PIXEL_DEPTH)-0.5
15              labels = labels + [[1.0, 0.0]]
16          else:
        #载入隐写图像
17              new_index=indexes[i]-STEGO
18              filename = stego_dir+str(random_images[new_index]+1)+".pgm"
        #打印文件名
19              image = read_pgm(filename)
20              data[i,:,:,0]= (image/PIXEL_DEPTH)-0.5
21              labels = labels + [[0.0, 1.0]]
22      labels = np.array(labels)
23      return (data, labels)
```

4.　模型训练

模型训练部分的学习率设置为 0.001，以最小化交叉熵为目标函数，初始化 session 并读入训练数据。

```
01  train_step = tf.train.MomentumOptimizer(learning_rate= 1e-3, momentum=0.9).
                                            minimize(cross_entropy)
02  prediction = y_pred
03  correct_prediction = tf.equal(tf.argmax(y_pred,1), tf.argmax(y_image,1))
04  accuracy = tf.reduce_mean(tf.cast(correct_prediction, "float"))
05  rounding = tf.argmax(y_pred,1)
06  tab = tf.placeholder(tf.float32, [None])
07  reduce_accuracy = tf.reduce_mean(tab)
%初始化
08  sess.run(tf.initialize_all_variables())
%载入数据，图像由随机种子置乱
09  random_images=np.arange(0,10000)
10  np.random.seed(seed)
11  np.random.shuffle(random_images)
12  im_train=random_images[0:5000]
13  im_test=random_images[5000:10000]
%定义训练函数
14  steg=np.add(im_train,np.ones(im_train.shape,dtype=np.int)*STEGO)
15  arr_train = np.concatenate((im_train,steg),axis=0)
16  np.random.shuffle(arr_train)
17  indexes_train = [arr_train[i:i+BATCH_SIZE] for i in xrange(0, len(arr_train),
                                            BATCH_SIZE)]
```

```
18  train_size = len(indexes_train)
19  steg=np.add(im_test,np.ones(im_test.shape,dtype=np.int)*STEGO)
20  arr_test = np.concatenate((im_test,steg),axis=0)
%测试置乱
21  np.random.seed(seed)
22  np.random.shuffle(arr_test)
23  indexes_test = [arr_test[i:i+BATCH_SIZE] for i in xrange(0, len(arr_test),
                                                          BATCH_SIZE)]
24  test_size = len(indexes_test)
%训练或加载网络
25  num_epochs = NUM_EPOCHS%迭代次数
26  saver = tf.train.Saver(max_to_keep=1000)
%训练网络
27  key=np.arange(1,3)
28  if network=='':
29      print("training a network")
30      start_time = time.time()
31      step1, train_accuracy1, test_accuracy1, global_accuracy1 = [], [],
                                                                  [], []
32      for ep in xrange(num_epochs):
33          step1.append(ep)
34          np.random.shuffle(key)
35          k_key=key[0]
36          print ep
37          for step in xrange(train_size-1):
38                  batch_index = step
39                batch_data, batch_labels = extract_data_single(indexes_train
                                                          [batch_index])
40                  train_step.run(session=sess, feed_dict={ x:batch_data,
                                    y:batch_labels, phase_train: True })
……
41                      print("Train accuracy - batch "+str(batch_index))
42                      print(train_accuracy)
43                      test_accuracy = accuracy.eval(session=sess,
                          feed_dict={ x:pred_test_data, y:pred_test_labels,
                                                    phase_train: False})
44                      print("Test accuracy - batch "+str(pred_test_index))
45                      print(test_accuracy)
            ……
                ##训练精度极端批正则化
46                  train_accuracy = accuracy.eval(session=sess, feed_dict=
                        { x:batch_data, y:batch_labels, phase_train: True })
47                  for global_test_index in xrange(test_size-1):
……
48                      global_accuracy = reduce_accuracy.eval(session=sess,
                                    feed_dict= { tab: gtest_accuracy })
49                  print("Global Test accuracy")
50                  print(global_accuracy)
51                  print("Confusion_matrix")
……
```

```
52                            saver.save(sess, "my-model20", global_step=ep)
53      plt.show()
%加载网络
54  else:
55      print("loading a network")
56      saver.restore(sess, network)
57      global_test_predlabels = []
58      global_test_truelabels = []
59      gtest_accuracy = np.ndarray(shape=(test_size), dtype=np.float32)
60      for global_test_index in xrange(test_size-1):
61          gtest_data, gtest_labels = extract_data_single(indexes_test
                                            [global_test_index])
%打印标签
%打印预测标签
62      global_accuracy = reduce_accuracy.eval(session=sess, feed_dict=
                                            { tab: gtest_ accuracy })
63      print("Global Test accuracy")
64      print(global_accuracy)
65      print("Confusion_matrix")
66    print confusion_matrix(global_test_predlabels,global_test_truelabels)
66    print confusion_matrix(global_test_predlabels,global_test_truelabels)
```

5. 结果展示

通过实验观察发现，如图 10-8 所示，在 ACGAN 训练 10 次后，生成的图像近乎于白噪声,人眼无法辨别数字类别，判别器提取到的类别标签也是完全混乱的。训练 10 次后提取到的类别标签如下：（实验数据摘自所有输出数据）

```
2017-10-24T10:51:51.528626: step 10, d_loss 5.82928, g_loss 7.95516
('class_loss_fake', array([6, 0, 8, 6, 1, 1, 2, 0, 1, 1, 6, 1, 8, 1, 6,
1, 8, 1, 1, 6, 5, 1, 7, 6, 3, 7, 6, 1, 6, 5, 6, 1, 6, 1, 4, 4, 6, 1, 2, 5, 5,
7, 7, 3, 6, 1, 5, 1, 6, 6, 6, 8, 1, 6, 6, 7, 1, 7, 1, 3, 7, 1, 7]))
```

而随着训练次数的增加，生成图像逐渐变的清晰可见。经过 80 次训练后，虽然生成的图像人眼依然难以辨别数字类别，但判别器提取到的类别标签已基本正确，64 个类别标签中只有 3 个发生错误。训练 80 次后提取到的类别标签如下：

```
2017-10-24T10:52:44.363718: step 80, d_loss 1.55887, g_loss 2.41807
('class_loss_fake', array([0, 0, 0, 0, 0, 0, 0, 0, 1, 8, 1, 1, 1, 1, 1,
1, 2, 2, 2, 2, 2, 2, 2, 2, 3, 3, 3, 3, 3, 3, 3, 3, 4, 4, 4, 4, 4, 4, 4, 4, 5,
5, 5, 5, 5, 5, 5, 8, 6, 6, 6, 2, 6, 6, 6, 7, 7, 7, 7, 7, 7, 7, 7]))
```

从第 140 次开始,判别器提取到的类别标签已完全没有错误，但生成图像依然难以有效辨识数字类别。从第 240 次开始，生成的图像已基本清晰可辨，在第 610 次以后，生成图像已与第 990 次训练的效果相差不大，可以用人眼清晰地辨别出数字类别。分别训练 140 次、240 次、610 次、990 次后提取到的类别标签如下：

```
2017-10-24T10:53:35.306073: step 140, d_loss 0.850362, g_loss 2.38015
```

```
('class_loss_fake', array([0, 0, 0, 0, 0, 0, 0, 0, 1, 1, 1, 1, 1, 1, 1,
1, 2, 2, 2, 2, 2, 2, 2, 2, 3, 3, 3, 3, 3, 3, 3, 3, 4, 4, 4, 4, 4, 4, 4, 4, 5,
5, 5, 5, 5, 5, 5, 5, 6, 6, 6, 6, 6, 6, 6, 6, 7, 7, 7, 7, 7, 7, 7, 7]))

    2017-10-24T10:54:56.809609: step 240, d_loss 1.09391, g_loss 1.56321
    ('class_loss_fake', array([0, 0, 0, 0, 0, 0, 0, 0, 1, 1, 1, 1, 1, 1, 1,
1, 2, 2, 2, 2, 2, 2, 2, 2, 3, 3, 3, 3, 3, 3, 3, 3, 4, 4, 4, 4, 4, 4, 4, 4, 5,
5, 5, 5, 5, 5, 5, 5, 6, 6, 6, 6, 6, 6, 6, 6, 7, 7, 7, 7, 7, 7, 7, 7]))

    2017-10-24T11:00:13.907692: step 610, d_loss 0.899276, g_loss 1.36016
    ('class_loss_fake', array([0, 0, 0, 0, 0, 0, 0, 0, 1, 1, 1, 1, 1, 1, 1,
1, 2, 2, 2, 2, 2, 2, 2, 2, 3, 3, 3, 3, 3, 3, 3, 3, 4, 4, 4, 4, 4, 4, 4, 4, 5,
5, 5, 5, 5, 5, 5, 5, 6, 6, 6, 6, 6, 6, 6, 6, 7, 7, 7, 7, 7, 7, 7, 7]))

    2017-10-24T11:05:50.231032: step 990, d_loss 1.09119, g_loss 0.644074
    ('class_loss_fake', array([0, 0, 0, 0, 0, 0, 0, 0, 1, 1, 1, 1, 1, 1, 1,
1, 2, 2, 2, 2, 2, 2, 2, 2, 3, 3, 3, 3, 3, 3, 3, 3, 4, 4, 4, 4, 4, 4, 4, 4, 5,
5, 5, 5, 5, 5, 5, 5, 6, 6, 6, 6, 6, 6, 6, 6, 7, 7, 7, 7, 7, 7, 9, 7]))
```

　　本案例的目标是实现无载体信息隐藏，应该使被隐藏的秘密信息不易被人眼直接识别，所以训练次数在 140 次到 240 次是合适，这样既能使生成的含密图像人眼难以辨别数字类别，又能保证判别器提取到正确的类别标签。

　　同时在实验中也发现，在第 140 次以后，虽然提取到的类别标签大部分都能完全正确，但也存在极个别情况下，会有一个类别标签发生提取错误。如图 10-8 所示，在训练第 990 次时，判别器提取到的类别标签中倒数第二个发生错误。此时只需在编码时添加纠错码就可以保证译码的正确性。由此也能看出，传统的信息隐藏都是对载体做修改，不改变需要隐藏的秘密信息，而在无载体信息隐藏中，则允许秘密信息在隐蔽通信过程中存在误差，只需通过添加纠错码等方式保证译码的正确性即可。而且因为不必对载体做任何修改，增加了信息隐藏的抗检测性。

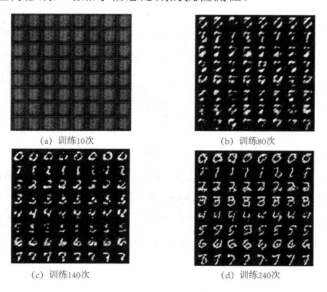

(a) 训练10次　　　　　　　　　(b) 训练80次

(c) 训练140次　　　　　　　　(d) 训练240次

图 10-8　生成含密图像

(e) 训练610次

(f) 训练990次

图 10-8　生成含密图像（续）

鉴于 mnist 手写体数据集过于简单，当由其生成的图像变得清晰后，能被人眼直接识别出类别标签，下一步考虑将信息隐藏方法应用到 celeb A 人脸数据集等复杂的自然图像集上来解决此问题。

10.4.3　性能分析

下面对信息隐藏容量、图像的失真与抗检测性、隐蔽通信的可靠性、含密图像暴露后秘密信息的安全性进行实验与分析。

1. 容量

通过 3 种不同的分词方法测试图像的信息隐藏容量，实验结果如表 10-1 所示。

表 10-1　隐藏容量结果表

字典中词平均长度 （汉字/词）	分词字典词汇数量 （/个）	文献[10]算法容量 （汉字/子图像）	本算法容量 （汉字/子图像）
0	0	1	15
2	100	1.57	22.6
3	100	1.86	31.3

不使用码表中的分词字典，直接将待隐藏的文本信息切分为单字。则隐藏时，一个单字对应一个类别标签组合（含有 4 个类别标签）。对文本信息进行隐藏实验，则每幅子图像的隐藏容量为 64/4=16 个单字，又因为子图像头部的类别标签组合为序号标记，所以每幅子图像的信息隐藏容量为 15 个单字。由于没有使用码表中的分词字典，所以字典中的词的数目与词汇平均长度均为 0。

从选定的文章中选择前 100 个长度为 2 的词组建立分词字典（词汇数量为 100，词平均长度为 2）。此时的码表字典中，既有国标一、二级字库中的单字对应的类别标签组合，又有分词字典中的词对应的类别标签组合。则在隐藏时，根据正向最大匹配码表字典的原则，即若秘密信息中含有码表字典中的词，则切分为该词，否则切分为单字，随机选取 10 个文本片段，实验结果为每幅子图像的平均隐藏容量为 22.6 个单字。

从文章中选择前 100 个长度为 3 的词组建立分词字典（词汇数量为 100,词平均长度为 3）。采用正向最大匹配码表字典原则，随机选取 10 个文本片段，实验结果为每幅子图像的平均隐藏容量为 31.3 个单字。

从实验中可以看出，增加码表分词字典中词组的平均长度，可以提高每幅子图像的平均信息隐藏容量。从理论上分析，单幅子图像的信息隐藏容量为 15 个类别标签组合所对应的汉字数量，即秘密信息片段的长度。多幅子图像的平均信息隐藏容量 C 为每 15 个类别标签组合所对应的平均汉字数量，即分词后秘密信息片段的平均长度：

$$\overline{C} = \frac{\sum_{i=1}^{n} C_i}{n} \tag{10-7}$$

式中，n 为秘密信息片段的数量，C_i 为第 i 个秘密信息片段的长度。为进一步提高每幅子图像的信息隐藏容量，可以根据通信双方的常用内容，构建更为完善的码表字典，提高码表分词字典中词组的数量，使分词后的秘密信息片段包含尽可能多的词组。

因为信息隐藏生成的含密图像只有 8×8 共 64 个类别标签，可以通过在既定像素（如 512×512）范围内，使生成图像含有更多的类别标签，来提高每幅子图像的信息隐藏容量。

2．图像失真与抗检测性

由于信息隐藏的含密图像是由 ACGAN 直接生成的，所以在文本信息的嵌入以及含密图像的传递过程中，含密图像均没有做任何修改，因此含密图像没有发生失真，能有效抵抗人眼的检测，也能从根本上抵抗基于统计的信息隐藏分析算法的检测。

10.4.3　可靠性

无载体信息隐藏中，隐藏秘密信息的含密图像是由 ACGAN 直接生成的没有经过任何修改的伪自然图像，相比传统的加密和信息隐藏方法，案例中方法更难以引起攻击者的怀疑，能更加隐蔽地进行秘密通信。

10.4.4　安全性

假设攻击者已怀疑传递的图像含有秘密信息，但由于其没有与通信双方相同的 ACGAN 模型，所以很难通过判别器从含密图像中提取出秘密信息。即使攻击者偶然提取到秘密信息，由于其不知道码表字典和类别标签的组合方法，也无法将秘密信息译码成原来的文本信息，由此保证了隐蔽通信的安全。

利用 ACGAN 联合输入噪声与类别标签生成真假难辨的伪图像的特点，结合无载体信息隐藏直接以秘密信息为驱动生成含密图像的思想，基于 ACGAN 的无载体信息隐藏方法，从而真正意义上实现了无载体信息隐藏。该方法主要包括两部分：码表字典的构建、文本信息的隐藏与提取算法。实验和理论分析表明，该方法不仅可以有效抵抗现有的隐写分析算法的检测，而且其隐藏通信具有良好的可靠性和安全性。

10.5　温故知新

没有网络安全就没有国家安全，我国已经将网络信息安全提高到国家安全的高度。作为网络信息安全领域的研究热点之一，信息隐藏技术已经在军事、商业等领域得到了广泛应用。例如，用于军事隐蔽通信的隐写技术和用于涉密档案保护和完整性验证的数字水印技术均属于信息隐藏的主要分支。本章讲解了数字图像隐写分析的研究现状、关键技术和主要问题，并利用 ACGAN 实现了一种基于生成对抗网络的无载体信息隐藏方法。

为便于理解，学完本章，读者需要掌握如下知识点：

（1）信息隐藏是将秘密信息以不可见的方式隐藏在一个宿主信号中，并在需要的时候将秘密信息提取出来，以达到隐蔽通信和版权保护等目的。

（2）无载体信息隐藏可以从根本上抵抗各类隐写分析算法的检测，不再需要额外的载体，直接以秘密信息为驱动来"生成/获取"含密载体。

（3）可逆信息隐藏属于一种脆弱水印，即对于含密图像的任何修改或者攻击都会影响信息的准确提取和恢复。

在下一章中，读者会了解到：

深度学习在服装检测中的应用。

10.6　停下来，思考一下

电视剧黑客军团（Mr. Robot）中，主演 Elliot 会对他周围的人信息进行入侵和篡改，然后将所发现的信息存储在 CD 上。他实际上是把音乐复制到这些 CD 上，然后在其中嵌入加密的信息，且只有他才能进行恢复。因此，任何发现 CD 的人都只能听到音乐而无法发现或检索隐藏其中的信息。这就是我们讲的"隐写术"（steganography），即将信息隐藏在另一个数码介质（音频、视频或图片等）中，常用的隐写工具有 QuickStego、AudioStegano、BitCrypt、MP3Stego、Steghide、AudioStego。希望通过本章的讲解，你可以对信息隐藏领域产生兴趣，通过所学知识做一些实验测试。

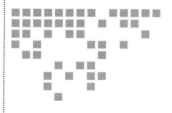

基于深度学习的服装识别

作为人脸识别技术的有力补充，服装识别技术具有巨大的商业价值，同时也是辅助维护社会治安的"黑科技"。本章利用卷积神经网络实现对用户所穿着服装的识别，并通过分析用户服装与用户消费习惯的关联关系，建立"精确用户画像"模型，为用户提供广告推送等个性化服务。

本章主要涉及的知识点有：

- 服装识别关键技术：了解服装识别问题的研究现状、研究意义和关键技术，掌握从深度学习的角度去解决服装识别问题的方法。
- 服装识别解决方案：了解方案的目标、可行性分析方法，掌握解决类似问题的一般思路、流程及注意事项。
- 服装识别的深度神经网络：掌握深度神经网络的构建方法、各个子结构的功能及参数设置。

注意：本案例基于 Caffe 实现。

11.1 服装识别问题描述

随着机器视觉技术的飞速发展，图像的检测、识别不再仅仅依赖于人眼，而是进入了自动化、高速化、智能化的全新时代，图像中所蕴含的巨大信息得以被深度挖掘出来。机器视觉可以运用于许多领域，如人工智能、无人驾驶等等，目前机器视觉在人物图像上运用得比较多的是人脸检测、人脸识别。但是我们认为人脸的信息只是图像中很小的一部分，更大的部分是人物服装的信息。这些尚未被挖掘的服装信息比人脸的信息量更大，具有巨大的商业价值，却没有受到足够的重视。

服装识别的目的就是利用服装检测识别技术实现对人物所穿着服装的识别，利用人物的服装与人物消费偏好等关联关系，为人们提供广告推送等个性化服务，可以采用卷积神经网络（CNN）识别服装类型并为用户提供个性化推荐服务，建立基于服装检测的人物标签系统。值得注意的是，其目的不是"以貌取人"，而是"以帽取人"，用"帽"来指代"衣服"，用衣服来给用户做标签，进而做精确、细致、全面、多维度的"用户画像"。

我们可以认为每个用户的服装都具有一定的代表性，即不同服装的某些特征与其用户的某些特征具有紧密的关联关系。例如：

（1）用户服装的类型、品牌、图案、颜色、领型等可以不同程度地反映出用户购买服装的习惯、偏好，如图 11-1 所示。

（2）用户服装的品牌、价位可以反映用户的购买力、消费水平。

（3）不同职业的制服可以直接反映出用户的职业信息以及其衍生出的职业关联特征。

	num	类型	品牌	图案	颜色	领型	袖型	款式细节	衣门襟	衣长	版型
1	00	唐装	丑酷劳斯	几何图案	红色	立领	长袖	多口袋	单排扣	常规款	宽松型
2	01	西服套装	雅戈尔	纯色	白色	翻领	长袖	多口袋	一粒单排扣	常规款	修身型
3	02	西服套装	七匹狼	纯色	黑色	礼服领	长袖	多口袋	一粒单排扣	常规款	修身型
4	03	西服套装	森马	纯色	黑色	礼服领	长袖	多口袋	一粒单排扣	常规款	修身型
5	04	西服套装	森马	纯色	黑色	礼服领	长袖	多口袋	一粒单排扣	常规款	修身型
6	05	风衣	欧时力	纯色	卡其色	翻领	长袖	多口袋	双排扣	中长款	NULL
7	06	连衣裙	洛诗琳	纯色	蓝色	圆领	七分袖	立体装饰		长裙	宽松型
8	07	连衣裙	欧时力	纯色	红色	圆领	七分袖	立体装饰		长裙	宽松型
9	08	连衣裙	颜域	纯色	白色	无	其他	立体装饰		长裙	宽松型
10	09	连衣裙	甯曼	纯色	粉红色	无	短袖	立体装饰		中长裙	宽松型
11	10	连衣裙	衣A予阁	纯色	圆领	圆领	短袖	立体装饰		中长裙	宽松型
12	11	短裙	韩都衣舍	其他	其他	无	无	立体装饰		短款	宽松型
13	12	牛仔短裙	太平鸟	纯色	蓝色	无	无	立体装饰		短款	修身型
14	13	背带裤	ONLY	纯色	蓝色	无	无	多口袋、拼接		常规	宽松型
15	14	夹克	花花公子	纯色	卡其色	立领	长袖	多口袋、拼接	前中拉链门襟	常规款	标准型
16	15	短袖衬衫	南极人	纯色	白色	翻领	短袖	多口袋、拼接		常规款	修身型
17	16	长袖衬衫	克雷司登	纯色	白色	方领	长袖	多口袋		常规款	修身型
18	17	运动服	南迪尔	纯色	黑色	翻领	长袖	撞色		NULL	NULL
19	18	T恤	南极人	纯色	其他	翻领	短袖	印花		常规	修身型
20	19	夹克	花花公子	纯色	黑色	立领	长袖	多口袋	前中拉链门襟	常规款	标准型
21	20	羽绒服	黄金琼斯	纯色	其他	立领	长袖	罗纹底摆		NULL	NULL
22	21	运动服	路徒	纯色	粉色	立领	长袖	线条、撞色		常规款	修身型
23	22	中山装	意树	纯色	黑色	立领	长袖	立体裁剪、…	多粒单排扣	常规	修身型

图 11-1　服装数据库

如图 11-1 所示，不同的服装有着不同的属性，通过相应的属性数据分析，可以挖掘出服装间、人物间、属性间的关联关系。因此，通过对用户服装的检测与识别，可以识别出用户的着装，并在在数据库中检索出该类服装的代表性信息，进而为用户打上多维"标签"，并实现以下两个方面功能：

（1）通过具有显著代表性的"标签"直接为用户提供个性化服务。例如，根据用户制服类型推断用户的职业，向用户推荐与该职业有关的商品。根据用户购买服装的偏好和习惯信息，直接推送符合其偏好的服装广告，同时，在对用户进行商品推送时考虑其消费水平及职业需求等因素。

（2）在大数据分析技术的基础上，挖掘潜在的服装特征与用户特征之间的关联关系。不断学习、丰富、拓展新的"标签"，通过大量的数据与关联信息为每个用户建立用户的多维标签模型，即用户画像，进而为后续的定向服务提供数据和技术支持。

11.2　解决方案

针对服装检测识别问题的特点与关键问题，本节给出具体的服装识别的解决方案，并从目标及可行性分析角度对方案进行论证。

11.2.1　方案目标

本方案的目标主要集中在，利用服装检测识别技术实现对用户所穿着服装的识别，建立用户服装与用户消费偏好的关联关系，为用户提供广告推送等个性化服务。通过对大量数据的分析验证，寻找和修正用户与服装的关联关系，建立"用户画像"模型。

为实现上述目标，主要解决思路为：

（1）根据深度学习服装检测与识别方法，利用输入各类服装的训练样本训练具有服装识别功能的深度神经网络，使网络模型能够以较高的识别率、实时识别出用户所穿着服装的类别。

（2）建立"服装-标签"数据库，数据库中包括所有能识别的服装类别，每个服装类别对应一种或多种"标签"。"标签"的内容可以包括：服装款式、搭配风格、服装品牌、服装价位等，通过这些标签可以反映出用户的服装款式偏好、穿衣风格、品牌偏好、消费水平等信息。

（3）根据某用户的"标签"信息，为不同用户提供个性化服务。

11.2.2　方案概述

本方案利用服装检测识别技术实现对用户所穿着服装进行识别，通过建立用户服装与用户消费等偏好关联关系，为用户提供广告推送等个性化服务。其中在服装识别中使用方法为深度学习模型中的卷积神经网络（CNN）。可以认为每个用户的服装都具有一定的代表性，即服装的某些特征与用户的某些特征具有关联关系，如图 11-2 所示。例如：

（1）职业制服可以直接反映出用户的职业。

（2）服装的类型、款式、潮流、颜色等可以反映出用户购买服装的偏好。

（3）服装的品牌、价位可以反映用户的消费水平。

通过对用户服装的检测与识别，我们可以为某种服装的穿着者打上多维"标签"，并在此基础上提供个性化服务。本方案的创新点主要有两方面：

（1）在技术方面，将深度神经网络技术应用在服装识别领域。目前机器视觉技术发展迅速，各种新技术和新应用层出不穷，但是很少有研究将其运用到服装的识别领域，因此深度学习在服装检测识别方面的研究是机器视觉中很有意义的应用方向。

（2）在业务方面，旨在挖掘服装信息的商业价值。相比于人脸识别的广泛应用，服装信息的商业价值却没有得到人们的普遍重视。希望本方案可以为服装识别的研究拓展的商业价值，并且通过"用户标签"将服装的信息价值充分运用到实际应用场景。

（1）休闲　　　　　　　　（2）职业　　　　　　　　（3）运动

（4）民族　　　　　　　　（5）优雅　　　　　　　　（6）时尚

图 11-2　各类服装

1. 业务方案

本方案的业务重点在于根据用户的信息标签，推送客户感兴趣的广告。主要通过建立一个带有反馈环节的推荐系统，向用户推荐两种模式的内容分类：

（1）标签关联区模式。该区域的推荐内容基于已经发现的用户标签关联关系，与最初的标签关联设置具有相似的关联，即推送信息为与用户标签最为相似的服装信息。

（2）随机生成区模式。该区域的推荐基于完全的随机化方式，通过记录某类标签的用户对于之前推荐广告的反应操作，例如接受推荐或拒绝推荐，在此基础上，通过大数据分析技术，寻找出潜在的标签与用户之间的关联关系，同时反馈、优化、调整已经发现的标签与用户间的关联关系。

【知识扩容】OCR 技术

在图像识别领域，有一个经典的案例，就是光学字符识别（optical character recognition，OCR）如图片中文、银行卡、门牌、身份证文字识别等。传统 OCR 技术包括文字定位、二值化、文字分割、分类识别、纠错。文字定位可以用连通域中的颜色、亮度、边缘进行分割，最后的纠错一般采用隐马尔科夫模型（Hidden Markov ModelHMM，HMM），利用经典的维特比算法实现最优序列的选择。

而新的基于深度学习的 OCR 识别只需两个步骤定位和识别，减少了中间过程误差积累对结果的影响，主要采用 CNN 和 RNN 进行文本行的定位检测和文本序列的识别，如图 11-3 所示。目前 OCR 技术在服装 logo 识别等领域还具有广泛的应用。

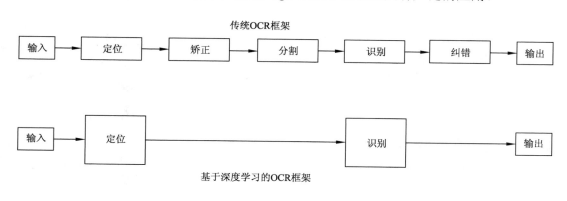

图 11-3　两种 OCR 框架

2．技术方案

本方案的技术重点在于根据采集的用户图像，对人物的服装进行分割识别。由于现实场景中的服装图像识别解决方案必须满足以下要求：

（1）模型必须具备学习能力，能够通过学习输入图像数据的某类服装特征，获得对该类服装的识别和表征能力。

（2）模型的应用复杂度低，可以满足在实时性要求下的识别速度需求。

（3）具有较高的识别准确率。

（4）对训练样本数量的依赖尽量小，可以基于小样本训练得到满足识别能力要求的分类器。

根据以上要求，方案选择采用深度学习模型中的卷积神经网络，考虑到收集到的训练样本数目不足的问题，可以采用图像处理中的变换、旋转、剪切等操作扩大数据样本的数量与多样性，同时，方案采用基于预训练网络 caffenet 模型的基础上进行参数微调，以降低网络参数训练对硬件和时间上的压力。

11.2.3 成本分析和可行性分析

针对服装识别问题，本方案的成本主要包括两方面：

（1）数据成本。本项案例的目标是对人们穿着服装的各种款式进行识别，所以需要大量的、包含各种服装款式的服装样本数据，才能完成深度神经网络的训练。此外，采用图像处理中的图像增强技术可以衍生出更多样本，为模型训练数据的采集减轻压力了。

（2）硬件成本。在数据量较大的情况下，深度神经网络模型的训练需要高性能 GPU 等硬件条件的加速支持，以保证训练的效率。

综上所述，本案例的成本较低，方案可行性较高。

11.2.4 实施方案

为解决服装识别问题，本案例涉及的实施方案为：

（1）与服装设计、生产方合作，搜集、购买服装数据，其中搜集主要以网络爬虫方式或者众包平台为主要方式，获取带标签的训练数据，进而初步建立"服装-标签"数据库。

（2）搭建 Caffe 框架下的深度神经网络训练和开发环境，利用样本数据训练具有服装识别功能的深度神经网络模型。

（3）通过摄像头拍摄、传输用户的实时的图像信息，对用户服装进行识别，根据识别结果为客户建立相应"标签"。

（4）与商品销售方合作，建立信息反馈推荐系统，根据用户的"标签"进行服装等商品推荐，同时通过用户信息反馈，不断优化推荐算法和迭代更新系统。

11.3 综合案例：基于卷积神经网络的服装识别实战

本案例采用卷积神经网络实现基于服装检测的人物标签系统，用衣服来给用户做标签，进而进行精确用户画像，提高数据服务的质量。

11.3.1 数据准备

案例中是原始数据用 SQL Server 2015 存储原始数据，数据库存储文件如图 11-4 所示，数据表如图 11-5 所示。

名称	修改日期	类型	大小
LYdatabase.mdf	2017/4/28 0:19	MDF 文件	3,072 KB
LYdatabase_log.ldf	2017/4/28 0:19	LDF 文件	1,024 KB

图 11-4 数据库文件

num	类型	品牌	图案	颜色	领型	袖型	款式细节	衣门襟	衣长	版型
1	00	唐装	丑酷劳斯	几何图案	红色	立领	长袖	多口袋	单排扣	常规款	宽松型
2	01	西服套装	雅戈尔	纯色	白色	翻领	长袖	多口袋	一粒单排扣	常规款	修身型
3	02	西服套装	七匹狼	纯色	黑色	礼服领	长袖	多口袋	一粒单排扣	常规款	修身型
4	03	西服套装	森马	纯色	黑色	礼服领	长袖	多口袋	一粒单排扣	常规款	修身型
5	04	西服套装	森马	纯色	黑色	礼服领	长袖	多口袋	一粒单排扣	常规款	修身型
6	05	风衣	欧洲力	纯色	卡其色	翻领	长袖	多口袋	双排扣	中长款	NULL
7	06	连衣裙	洛诗琳	纯色	蓝色	七分装饰领	七分袖	立体装饰		长裙	宽松型
8	07	连衣裙	欧时力	纯色	红色	圆领	七分袖	立体装饰		长裙	宽松型
9	08	连衣裙	颜纸	纯色	白色	无	其他	立体装饰		长裙	宽松型
10	09	连衣裙	寅曼	纯色	粉红色	无	无	立体装饰		中长裙	宽松型
11	10	连衣裙	衣乔蓉	纯色	白色	圆领	短袖	立体装饰		中长裙	宽松型
12	11	短裙	韩都衣舍	其他	无	无	无	立体装饰		短款	宽松型
13	12	牛仔短裤	太平鸟	纯色	蓝色	无	无	立体装饰		短款	修身型
14	13	背带裤	ONLY	纯色	蓝色	无	无	多口袋、拼接		常规	宽松型
15	14	夹克	花花公子	纯色	卡其色	立领	长袖	多口袋	前中拉链门襟	常规款	标准型
16	15	短袖衬衫	商格人	纯色	白色	翻领	短袖	多口袋、拼接		常规款	修身型
17	16	长袖衬衫	克蕾司登	纯色	白色	方领	长袖	多口袋		常规款	修身型
18	17	运动服	南迪尔	纯色	黑色	翻领	长袖	撞色		NULL	NULL
19	18	T恤	南极人	纯色	其他	翻领	短袖	印花		常规	修身型
20	19	夹克	花花公子	纯色	黑色	立领	长袖	多口袋	前中拉链门襟	常规款	标准型
21	20	羽绒服	黄金矮斯	纯色	白色	立领	长袖	罗纹底摆		NULL	NULL
22	21	运动服	路徒	纯色	粉色	立领	长袖	线条、撞色		常规款	修身型
23	22	中山装	意树	纯色	黑色	立领	长袖	立体裁剪、	多粒单排扣	常规	修身型

（a）数据表前 11 个属性列

适用场景	适用对象	适用季节	基础风格	细节风格	上市时间	流行元素	价位
宴会	老年	四季	NULL	商务绅士	2017年春季	绣花	100-200
休闲	青年	四级	商务休闲	商务绅士	2017年春季	简约	300-400
上班	中年、青年	四季	商务正装	基础大众	2016年春季	简约	300-400
宴会	青年	四季	时尚都市	时尚都市	2016年夏季	简约	400-500
宴会	青年	四季	商务休闲	时尚都市	2016年夏季	简约	400-500
日常	青年	春季、秋季	日常装扮	时尚都市	2016年春季	蝴蝶结、系产、明线装饰	300-400
休闲	青年	夏季	日常装扮	时尚都市	2017年春季	荷叶边、系带	400-500
日常休闲	青年	夏季	青春流行	优雅时尚	2017年夏季	荷叶边、系带	400-500
日常休闲	青年	夏季	青春流行	超美优雅	2016年春季	荷叶边、系带	300-400
日常休闲	青年	夏季	青春流行	时尚都市	2017年夏季	荷叶边、系带	500-600
日常休闲	青年	夏季	青春流行	青春活力	2017年夏季	简约	100-200
日常休闲	青年	夏季	青春流行	优雅时尚	2017年夏季	简约	200-300
日常休闲	青年	夏季	日常装扮	青春活力	2017年夏季	简约	300-400
休闲	青年	四季	时尚都市	时尚都市	2016年春季	简约	100-199
休闲	中年	秋季	商务休闲	商务绅士	2017年春季	简约	1000以上
宴会	青年	夏季	时尚都市	青春活力	2016年夏季	简约	200-299
日常	青年	夏季	青春流行	青春活力	2016年春季	简约	300-500
户外运动、日常生活	青年	春秋季	运动生活	运动休闲	2016年春季	简约	500-800
其他休闲	青年	夏季	青春流行	基础大众	2016年春季	简约	100-200
休闲	中年	春季、秋季	商务休闲	商务绅士	2016年春季	简约	1000以上
日常	青年	冬季	青春流行	基础大众	2016年冬季	简约	500-800
户外运动、日常休闲	青年	春秋季	运动生活	青春活力	2016年春季	简约	300-400
宴会	青年	春季、秋季	商务休闲	时尚都市	2016年春季	简约	600-800

（b）数据表后 8 个属性列

图 11-5　数据表

因为 Caffe 框架能处理的数据格式为 lmdb，因此需要原始数据库文件进行格式转换，我们编写批处理文件 gen_train_ldb2.bat，按照格式文件 val2.txt、train2.txt 转换数据格式，得到 train_ldb2 和 val_ldb2，其中图像尺寸为 256×256。

批处理文件 gen_train_ldb2.bat 如下：

```
01  SET GLOG_logtostderr=1
02  convert_imageset.exe  -backend=lmdb  -resize_width=256 -resize_height
                            =256  .\ train2.txt train_ldb2 0
03  convert_imageset.exe  -backend=lmdb -resize_width=256 -resize_height
                            =256  .\ val2.txt val_ldb2 0
Pause
```

数据表中属性列包括序号、类型（唐装、西服套装、风衣、连衣裙、夹克、运动服）、品牌（雅戈尔、七匹狼、森马、花花公子、南极人）、图案（几何图案、纯色）、颜色（红色、白色、黑色、卡其色、蓝色）、领型（立领、翻领、礼服领、圆领）、袖型（长袖、七分袖、短袖）、款式细节（多口袋、立体装饰、印花）、衣门襟（单排扣、双排扣、拉链）、衣长（常规、中长款、短款），版型（宽松、修身标准）、适用场景（宴会、休闲、上班、日常、户外）、适用对象（老年、青年、中年）、适用季节（四季、春、夏、秋、冬）、基础风格（商务休闲、日常休闲、运动生活、青春流行）、上市时间、流行元素、价位。经批处理转换格式后得到的文件，如图 11-6 所示。

名称	修改日期	类型	大小
train_ldb2	2017/4/28 18:28	文件夹	
val_ldb2	2017/4/28 18:28	文件夹	

图 11-6　训练数据和测试数据

在数据格式转换中涉及的两个文本文件的具体内容如图 11-7 所示。

```
val2\23\t013fba06c1e3fd2cb5.jpg 0
val2\23\t017ed9b717fb7c8a61.jpg 0
val2\23\u=1606867995, 1750505642&fm=23&gp=0.jpg 0
val2\23\u=1910649192, 3224591250&fm=23&gp=0.jpg 0
val2\1\t01e7cfc715c474812f.jpg 1
val2\1\u=1445088815, 1770903852&fm=23&gp=0.jpg 1
val2\1\u=2200162242, 3467955214&fm=72.jpg 1
val2\1\u=2214524841, 487882745&fm=23&gp=0.jpg 1
val2\2\u=1177495513, 106409700&fm=23&gp=0.jpg 2
val2\2\u=198019227, 3328815104&fm=23&gp=0.jpg 2
val2\2\u=250613568, 3781905624&fm=23&gp=0.jpg 2
val2\2\u=2949951387, 837711141&fm=23&gp=0.jpg 2
val2\3\t0115d39fc010bdf448.jpg 3
val2\3\t0167fb0c3da628c782.jpg 3
val2\3\t017a31f620749e40a2.jpg 3
val2\3\t0199830e09f1db9c50.jpg 3
```

```
train2\23\t0108bd6e36b5019c02.jpg 0
train2\23\t01157c3647a9ea8cb7.jpg 0
train2\23\t012baeeb0a0fe14868.jpg 0
train2\23\t012d523f001fabaa39.jpg 0
train2\23\t013723fe26e8f8c10a.jpg 0
train2\23\t013f640e8156e1ab9e.jpg 0
train2\23\t0146ffa6c0f7194e7d.jpg 0
train2\23\t019eda29cad30c9a73.jpg 0
train2\23\t01a7eae855cf40e321.jpg 0
train2\23\t01bed482445826deb7.jpg 0
train2\23\t01d70f8b0b6f311c5d.jpg 0
train2\23\t01d98237dacebcac01.jpg 0
train2\23\t01e286180d38345160.jpg 0
train2\23\t01e81cc652782238cd.jpg 0
train2\23\t01ebec064ac61daf8c.jpg 0
train2\23\t01ee1f25db2d3f39ae.jpg 0
```

（a）val2.txt　　　　　　　　　　　　　　　　（b）train2.txt

图 11-7　格式文件

我们采用 MATLAB 脚本与 Caffe 框架融合的方式进行代码实现，调用 Caffe 的 MATLAB 接口。CaffeNet 与 2012 年提出的 AlexNet 类似，图像剪裁可以将图像从 256×256 大小调整为 227×227。

```
01  function crops_data = prepare_image(im)
02  d = load('../+caffe/imagenet/ilsvrc_2012_mean.mat');
03  mean_data = d.mean_data;
04  IMAGE_DIM = 256;
05  CROPPED_DIM = 227;
%  Convert an image returned by Matlab's imread to im_data in caffe's data,
将MATLAB格式转变为Caffe格式
06  im_data = im(:, :, [3, 2, 1]);  % permute channels from RGB to BGR
07  im_data = permute(im_data, [2, 1, 3]);  % flip width and height
08  im_data = single(im_data);  % convert from uint8 to single
09  im_data = imresize(im_data, [IMAGE_DIM IMAGE_DIM], 'bilinear');
```

```
% resize im_data
10  im_data = im_data - mean_data;  % subtract mean_data (already in W x H
                                                        H x C, BGR)
% oversample (4 corners, center, and their x-axis flips)
11  crops_data = zeros(CROPPED_DIM, CROPPED_DIM, 3, 10, 'single');
12  indices = [0 IMAGE_DIM-CROPPED_DIM] + 1;
13  n = 1;
14  for i = indices
15    for j = indices
16      crops_data(:, :, :, n) = im_data(i:i+CROPPED_DIM-1, j:j+
                                        CROPPED_DIM-1, :);
17      crops_data(:, :, :, n+5) = crops_data(end:-1:1, :, :, n);
18      n = n + 1;
19    end
20  end
21  center = floor(indices(2) / 2) + 1;
22  crops_data(:,:,:,5) = ...
23    im_data(center:center+CROPPED_DIM-1,center:center+CROPPED_DIM-1,:);
24  crops_data(:,:,:,10) = crops_data(end:-1:1, :, :, 5);
```

11.3.2　网络结构设计

网络模型的构建写在文件 deploy.prototxt 中，训练时调用的网络模型记录在文件 train_val.prototxt 中，两个文件中记录的网络模型是一致的。本案例采用的 CaffeNet 结构如下：

```
%deploy.prototxt
01  name: "CaffeNet"
02  layer {
03    name: "data"
04    type: "Input"%类型输入层
05    top: "data"
06    input_param { shape: { dim: 10 dim: 3 dim: 227 dim: 227 } }
      %输入数据格式227*227*3
    }
07  layer {
08    name: "conv1"
09    type: "Convolution"
10    bottom: "data"
11    top: "conv1"%第一个卷积层，96个3*3卷积核，步长为4
12    convolution_param {
13      num_output: 96
14      kernel_size: 11
15      stride: 4
      }
    }
```

```
16  layer {
17    name: "relu1"
18    type: "ReLU"%ReLU激活
19    bottom: "conv1"
20    top: "conv1"
    }
21  layer {
22    name: "pool1"
23    type: "Pooling"
24    bottom: "conv1"
25    top: "pool1"%最大池化，核大小为3，步长为2
26    pooling_param {
27      pool: MAX
28      kernel_size: 3
29      stride: 2
      }
    }
30  layer {
31    name: "norm1"
32    type: "LRN"
33    bottom: "pool1"
34    top: "norm1"%标准化层，参数为0.0001和0.75
35    lrn_param {
36      local_size: 5
37      alpha: 0.0001
38      beta: 0.75
      }
    }
39  layer {
40    name: "conv2"
41    type: "Convolution"
42    bottom: "norm1"%第二个卷积层，具有256个5*5卷积核，分为两组，pad为2
43    top: "conv2"
44    convolution_param {
45      num_output: 256
46      pad: 2
47      kernel_size: 5
48      group: 2
      }
    }
```

接下来跟着 ReLU 激活、最大池化层、标准化层，只有卷积层的参数设置与特征映射个数，pad 大小等不同。

```
01  layer {
02    name: "conv3"
03    type: "Convolution"
04    bottom: "norm2"
```

```
05      top: "conv3"
06      convolution_param {
07        num_output: 384
08        pad: 1
09        kernel_size: 3
      }
    }
% ReLU激活
10  layer {
11    name: "conv4"
12    type: "Convolution"
13    bottom: "conv3"
14    top: "conv4"
15    convolution_param {
16      num_output: 384
17      pad: 1
18      kernel_size: 3
19      group: 2
    }
  }
%ReLU激活
20  layer {
21    name: "conv5"
22    type: "Convolution"
23    bottom: "conv4"
24    top: "conv5"
25    convolution_param {
26      num_output: 256
27      pad: 1
28      kernel_size: 3
29      group: 2
    }
  }
%ReLU激活
%MAX池化
30  layer {
31    name: "fc6"
32    type: "InnerProduct"
33    bottom: "pool5"
34    top: "fc6"
35    inner_product_param {
36      num_output: 4096
    }
  }
%ReLU激活
37  layer {
38    name: "drop6"
39    type: "Dropout"
```

```
40    bottom: "fc6"%dropout比例为0.5
41    top: "fc6"
42    dropout_param {
43      dropout_ratio: 0.5
      }
    }
44  layer {
45    name: "fc7"
46    type: "InnerProduct"
47    bottom: "fc6"
48    top: "fc7"
49    inner_product_param {
50      num_output: 4096
      }
    }
%ReLU激活
%Dropout设置为0.5
51  layer {
52    name: "fc8_myself"
53    type: "InnerProduct"
54    bottom: "fc7"
55    top: "fc8_myself"
56    inner_product_param {
57      num_output: 23%输出23个分类
      }
    }
58  layer {
59    name: "prob"
60    type: "Softmax"
61    bottom: "fc8_myself"%softmax输出分类结果
62    top: "prob"
    }
```

CaffeNet 的具体网络结构如表 11-1 所示。

表 11-1　CaffeNet 网络结构

1. 输入层

2. 卷积层 conv1
卷积核 96 个（11×11），步长 stride 为 4，网络连接权重为高斯分布，偏置为常量 0；激活层 relu1，池化层 pool1，最大池化 3×3，步长为 2，标准化层 norm1 类型为 LRN，alpha 为 0.0001，beta 为 0.75。

3. 卷积层 conv2
卷积核 256 个（5×5），分组为 2，pad 为 2，网络连接权重为高斯分布，偏置为常量 1；激活层 relu2，池化层 pool2，最大池化 3×3，步长为 2，标准化层 norm2 类型为 LRN，alpha 为 0.0001，beta 为 0.75

4. 卷积层 conv3
卷积核 384 个（3×3），分组为 2，pad 为 2，网络连接权重为高斯分布，偏置为常量 1；激活层 relu3

5. 卷积层 conv4
卷积核 384 个（3×3），分组为 2，pad 为 2，网络连接权重为高斯分布，偏置为常量 1；激活层 relu4

续表

6. 卷积层 conv5
卷积核 256 个（3×3），分组为 2，pad 为 2，网络连接权重为高斯分布，偏置为常量 1；激活层 relu5，池化 pool5，最大池化，步长为 2

7. 全连接层 fc6
4 096 个神经元，网络连接权重为高斯分布，偏置为常量 1，激活层 relu6，dropout 层 drop6，dropout_ratio 为 0.5

8. 全连接层 fc7
4 096 个神经元，网络连接权重为高斯分布，标准差 0.005，偏置为常量 1，激活层 relu7，dropout 层 drop7，dropout_ratio 为 0.5

9. 全连接层 fc8
学习率 lr_mult 为 10，比其他层高，输出 23 个分类，即有 23 个神经元，网络权重高斯分布，标准差为 0.01，偏置为 0

10. 损失层
损失层 loss，采用 SoftmaxWithLoss，测试阶段加精度层 accuracy

【案例 11-1】Canny 边缘检测算子

John F. Canny 于 1986 年提出 Canny 边缘检测算子，该算法可以实现多级边缘检测，可以将独立边的候选像素拼装成轮廓。同时，John Canny 给出了评价边缘检测性能优劣的三个指标：

（1）好的信噪比，即将非边缘点判定为边缘点的概率要低，将边缘点判为非边缘点的概率要低。

（2）高的定位性能，即检测出的边缘点要尽可能在实际边缘的中心。

（3）对单一边缘仅有唯一响应，即单个边缘产生多个响应的概率要低，并且虚假响应边缘应该得到最大抑制。

Canny 算子边缘检测的具体步骤包括：（1）用高斯滤波器处理图像。（2）用一阶偏导计算梯度幅值和方向。（3）对梯度幅值进行非极大值抑制。（4）用双阈值算法检测和连接边缘。在 MATLAB 中 Canny 算子的实现如下：

```
01  I=imread('example.jpg');%读入图像
02  I=rgb2gray(I);%转化为灰色图像
03  imshow(I);
04  title('原图')%原图
05  Canny=edge(I,'canny');%调用canny函数
06  figure,
07  imshow(Canny);%显示分割后的图像，即梯度图像
08  title('Canny边缘检测')
```

原图像和 Canny 边缘检测后的图像分别如图 11-8 和图 11-9 所示。

图 11-8　原图像　　　　　　　　　　　　　　　图 11-9　Canny 边缘检测

11.3.3　网络模型训练

训练网络模型，只需执行批处理文件 train.bat 命令，具体的训练参数在 solver.prototxt 中。

```
%train.bat
    caffe.exe train -solver=solver.prototxt -weights=bvlc_reference_caffenet.caffemodel
    pause
%solver.prototxt
01  net: "train_val.prototxt"
02  test_iter:4%测试迭代4次
03  test_interval:100
04  base_lr: 0.001%学习率0.001
05  lr_policy: "step"
06  gamma: 0.1
07  stepsize: 5000
08  display: 10
09  max_iter: 15000
10  momentum: 0.9
11  weight_decay: 0.005
12  snapshot: 5000
13  snapshot_prefix: "caffenet_train15000-2"
14  solver_mode: CPU
```

在 solver.prototxt 中，第 01 行中 train_val.prototxt 代码，主要涉及将网络模型 CaffeNet 的结构再次读入，其中训练阶段的数据为 train_ldb2，批大小 batch_size 为 30，数据尺寸为 227×227，测试阶段的数据为 val_ldb2，批大小 batch_size 为 30，数据尺寸为 227×227。

11.3.4　训练结果及测试

执行过程中，模型会将网络模型复制，经过 20 次迭代的预测精度为 84.83%，损失值 loss 为 1.00569。对于给定的概率输出，我们将概率最大的那个类作为预测的类，然后通过比较真实标号来计算精度。

下面为经过 16 470 次迭代训练的结果，损失值 loss 降为 0.000740791。

```
%训练
01  loss needs backward computation.
02  I0426 21:33:31.814106 10308 solver.cpp:337] Iteration 0, Testing net (#0)
03  I0426 21:33:35.460254 10308 solver.cpp:404]      Test net output #0:
                                     accuracy = 0.0583333
04  I0426 21:33:35.460254 10308 solver.cpp:404]      Test net output #1: loss
                                     = 3.42819 (* 1 = 3.42819 loss)
05  I0426 21:33:37.726145 10308 solver.cpp:228] Iteration 0, loss = 4.49005
06  I0426 21:33:37.727645 10308 solver.cpp:244]      Train net output #0:
                                     loss = 4.49005 (* 1 = 4.49005 loss)
07  I0426 21:33:37.730146 10308 sgd_solver.cpp:106] Iteration 0, lr = 0.001
       ......
08  I0427 08:03:34.110368 10308 solver.cpp:228] Iteration 16460, loss =
                                     0.000741355
09  I0427 08:03:34.110868 10308 solver.cpp:244]      Train net output #0:
                                     loss = 0.000740791 (* 1 = 0.000740791 loss)
10  I0427 08:03:34.111868 10308 sgd_solver.cpp:106] Iteration 16460, lr =
                                     0.0001
```

测试命令在 test.bat 批处理文件中，具体代码如下。

```
    caffe.exe test  -model=train_val.prototxt -weights =caffenet_ train30000-2_
iter_5000. caffemodel - iterations 20
        pause
```

测试程序执行如下。

```
    Test.bat
    %测试结果
01  Copying source layer data
02  conv1-relu1-pool1-norm1、conv2-relu2-pool2-norm2、conv3-relu3、
    conv4-relu4、conv5-relu5-pool5、fc6-relu6-drop6、fc7-relu7-drop7、
                                     fc8_myself
      ......
03  I0427 17:12:58.674053 12512 caffe.cpp:286] Running for 20 iterations.
04  I0427 17:13:14.710439 12512 caffe.cpp:326] accuracy = 0.848333
05  I0427 17:13:14.712491 12512 caffe.cpp:326] loss = 1.00569 (* 1 = 1.00569 loss)
```

需要说明的是，我们采用 MATLAB 脚本与 Caffe 框架融合的方式进行服装识别分

类代码实现，在 Caffe 中调用 MATLAB 接口。

```
%分类classification.m
function [scores, maxlabel] = classification_demo2(im, use_gpu)
%   maxlabel the label of the highest score
% You may need to do the following before you start matlab:
```

在启动 MATLAB 之前，需要导入如下库文件：

```
$ export LD_LIBRARY_PATH=/opt/intel/mkl/lib/intel64:/usr/local/cuda
                                                    - 5.5/lib64
$ export LD_PRELOAD=/usr/lib/x86_64-linux-gnu/libstdc++.so.6
% Or the equivalent based on where things are installed on your system
```

调用识别方法的最简单方式：读入待分类图片，并调用 classification_demo()对图像进行分类即可。

```
im = imread('../../examples/images/cat.jpg');
scores = classification_demo(im, 1);
[score, class] = max(scores);
% Five things to be aware of:
%   caffe uses row-major order
%   matlab uses column-major order
%   caffe uses BGR color channel order
%   matlab uses RGB color channel order
%   images need to have the data mean subtracted
```

需要注意，Caffe 的数据格式以行（row）为主，而 MATLAB 以列（column）为主。下面做格式统一。

```
% Data coming in from matlab needs to be in the order
%   [width, height, channels, images]
% where width is the fastest dimension.
% Here is the rough matlab for putting image data into the correct
% format in W x H x C with BGR channels:
%   % permute channels from RGB to BGR
```

添加 Caffe 到 MATLAB 路径中，这样就可以用 matcaffe 库了。

```
% Add caffe/matlab to you Matlab search PATH to use matcaffe
if exist('../+caffe', 'dir')
  addpath('..');
else
  error('Please run this demo from caffe/matlab/demo');
end
```

设置 Caffe 模式，由于条件限制，使用 CPU 训练。

```
% Set caffe mode
if exist('use_gpu', 'var') && use_gpu
  caffe.set_mode_gpu();
  gpu_id = 0;  % we will use the first gpu in this demo
  caffe.set_device(gpu_id);
else
  caffe.set_mode_cpu();
end
```

使用 CaffeNet 进行图像分类，代码如下。

```
% Initialize the network using BVLC CaffeNet for image classification
% Weights (parameter) file needs to be downloaded from Model Zoo.
01  model_dir = '../../wangsai/';
02  net_model = [model_dir 'deploy.prototxt'];
03  net_weights = [model_dir 'caffenet_train30000-2_iter_5000.caffemodel'];
04  label_file =[model_dir 'label2.txt'];
05  phase = 'test'; % run with phase test (so that dropout isn't applied)
06  if ~exist(net_weights, 'file')
07    error('Please download CaffeNet from Model Zoo before you run this demo');
08  end
% Initialize a network初始化网络
09  net = caffe.Net(net_model, net_weights, phase);
10  if nargin < 1
  % For demo purposes we will use the cat image
11    fprintf('using caffe/examples/images/cat.jpg as input image\n');
12    im = imread('../../examples/images/cat.jpg');
13  end
% prepare oversampled input
% input_data is Height x Width x Channel x Num
14  tic;
15  input_data = {prepare_image(im)};
16  toc;
% do forward pass to get scores
% scores are now Channels x Num, where Channels == 1000
% The net forward function. It takes in a cell array of N-D arrays
% (where N == 4 here) containing data of input blob(s) and outputs a cell
% array containing data from output blob(s)
17  scores = net.forward(input_data);
18  scores = scores{1};
19  scores = mean(scores, 2);  % take average scores over 10 crops平均分
20  [maxscores, maxlabel] = max(scores);
21  fid=fopen(label_file,'r','n','UTF-8');
22  for ii = 1:maxlabel
23      tline=fgetl(fid);
24  end
25  fclose(fid);
26  label=tline;
```

```
27  label=strcat(label,':',num2str(maxscores));
28  figure;
29  imshow(im);
30  text(25,25,label,'fontsize',20,'color','r');
%   call caffe.reset_all() to reset caffe
30  caffe.reset_all();
```

CaffeNet 与 2012 年提出的 AlexNet 类似，需要将图像从 256×256 大小调整为 227×227。综上所述，我们调用 matcaffe 库，实现了 MATLAB 和 Caffe 对服装图像的识别。

11.4　温故知新

本章利用卷积神经网络实现对用户所穿着服装的识别，并通过分析用户服装与用户消费习惯的关联关系，建立"精确用户画像"模型，为用户提供广告推送等个性化服务。

为便于理解，学完本章，读者需要掌握如下知识点：

（1）Caffe 框架能处理的数据格式为 IMDB，因此需要原始数据库文件进行格式转换。

（2）采用 MATLAB 脚本与 Caffe 框架融合的方式进行代码实现，调用 Caffe 的 MATLAB 接口。

（3）传统 OCR 技术包括文字定位、二值化、文字分割、分类识别、纠错。文字定位可以用连通域中的颜色、亮度、边缘进行分割，最后的纠错一般采用隐马尔科夫模型，利用经典的维特比算法实现最优序列的选择。

（4）Caffe 框架的数据格式以行为主，而 MATLAB 中的矩阵操作以列为主。

（5）受限玻尔兹曼机由二元变量可见单元和隐藏单元构成，整个网络是一个二部图，只有可见单元和隐藏单元之间才会存在边，可见单元之间以及隐藏单元之间都不会有边连接。

11.5　停下来，思考一下

习题 11-1　Canny 边缘检测算子是图像处理领域的经典方法，可以实现多级边缘检测。在图像处理领域有很多性能优秀的边缘检测算子，请从中挑选出几种，例如，Canny 算子、Sobel 算子、Laplace 算子及 Scharr 滤波器，尝试分析其性能及应用场景，并以服装图像预处理为目标，挑选最适合服装识别的边缘检测算子。

习题 11-2　2017 年，TensorFlow 成为最受欢迎的深度学习框架，但 PyTorch 成为 TensorFlow 的最大竞争对手。而 Theano"功成身退"，宣布在 2018 年停止开发和维护。此外，微软和亚马逊联合推出 Gluon，微软、亚马逊和 Facebook 等联合发布 ONNX 格式，深度学习框架也呈现出合作联盟、对抗谷歌的趋势。作为本书的最后一道习题，也可以说是对本书的一个总结和定位，希望本书的介绍和讲解可以让你对深度学习领域的框架、技术有一个初步认识，然后通过各个章节的参考资源和参考文献，再进行由针对性的深入学习。

　　请你结合全书各个章节的讲解，从图 11-10 中选出你今后开发研究深度学习的主要工具，并且做好笔记总结，开启你的深度学习进阶之路。

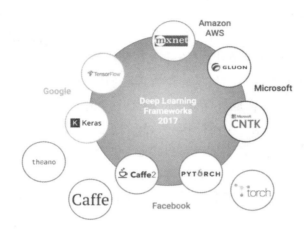

图 11-10　深度学习框架

致　谢

人的一生可以视作一个求解多目标优化问题的过程：我们追求着荣誉、财富、地位，却又不得不以牺牲健康为代价；分秒必争地加班工作学习，却牺牲了与家人相伴的时间；为事业打拼、为使命献身，却很难忠孝两全；为了完成论文写作，也要在加班与休息的权衡中博弈……我们追求的是所有目标利益的最大化，却又不得不向"骨感"的现实妥协。然而，多目标优化理论告诉我们：只有不断地权衡"利弊"，从而不断地折中"妥协"，才能实现目标效益的最优化，也就是有舍才有得。

人的一生亦可以看作是一个不断博弈决策的过程：从咿呀学语到驾鹤西归，每个人都是自己人生博弈的决策者，从事何种职业，去什么样的地方发展，如何达到自己设定的标准，如何在"新时代"不忘初心，继续前行，都是我们身边或者是即将面临的决策问题。我们就是在这样充满矛盾和冲突的非真空环境中博弈，可以说，生命不息，博弈不断，决策不止。

在我的这本《深度学习：从入门到实践》即将完成的时候，也意味着这短暂而又漫长的 2017 年即将结束，充满挑战的 2018 年正孕育着新的"不平凡"。

久违的事，想起来总是甜的。

回想起从开始有动笔写书的念头到不断地修改、讨论，一切仿佛昨日重现，历历在目。这期间，让我感受到了恩师的教诲、家庭的温暖、团队的力量，让我收获了很多很多。

……

既然选择了远方，便只顾风雨兼程。

感谢关心和帮助过我的所有人，一路走来，要感谢的人和事太多太多，不能一一列出，所有的一切，我会牢牢记在心里。

特别感谢我的家人，感谢你们多年来的培养、鼓励与支持；是你们让我不断认识并找到"更好的自己"，你们永远是我不竭的动力和温暖的港湾。

谨以此书献给我未来的妻子，"执子之手，与子偕老"。

再次衷心感谢。